今すぐ使えるかんたんmini

Imasugu Tsukaeru Kantan mini Series

Excel

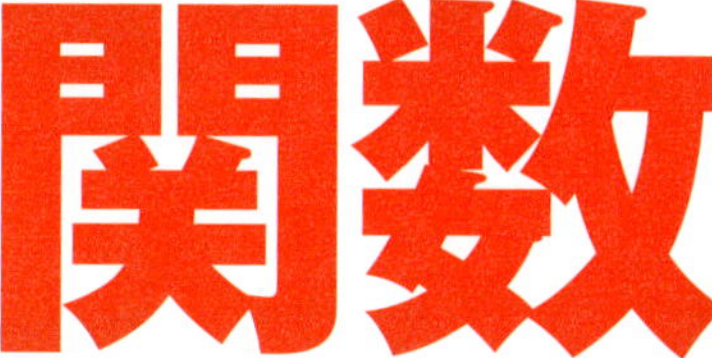

Excel 2019/2016/2013/2010 対応版

基本&便利技

技術評論社

本書の使い方

- 画面の手順解説だけを読めば、操作できるようになる！
- もっと詳しく知りたい人は、補足説明を読んで納得！
- これだけは覚えておきたい機能を厳選して紹介！

特長1

機能ごとにまとまっているので、「やりたいこと」がすぐに見つかる！

このセクションで解説する関数の書式と分類、対応バージョンを示しています。

関数の各引数について詳細を解説しています。

一部の関数については、より詳細な解説を行っています。

第8章・文字データを操作する

5

文字を半角または全角文字に整える

表内に全角文字と半角文字が混ざると、表の見栄えが悪くなったり、正しい集計ができなくなったりします。ASC関数やJIS関数を利用すると、文字列を半角文字や全角文字に統一できます。

書式　分類　文字列操作　2010 2013 2016 2019

ASC（文字列）

JIS（文字列）

引数

［文字列］　文字列や文字列の入ったセルを指定します。文字列を直接引数に指定する場合は、文字列の前後を「"（ダブルクォーテーション）」で囲みます。また、指定できるセルは1つだけです。

■文字種の変換

さまざまな文字列に対するASC関数とJIS関数の戻り値は次のとおりです。ASC関数では、半角文字が存在しない漢字やひらがなを指定してもエラーにならず、全角文字のまま表示されます。また、両関数ともに、数値や論理値が指定された場合は、半角／全角の文字列に変換します。

=ASC(B2)　=JIS(F2)

	A	B	C	D	E	F	G
1	文字種	文字列	ASC関数		文字種	文字列	JIS関数
2	全角数字	２０１９	2019		半角数字	2019	２０１９
3	全角英字	ＥＸＣＥＬ	EXCEL		半角英字	EXCEL	ＥＸＣＥＬ
4	全角カナ	エクセル	ｴｸｾﾙ		半角ｶﾅ	ｴｸｾﾙ	エクセル
5	ひらがな	えくせる	えくせる		ひらがな	えくせる	えくせる
6	漢字	関数	関数		漢字	関数	関数
7	数値	2019	2019		数値	2019	２０１９
8	論理値	TRUE	TRUE		論理値	TRUE	ＴＲＵＥ

数値や論理値はセル内で左揃えになり、文字列に変換されます。

第8章　文字データを操作する

180

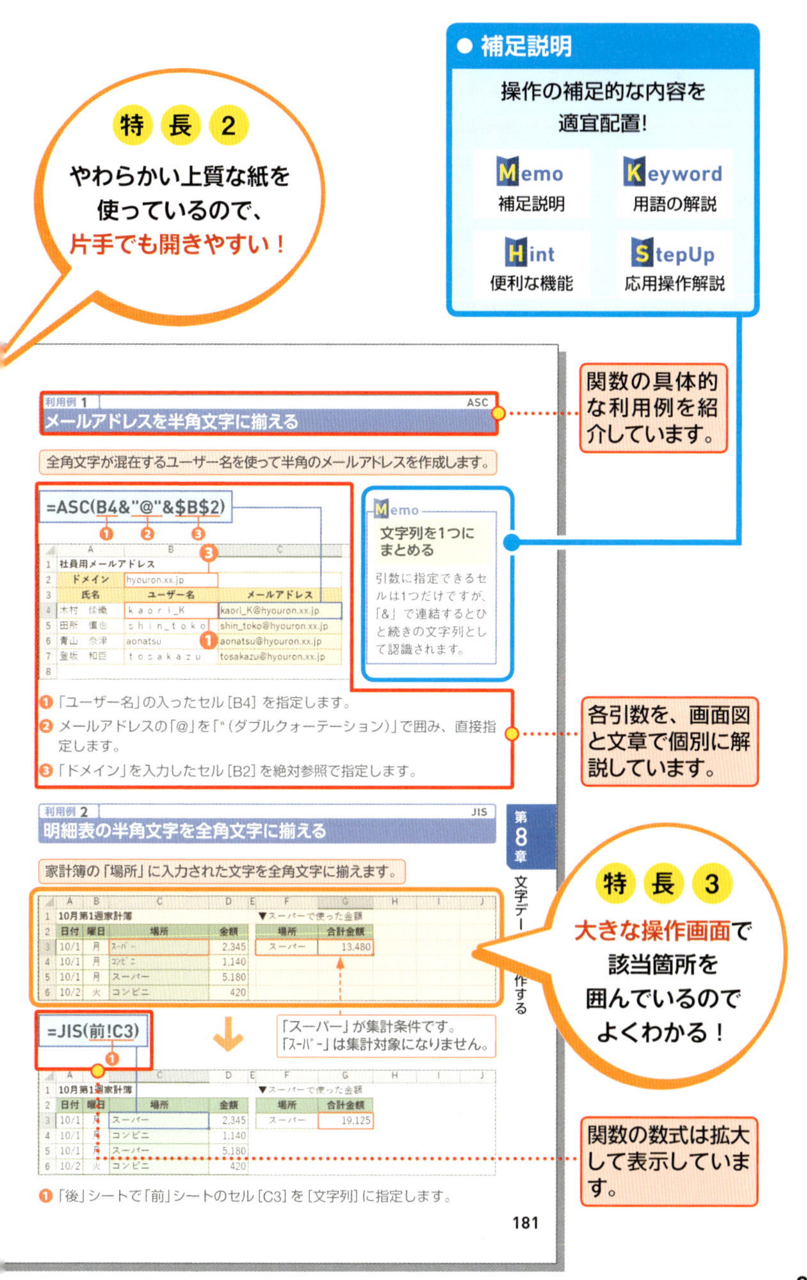

特長2
やわらかい上質な紙を
使っているので、
片手でも開きやすい！
補足説明
操作の補足的な内容を
適宜配置！
Memo
補足説明
Keyword
用語の解説
Hint
便利な機能
StepUp
応用操作解説
関数の具体的な利用例を紹介しています。
利用例 1
ASC
メールアドレスを半角文字に揃える
全角文字が混在するユーザー名を使って半角のメールアドレスを作成します。
=ASC(B4&"@"&$B$2)
Memo
文字列を1つにまとめる
引数に指定できるセルは1つだけですが、「&」で連結するとひと続きの文字列として認識されます。
❶「ユーザー名」の入ったセル［B4］を指定します。
❷メールアドレスの「@」を「"（ダブルクォーテーション）」で囲み、直接指定します。
❸「ドメイン」を入力したセル［B2］を絶対参照で指定します。
各引数を、画面図と文章で個別に解説しています。
利用例 2
JIS
明細表の半角文字を全角文字に揃える
家計簿の「場所」に入力された文字を全角文字に揃えます。
=JIS(前!C3)
「スーパー」が集計条件です。
「ｽｰﾊﾟｰ」は集計対象になりません。
❶「後」シートで「前」シートのセル［C3］を［文字列］に指定します。
第8章
特長3
大きな操作画面で
該当箇所を
囲んでいるので
よくわかる！
関数の数式は拡大して表示しています。
181

パソコンの基本操作

- 本書の解説は、基本的にマウスを使って操作することを前提としています。
- お使いのパソコンのタッチパッド、タッチ対応モニターを使って操作する場合は、各操作を次のように読み替えてください。

1 マウス操作

▼ クリック（左クリック）

クリック（左クリック）の操作は、画面上にある要素やメニューの項目を選択したり、ボタンを押したりする際に使います。

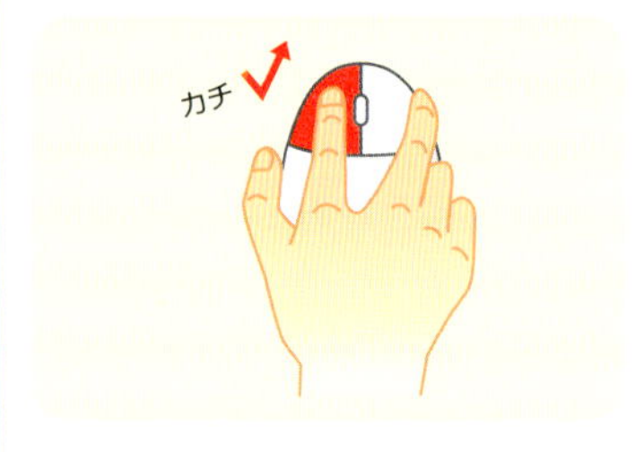

マウスの左ボタンを1回押します。

タッチパッドの左ボタン（機種によっては左下の領域）を1回押します。

▼ 右クリック

右クリックの操作は、操作対象に関する特別なメニューを表示する場合などに使います。

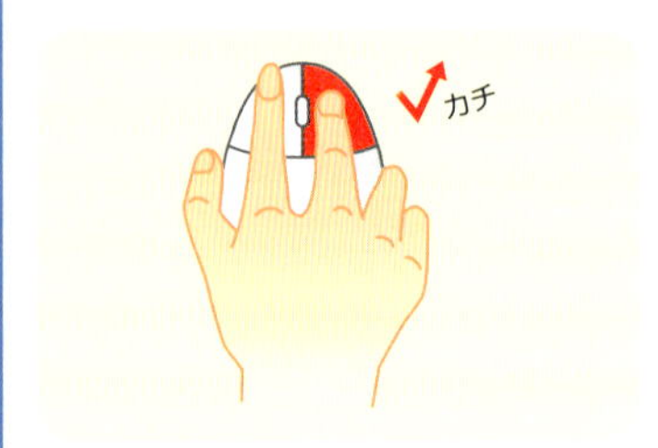

マウスの右ボタンを1回押します。

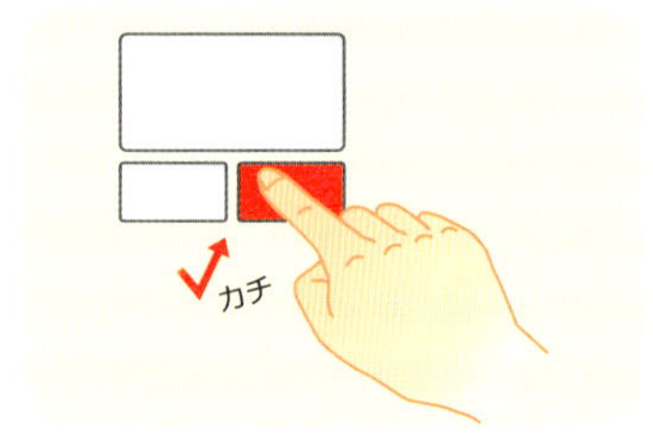

タッチパッドの右ボタン（機種によっては右下の領域）を1回押します。

▼ ダブルクリック

ダブルクリックの操作は、各種アプリを起動したり、ファイルやフォルダーなどを開く際に使います。

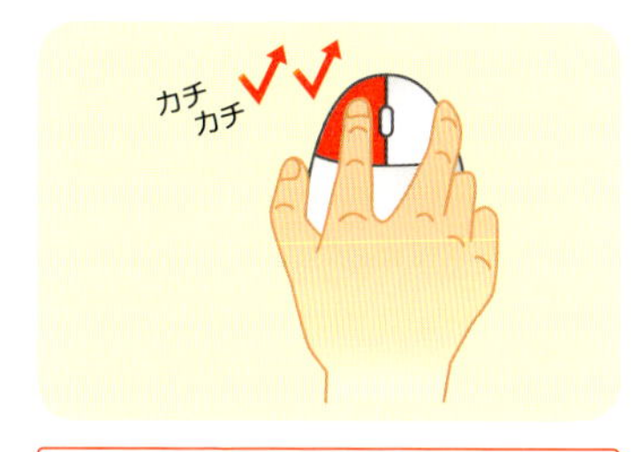

マウスの左ボタンをすばやく2回押します。

タッチパッドの左ボタン（機種によっては左下の領域）をすばやく2回押します。

▼ ドラッグ

ドラッグの操作は、画面上の操作対象を別の場所に移動したり、操作対象のサイズを変更する際などに使います。

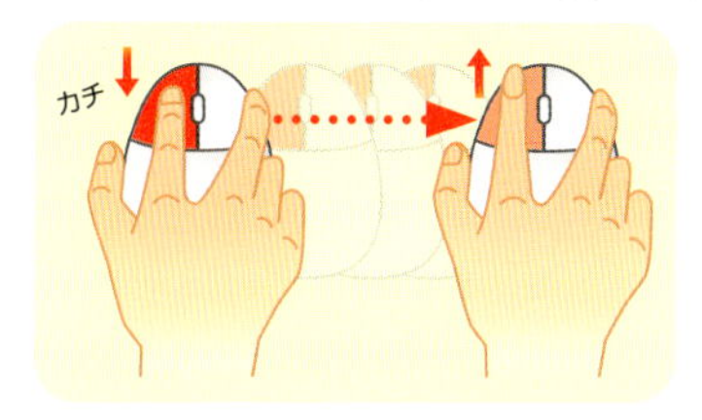

マウスの左ボタンを押したまま、マウスを動かします。目的の操作が完了したら、左ボタンから指を離します。

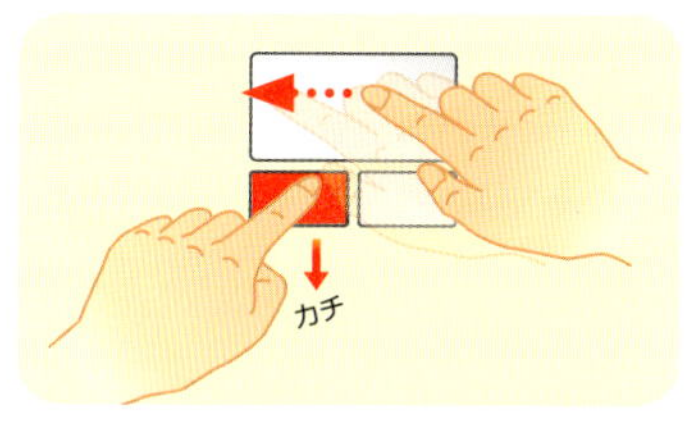

タッチパッドの左ボタン（機種によっては左下の領域）を押したまま、タッチパッドを指でなぞります。目的の操作が完了したら、左ボタンから指を離します。

Memo

ホイールの使い方

ほとんどのマウスには、左ボタンと右ボタンの間にホイールが付いています。ホイールを上下に回転させると、Webページなどの画面を上下にスクロールすることができます。そのほかにも、Ctrlを押しながらホイールを回転させると、画面を拡大／縮小したり、フォルダーのアイコンの大きさを変えたりできます。

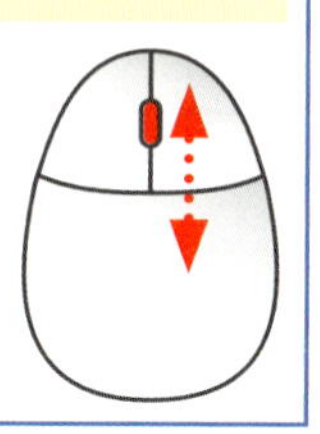

サンプルファイルのダウンロード

●本書で使用しているサンプルファイルは、以下のURLのサポートページからダウンロードすることができます。ダウンロードしたときは圧縮ファイルの状態なので、展開してから使用してください。

https://gihyo.jp/book/2019/978-4-297-10535-8/support

▼サンプルファイルをダウンロードする

1 ブラウザー（ここではMicrosoft Edge）を起動します。

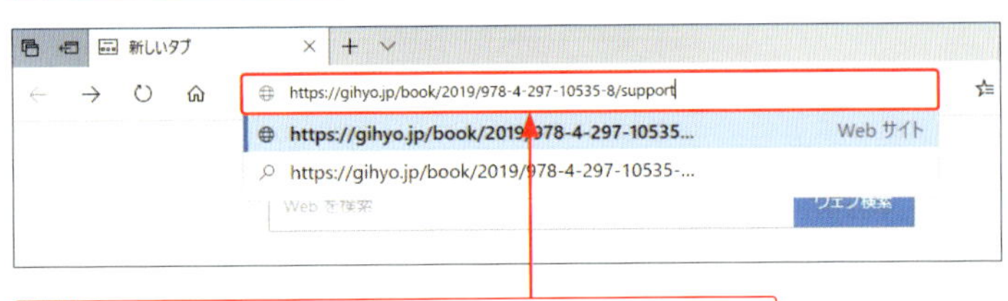

2 ここをクリックしてURLを入力し、Enterを押します。

3 表示された画面をスクロールし、<ダウンロード>にある<サンプルファイル>をクリックすると、

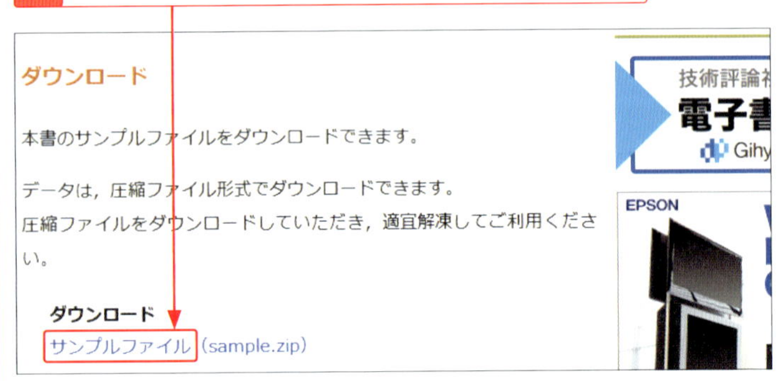

4 ファイルがダウンロードされるので、<開く>をクリックします。

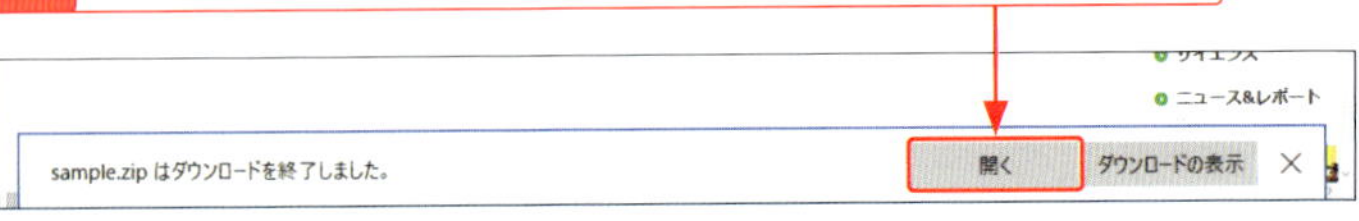

▼ダウンロードした圧縮ファイルを展開する

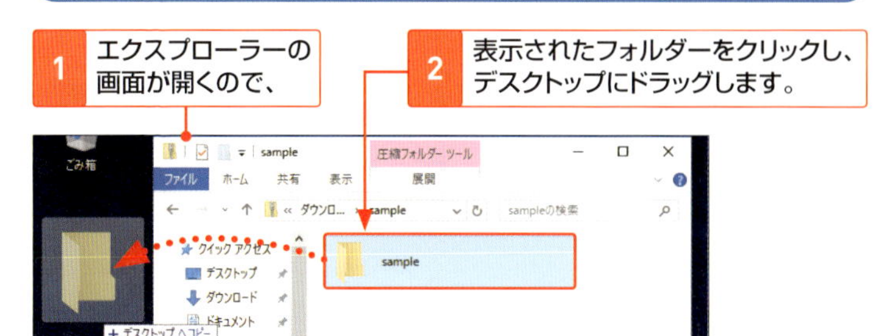

3 展開されたフォルダーがデスクトップに表示されます。

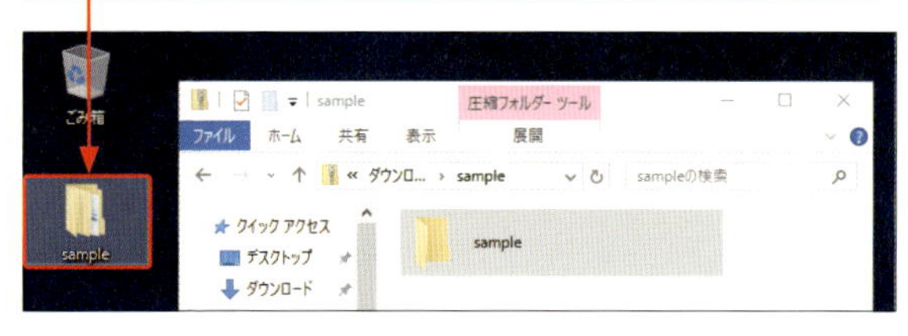

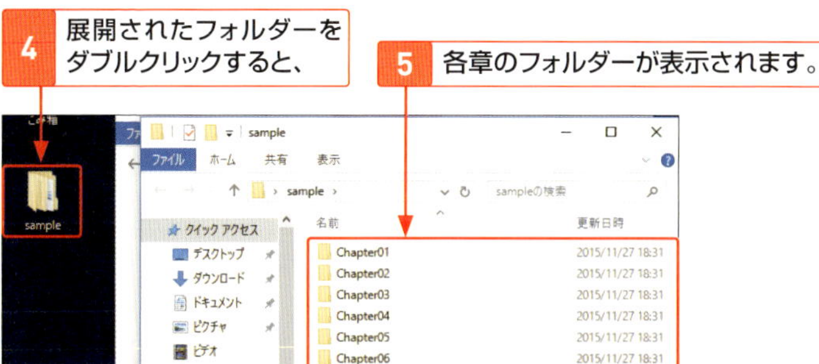

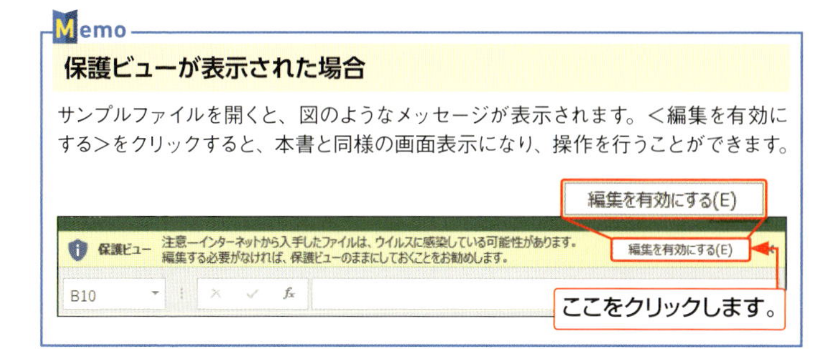

保護ビューが表示された場合

サンプルファイルを開くと、図のようなメッセージが表示されます。<編集を有効にする>をクリックすると、本書と同様の画面表示になり、操作を行うことができます。

CONTENTS 目次

第1章 関数の基礎

第2章 数値を計算する

CONTENTS 目次

第4章 データを順位付けする

第5章 データを判定する

第7章 表の値を検索する

CONTENTS 目次

第9章 さまざまな金額を試算する

CONTENTS 目次

ご注意：ご購入・ご利用の前に必ずお読みください

- 本書に記載された内容は、情報提供のみを目的としています。したがって、本書を用いた運用は、必ずお客様自身の責任と判断によって行ってください。これらの情報の運用の結果について、技術評論社および著者はいかなる責任も負いません。
- ソフトウェアに関する記述は、特に断りのないかぎり、2019年4月末日現在での最新情報をもとにしています。これらの情報は更新される場合があり、本書の説明とは機能内容や画面図などが異なってしまうことがあり得ます。あらかじめご了承ください。
- 本書の内容は、以下の環境で制作し、動作を検証しています。それ以外の環境では、機能内容や画面図が異なる場合があります。

  ・Windows 10 Home

  ・Excel 2019（バージョン 1812）
- インターネットの情報については、URLや画面などが変更されている可能性があります。ご注意ください。
- お使いの環境によっては、Excel 2019の新関数がExcel 2016でも使える場合があります。

以上の注意事項をご承諾いただいた上で、本書をご利用願います。これらの注意事項をお読みいただかずに、お問い合わせいただいても、技術評論社および著者は対処しかねます。あらかじめご承知おきください。

第1章

関数の基礎

関数を使ってみよう

関数は数式の一種です。数値を扱う計算はもちろん、データを探す、判定する、文字を操作するといったことも得意です。「書き方」が決まっているので、初めての関数でも利用できます。

1 関数の書式

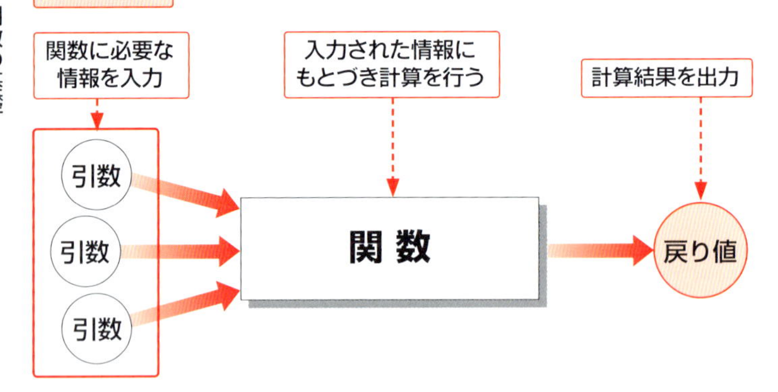

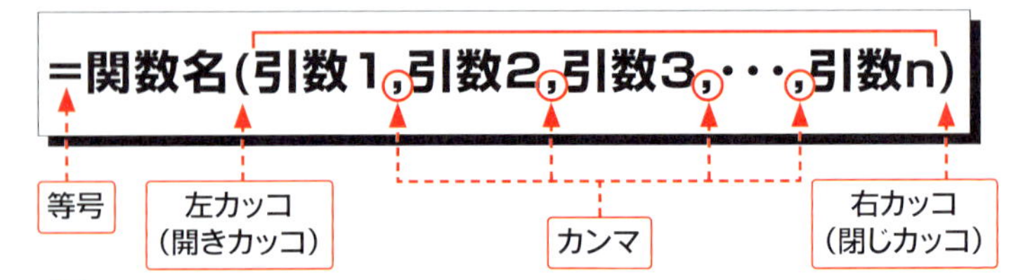

Keyword

引数

引数とは、関数に必要な情報のことです。たとえば、「数えてください。」と依頼されても、どこを数えるのかを指定しないと数えようがありません。数える場合は「数える場所」が引数です。

2 関数を読む

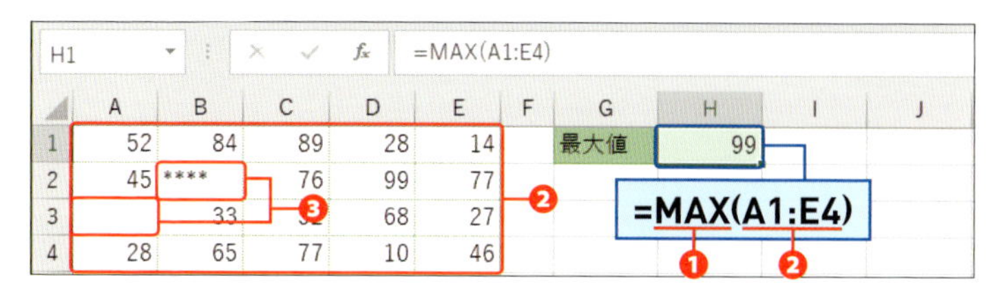

❶ MAXは、英単語のMaximumの最初の3文字で「最大の」という意味です。MAX関数は引数に指定した数値の最大値を求めます。

❷ 引数の「:」（コロン）で挟まれたセルは、始点のセル [A1] から終点のセル [E4] までの連続する範囲という意味です。ここでは、セル範囲 [A1:E4] の中の最大値を求めています。

❸ セル範囲に含まれる数値以外の文字や空白セルは無視されています。数値を扱う関数によくみられる特徴です。

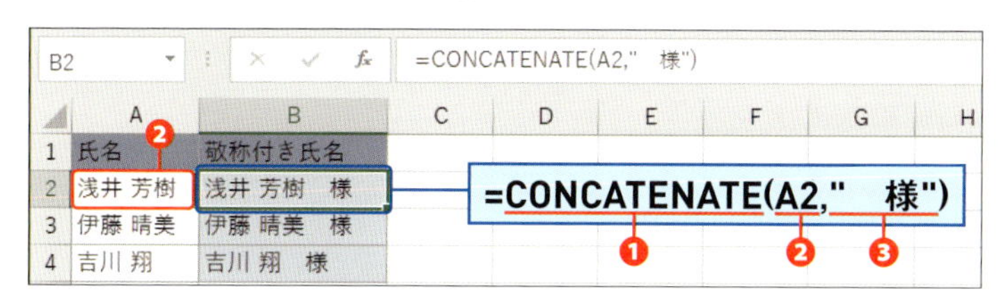

❶ 英単語のConcatenateは、「～を鎖状につなぐ」という意味です。CONCATENATE関数は、引数に指定した文字列をつなぎます。

❷ 引数には、つなぎたい文字列が「,」（カンマ）で区切りながら指定されています。最初はセル [A2] に入っている文字列です。

❸ 引数には、セルだけでなく、文字列を直接指定できます。その際は、文字列の前後を「"」（半角ダブルクォーテーション）で囲むのが関数共通の約束事です。ここでは、氏名と「　様」をつなげて敬称付き氏名が表示されています。

Memo

互換性関数

CONCATENATE関数は、Excel 2019からCONCAT関数になり、関数名が少し短くなりました。Excelのバージョンが新しくなるにしたがって、表記が変化している関数があります。新しいバージョンのExcelでは、旧表記の関数も利用できます。旧表記の関数は互換性関数と呼ばれ、＜数式＞タブの＜その他の関数＞の中に＜互換性関数＞として用意されています。

3 <オートSUM>を使って関数を入力する

<オートSUM>を利用して営業員別の売上を合計します。

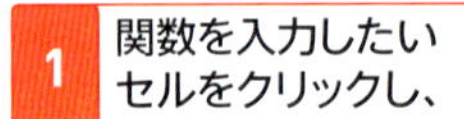

1 関数を入力したいセルをクリックし、

2 <数式>タブの<オートSUM>をクリックすると、

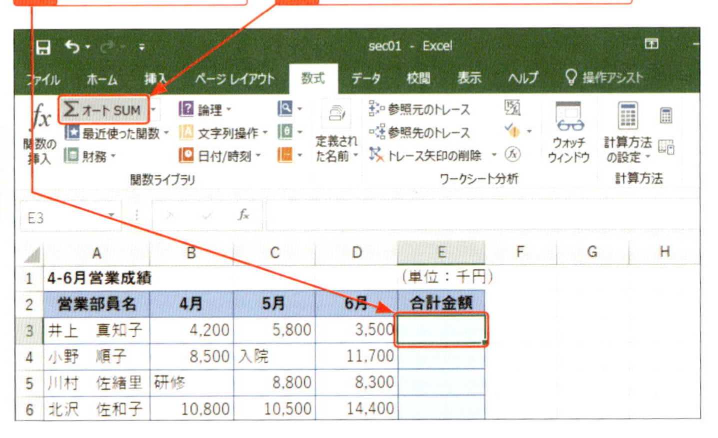

	A	B	C	D	E
1	4-6月営業成績				(単位：千円)
2	営業部員名	4月	5月	6月	合計金額
3	井上　真知子	4,200	5,800	3,500	
4	小野　順子	8,500	入院	11,700	
5	川村　佐緒里	研修	8,800	8,300	
6	北沢　佐和子	10,800	10,500	14,400	

3 合計を求めるSUM関数が自動的に入力されます。

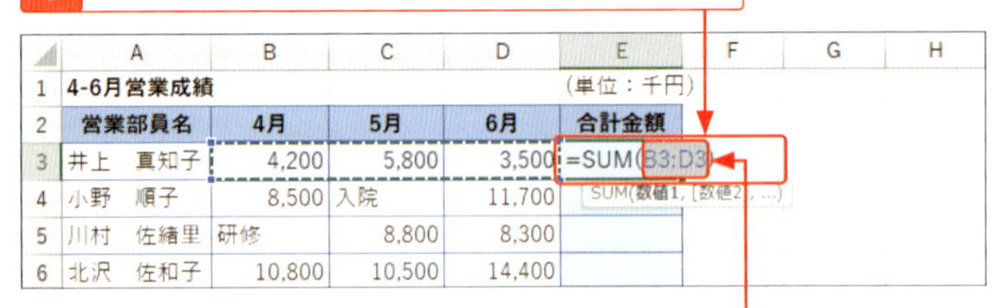

	A	B	C	D	E
1	4-6月営業成績				(単位：千円)
2	営業部員名	4月	5月	6月	合計金額
3	井上　真知子	4,200	5,800	3,500	=SUM(B3:D3)
4	小野　順子	8,500	入院	11,700	SUM(数値1, [数値2], ...)
5	川村　佐緒里	研修	8,800	8,300	
6	北沢　佐和子	10,800	10,500	14,400	

4 引数を指定します。ここでは、自動認識されたセル範囲の内容を確認します。

5 Enter を押すと、関数の入力が確定します。

	A	B	C	D	E
1	4-6月営業成績				(単位：千円)
2	営業部員名	4月	5月	6月	合計金額
3	井上　真知子	4,200	5,800	3,500	13,500
4	小野　順子	8,500	入院	11,700	
5	川村　佐緒里	研修	8,800	8,300	
6	北沢　佐和子	10,800	10,500	14,400	

Keyword

四則演算子

足す、引く、掛ける、割る計算を四則計算といいます。日常利用する数式の「+」や「−」の記号は演算子といいます。Excelでは、足し算は「+」、引き算は「−」、掛け算は「*」、割り算は「/」を使います。「+」「−」「*」「/」を四則演算子といいます。

Memo

<オートSUM>から入力できる関数

<オートSUM>で入力できる関数は、<合計>、<平均>、<数値の個数>、<最大値>、<最小値>の5種類です。関数を入力するセルが、数値の入ったセルに隣接している場合は、左ページの手順3のように、引数を自動認識します。ただし、自動認識はいつも正しいとは限りません。誤っている場合は、左ページの手順4のタイミングで、正しいセルやセル範囲をドラッグなどで指定し直します。

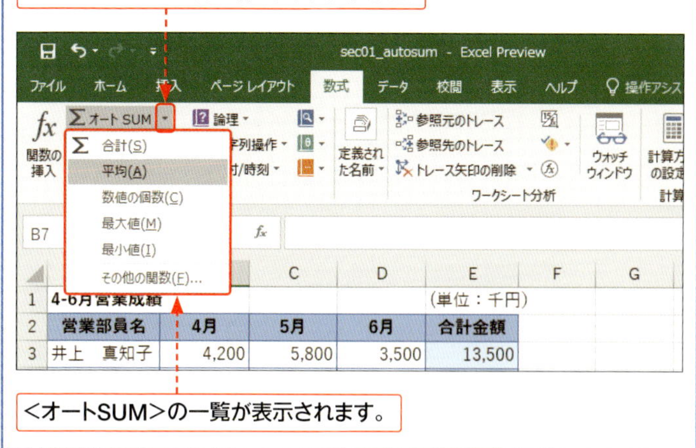

Hint

関数でできないこと

Excelには430種類を超える関数が用意されているので、多くの要求に応えられます。しかも、関数は1つずつ使うだけでなく、複数の関数を組み合わせて使えるので、できることはさらに増えます。
しかしながら、関数は、セルの色、文字の大きさ、太字など、セルに設定された書式は見分けられません。また、日付を曜日形式で表示するといった値の表示形式を操作する関数はありますが、セルに色付けするなど、セルに書式を付ける関数はありません。関数はあくまでも「値」を出す機能です。

説明を見ながら確実に関数を入力する

関数の引数は、関数ごとに引数の指定順序と指定内容が決められています。引数の指定順序や引数に指定する内容がわからない場合は、ダイアログボックスを使って入力します。

1 <関数の挿入>から入力する

MAX関数を使って寄附金の最高額を求めます。

1 関数を入力したいセルをクリックし、

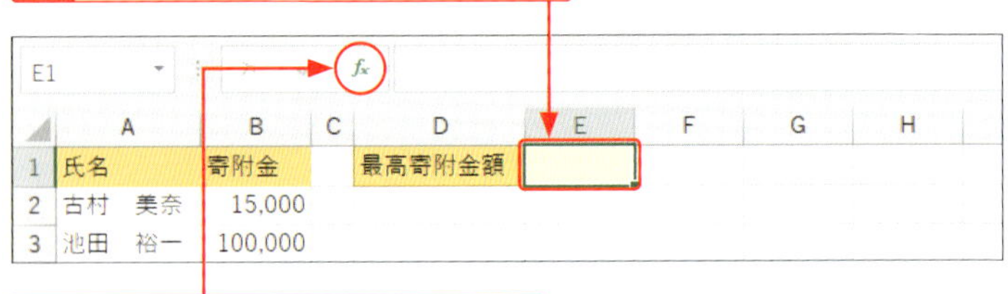

2 <関数の挿入>をクリックすると、

3 <関数の挿入>ダイアログボックスが表示されます。

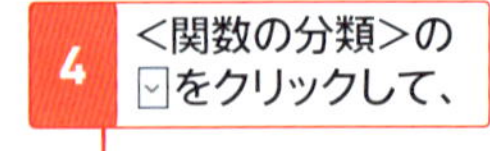

4 <関数の分類>の⌵をクリックして、

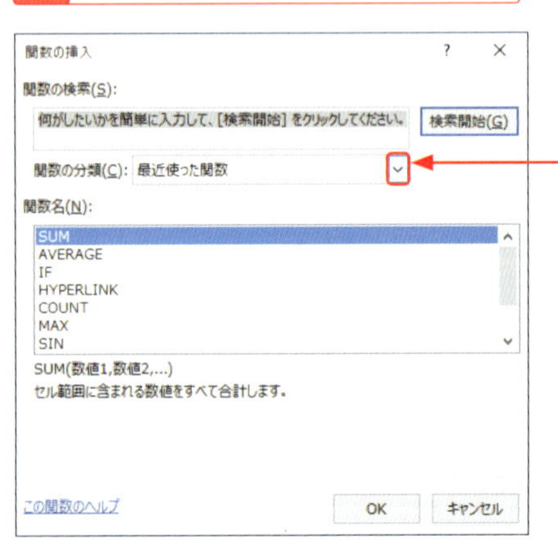

5 <すべて表示>をクリックします。

最近使った関数
すべて表示
財務
日付/時刻
数学/三角
統計
検索/行列
ﾃﾞｰﾀﾍﾞｰｽ
文字列操作
論理
情報
エンジニアリング

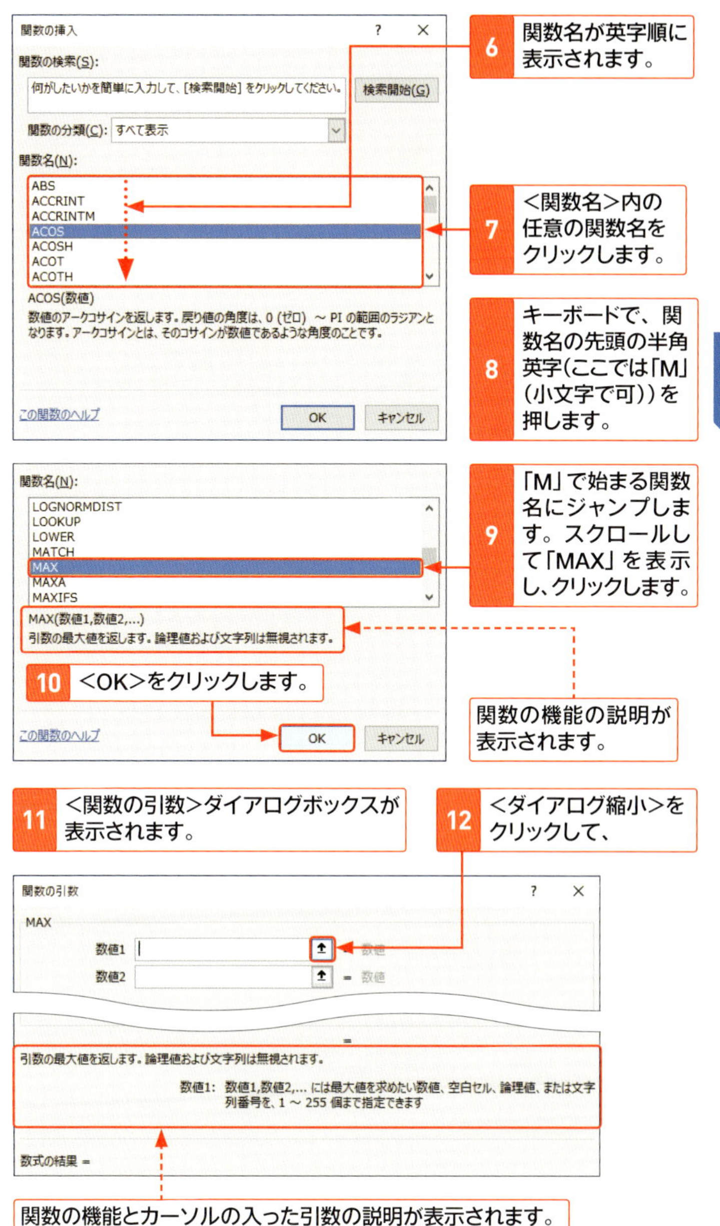
関数の挿入
関数の検索(S):
何がしたいかを簡単に入力して、[検索開始] をクリックしてください。
検索開始(G)
関数の分類(C): すべて表示
関数名(N):
ABS
ACCRINT
ACCRINTM
ACOS
ACOSH
ACOT
ACOTH
ACOS(数値)
数値のアークコサインを返します。戻り値の角度は、0 (ゼロ) ～ PI の範囲のラジアンとなります。アークコサインとは、そのコサインが数値であるような角度のことです。
この関数のヘルプ
OK
キャンセル
6 関数名が英字順に表示されます。
7 <関数名>内の任意の関数名をクリックします。
8 キーボードで、関数名の先頭の半角英字(ここでは「M」(小文字で可))を押します。
関数名(N):
LOGNORMDIST
LOOKUP
LOWER
MATCH
MAX
MAXA
MAXIFS
MAX(数値1,数値2,...)
引数の最大値を返します。論理値および文字列は無視されます。
9 「M」で始まる関数名にジャンプします。スクロールして「MAX」を表示し、クリックします。
10 <OK>をクリックします。
関数の機能の説明が表示されます。
この関数のヘルプ
OK
キャンセル
11 <関数の引数>ダイアログボックスが表示されます。
12 <ダイアログ縮小>をクリックして、
関数の引数
MAX
数値1
= 数値
数値2
= 数値
=
引数の最大値を返します。論理値および文字列は無視されます。
数値1: 数値1,数値2,... には最大値を求めたい数値、空白セル、論理値、または文字列番号を、1 ～ 255 個まで指定できます
数式の結果 =
関数の機能とカーソルの入った引数の説明が表示されます。

13 ダイアログボックスを折りたたみ、

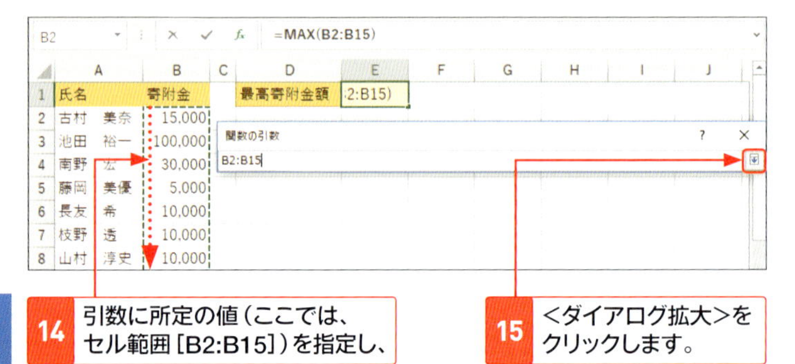

14 引数に所定の値（ここでは、セル範囲［B2:B15］）を指定し、

15 <ダイアログ拡大>をクリックします。

16 もとの大きさに戻るので、指定したセル範囲を確認します。

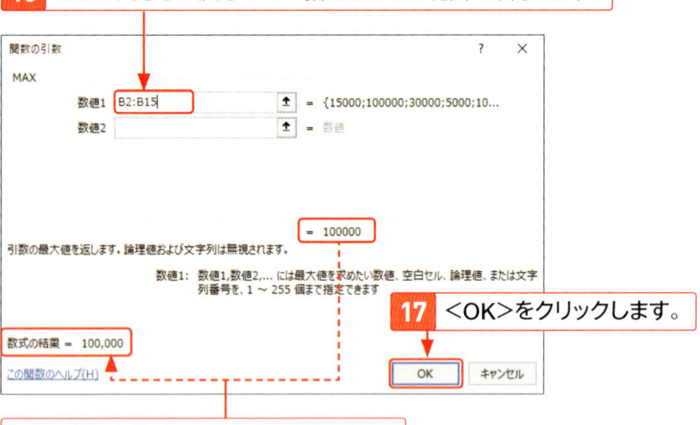

17 <OK>をクリックします。

関数の結果と数式の結果が表示されます。

18 関数の入力が終了し、セルに結果が表示されます。

関数は数式バーで確認します。

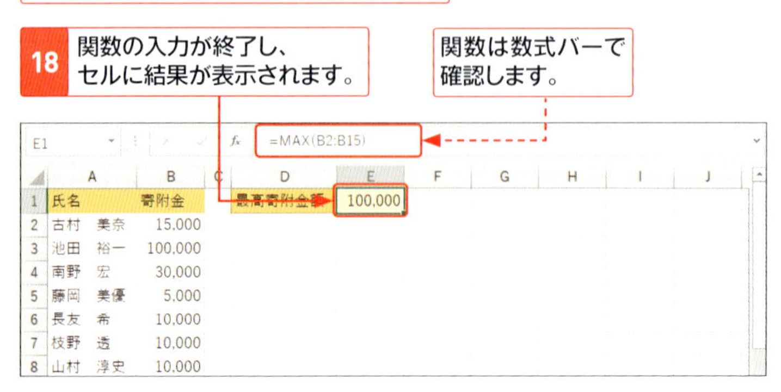

2 <関数ライブラリ>から入力する

分類名を指定して関数を選択します。

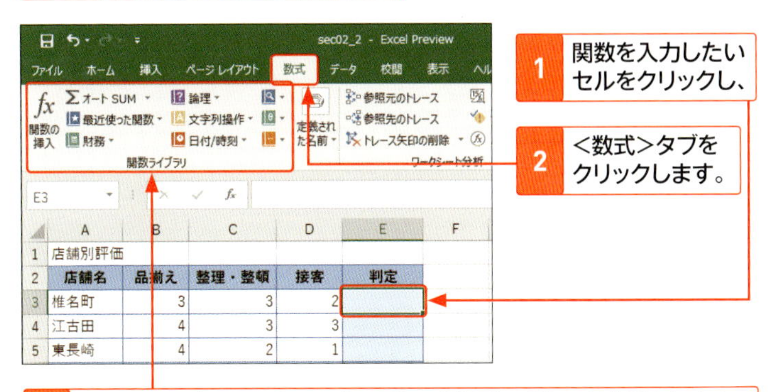

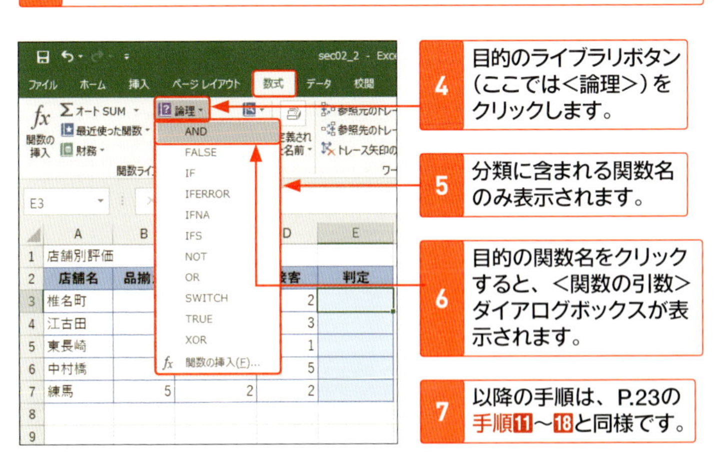

Memo

関数の計算結果と数式の計算結果

セルに入力した関数の結果と数式全体の結果が個別に表示されます。ここでは、セルにMAX関数のみ入力しているので、関数の結果も数式の結果も同じですが、同じセルに関数と数式が一緒に入力されている場合は結果が異なります。

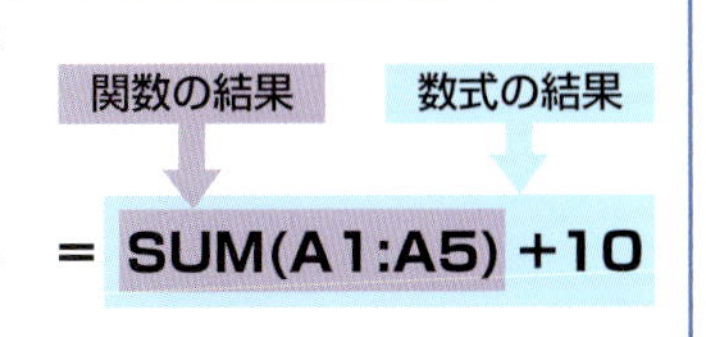

第1章 関数の基礎

キーボードで効率よく関数を入力する

関数は、キーボードから直接入力することができます。覚えた関数は、キーボードから直接入力したほうが、ダイアログボックスを出して操作するよりも効率的です。

1 関数名と引数をキーボードから入力する

キーボードでAVERAGE関数を入力し、店舗別の平均評価を求めます。

1 関数を入力したいセルをクリックして「=(イコール)」、関数名を入力し始めると(ここでは「av」)、

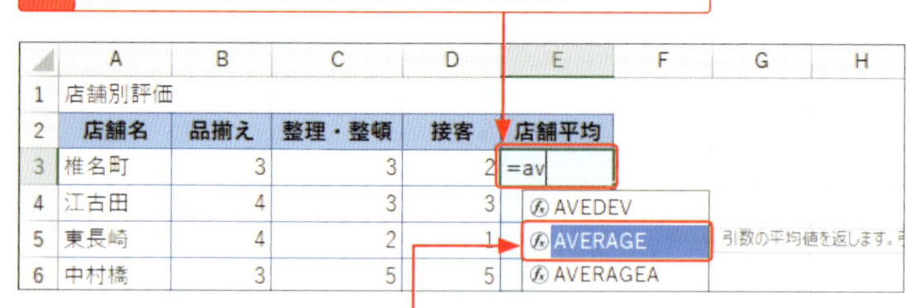

	A	B	C	D	E	F	G	H
1	店舗別評価							
2	店舗名	品揃え	整理・整頓	接客	店舗平均			
3	椎名町	3	3	2	=av			
4	江古田	4	3	3				
5	東長崎	4	2	1				
6	中村橋	3	5	5				

2 関数名の候補が表示されるので、↓を押して「AVERAGE」に移動し、Tabを押します。

3 関数名と開きカッコまで入力されるので、

	A	B	C	D	E	F	G	H
1	店舗別評価							
2	店舗名	品揃え	整理・整頓	接客	店舗平均			
3	椎名町	3	3	2	=AVERAGE(			
4	江古田	4	3	3	AVERAGE(数値1, [数値2], ...)			

Memo

関数は半角文字で入力する

関数は、引数に「"(半角ダブルクォーテーション)」で囲んだ全角文字を指定することもありますが、記号や関数名は半角文字で入力します。関数名やセル参照の入力に際しては、英字の大文字/小文字を問いません。関数の入力が確定すると自動的に大文字に変換されます。

4 参照するセル範囲をドラッグすると、

5 引数にセル範囲が指定されます。

	A	B	C	D	E	F	G	H
1	店舗別評価							
2	店舗名	品揃え	整理・整頓	接客	店舗平均			
3	椎名町	3	3	2	=AVERAGE(B3:D3)			
4	江古田	4	3	3				

6 「)（閉じカッコ）」を入力して Enter を押すと、

7 関数の入力が確定し、評価の店舗平均が表示されます。

	A	B	C	D	E	F	G	H
1	店舗別評価							
2	店舗名	品揃え	整理・整頓	接客	店舗平均			
3	椎名町	3	3	2	2.7			
4	江古田	4	3	3				

2 引数のみダイアログボックスで指定する

関数名をキーボードで入力したあと、引数の指定にはダイアログボックスを利用します。

1 前ページの手順**1**～**3**まで操作し、関数名と開きカッコを入力しておきます（ここでは、「=AVERAGE(」）。

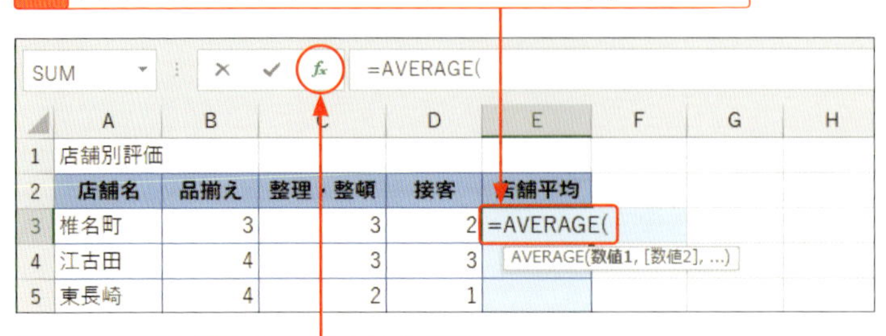

2 ＜関数の挿入＞をクリックします。

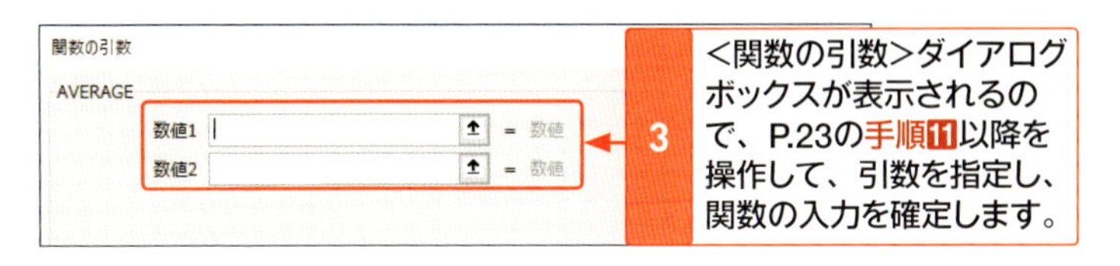

3 ＜関数の引数＞ダイアログボックスが表示されるので、P.23の手順**11**以降を操作して、引数を指定し、関数の入力を確定します。

関数を効率よく直す

関数の入力を確定したあとでも、引数の変更や修正ができます。変更や修正は誤りを正すだけでなく、入力済みの関数を利用して類似関数に変更するなど、効率のよい入力にも役立ちます。

1 数式バーを利用して修正する

引数のセル範囲［C2:C6］を［C2:C4］に修正します。

1 関数が入力されているセル［C7］をクリックして、

C7 =SUM(C2:C6)

	A	B	C	D	E
1	エリア	支店	4月	5月	6月
2	東京	池袋	2,350	1,980	2,200
3		練馬	1,500	1,620	1,450
4		高円寺	1,200	1,250	1,320
5	埼玉	所沢	1,100	1,080	1,050
6		狭山	850	920	1,120
7	東京合計		7,000		
8	埼玉合計		7,000		

2 数式バー内をクリックします。

3 セル範囲［C2:C6］の「C6」部分をドラッグし、

SUM =SUM(C2:C6)
SUM(数値1, [数値2], ...)

	A	B	C	D	E
1	エリア	支店	4月	5月	6月
2	東京	池袋	2,350	1,980	2,200
3		練馬	1,500	1,620	1,450

4 キーボードから「c4」と入力して Enter を押すと、

SUM =SUM(C2:c4)
SUM(数値1, [数値2], ...)

	A	B	C	D	E
1	エリア	支店	4月	5月	6月
2	東京	池袋	2,350	1,980	2,200
3		練馬	1,500	1,620	1,450
4		高円寺	1,200	1,250	1,320

5 引数のセル範囲が修正されて、

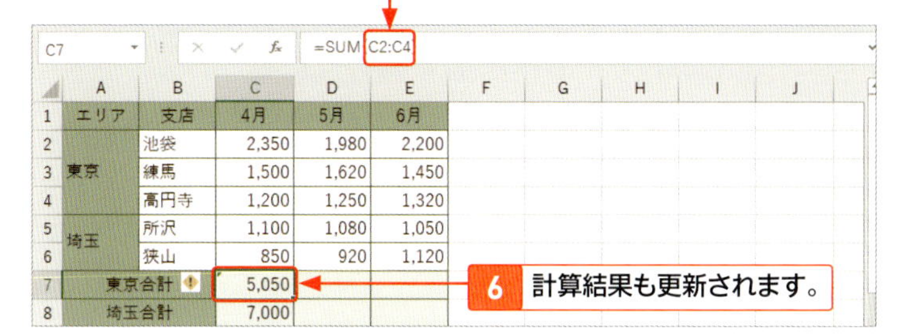

6 計算結果も更新されます。

Enter で確定した場合は、実際には1つ下のセルにアクティブセルが移動します。

2 <関数の引数>ダイアログボックスで修正する

引数のセル範囲［C2:C6］を［C2:C4］に修正します。

1 関数が入力されているセル［C7］をクリックし、

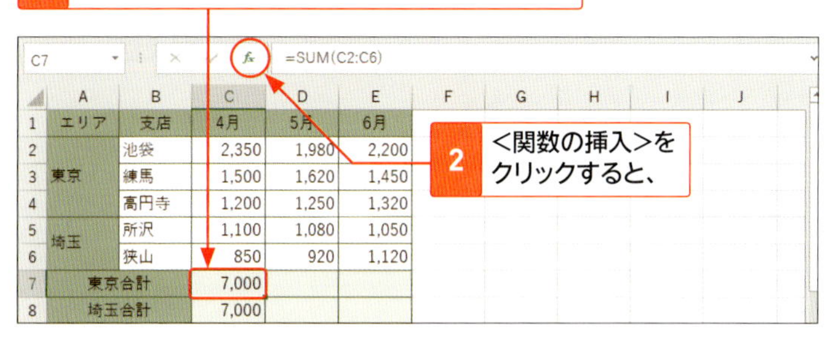

2 <関数の挿入>をクリックすると、

3 <関数の引数>ダイアログボックスが表示されます。

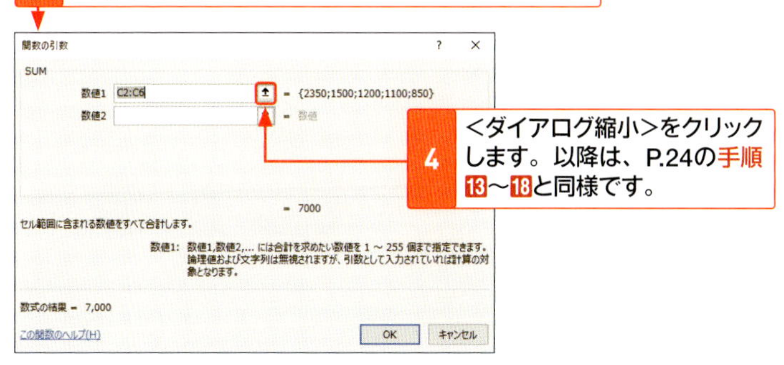

4 <ダイアログ縮小>をクリックします。以降は、P.24の手順**13**～**18**と同様です。

3 色枠を利用して修正する

引数のセル範囲 [C2:C6] を [C5:C6] に修正します。

1 関数が入力されているセル [C8] をダブルクリックして編集状態にすると、

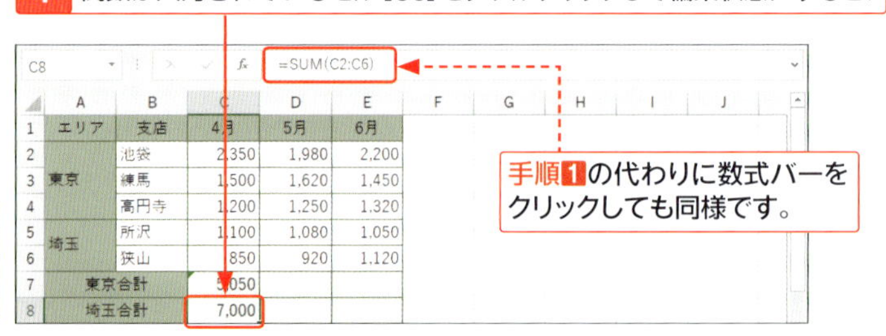

2 引数に指定したセル範囲に色枠が表示されます。

3 四隅のハンドルのいずれか（ここでは右上隅）にマウスポインターを合わせ、

4 修正したい方向にドラッグすると、

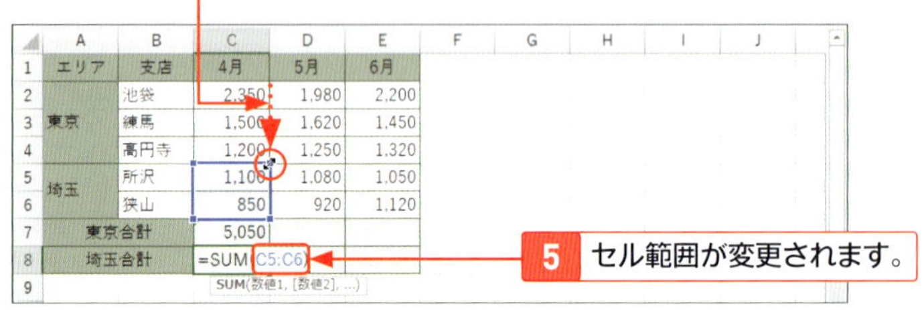

5 セル範囲が変更されます。

	A	B	C	D	E
1	エリア	支店	4月	5月	6月
2	東京	池袋	2,350	1,980	2,200
3		練馬	1,500	1,620	1,450
4		高円寺	1,200	1,250	1,320
5	埼玉	所沢	1,100	1,080	1,050
6		狭山	850	920	1,120
7	東京合計		5,050		
8	埼玉合計		1,950		

6 Enter を押して確定すると、結果が更新されます。

第1章 関数の基礎

4 関数名を修正する

関数名をMAX関数からMIN関数に修正します。

1 関数が入力されているセルをダブルクリックして編集状態にし、

手順1の代わりに数式バーをクリックしても同様です。

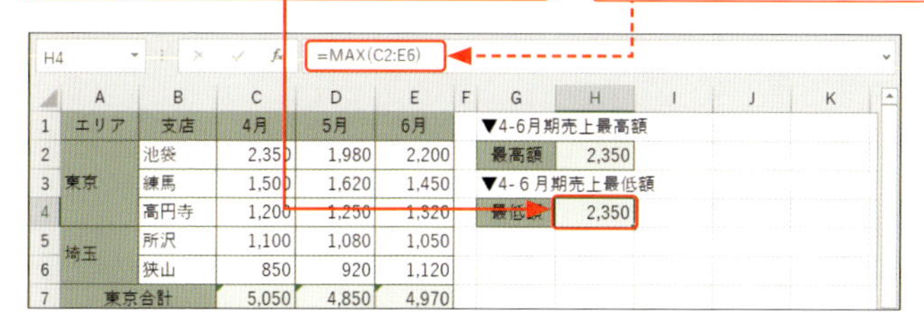

2 関数名をドラッグして、

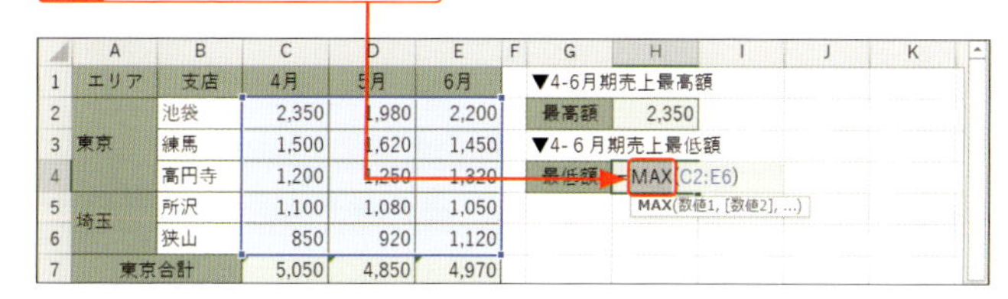

3 「min」と上書きで入力し、Enterを押すと、

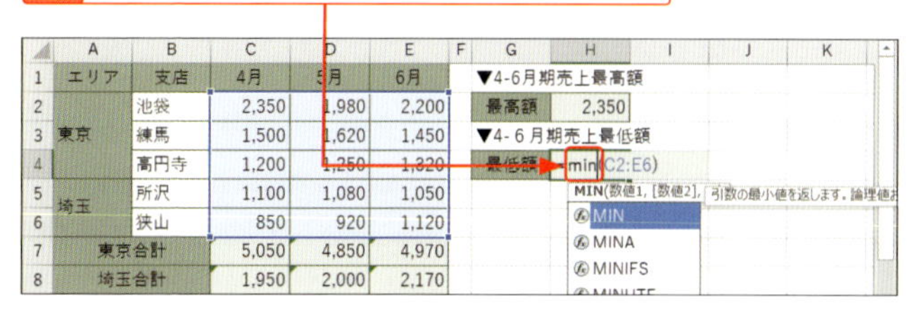

4 MIN関数に変更され、結果が更新されます。

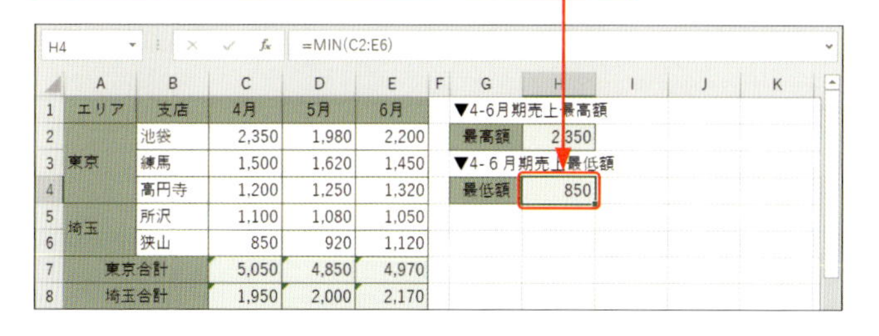

数式をコピーする

複数のセルに同様の計算を行う場合、関数や数式は先頭のセルに入力し、残りのセルは入力した関数や数式をコピーして使います。正しくコピーできるかどうかは、セル参照方式の使い分けにかかっています。

■セル参照のメリット

値の変更が簡単になります。

下の図は、送料を525円から540円に変更する例です。数式に送料を直接指定した場合は、数式を変更して他のセルにも変更を反映させる必要があります。送料がセル参照の場合は、セルの数値を上書きするだけです。

▼数値を直接指定している場合

1 数式を表示し、

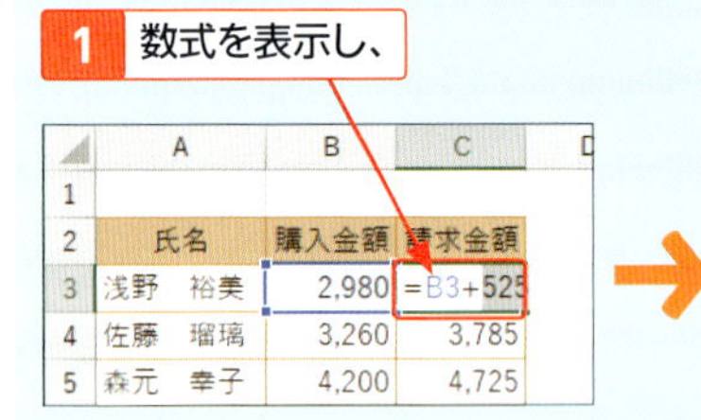

	A	B	C	D
1				
2	氏名	購入金額	請求金額	
3	浅野　裕美	2,980	=B3+525	
4	佐藤　瑠璃	3,260	3,785	
5	森元　幸子	4,200	4,725	

2 数値を変更して、

	A	B	C	D
1				
2	氏名	購入金額	請求金額	
3	浅野　裕美	2,980	=B3+540	
4	佐藤　瑠璃	3,260	3,785	
5	森元　幸子	4,200	4,725	

3 他のセルに反映させるため、オートフィルで数式をコピーし直します。

	A	B	C	D
1				
2	氏名	購入金額	請求金額	
3	浅野　裕美	2,980	3,520	
4	佐藤　瑠璃	3,260	3,800	
5	森元　幸子	4,200	4,740	

▼数値をセル参照している場合

1 数値を変更すると、

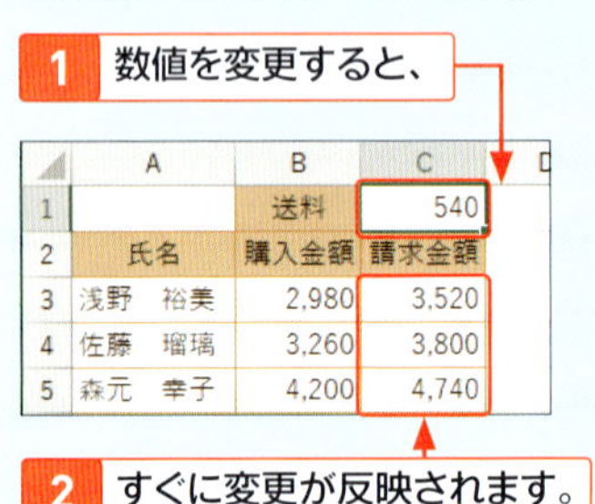

	A	B	C	D
1		送料	540	
2	氏名	購入金額	請求金額	
3	浅野　裕美	2,980	3,520	
4	佐藤　瑠璃	3,260	3,800	
5	森元　幸子	4,200	4,740	

2 すぐに変更が反映されます。

数式や関数のコピーが簡単になります。

セル参照を使うと、先頭のセルに数式や関数を入力して、残りのセルはオートフィルで数式や関数をコピーできます。

1 相対参照の数式をコピーする

買上金額から消費税と請求金額を求めます。

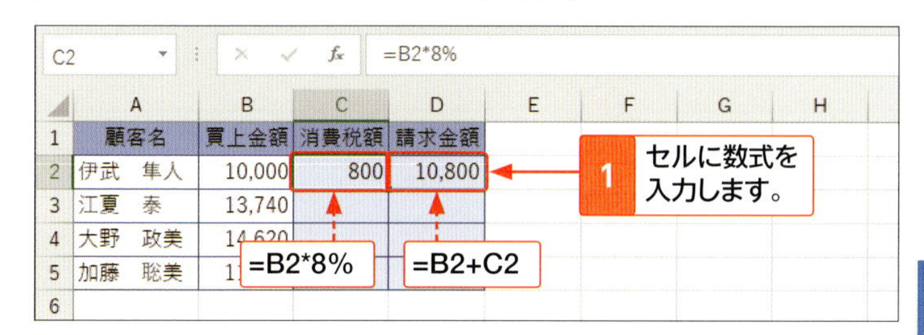

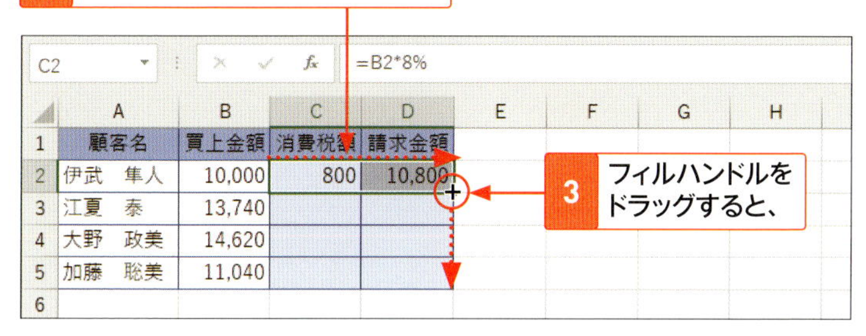

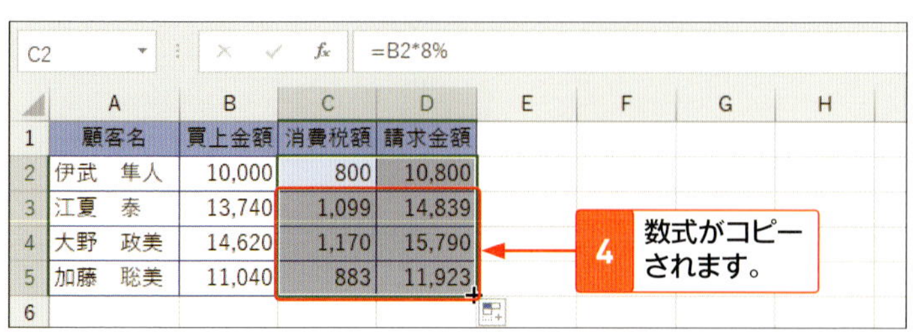

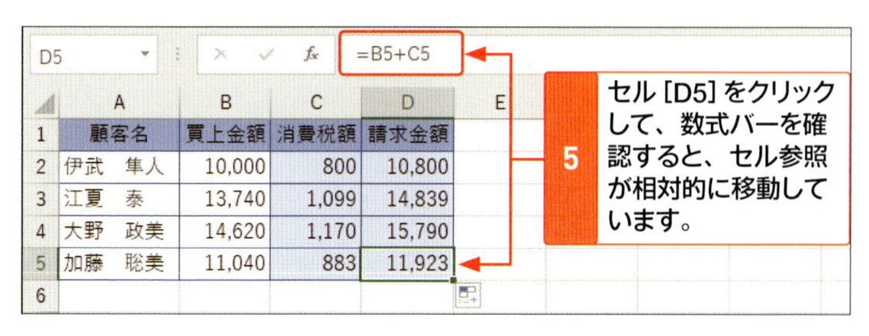

2 絶対参照の数式をコピーする

数式に直接入力されている消費税率をセル参照に変更します。

1 セル [F2] に消費税率「8%」を入力します。

2 セル [C2] をダブルクリックし、「8%」をドラッグします。

3 消費税率が入力されているセル [F2] をクリックすると、数式が「=B2*F2」に変更されます。

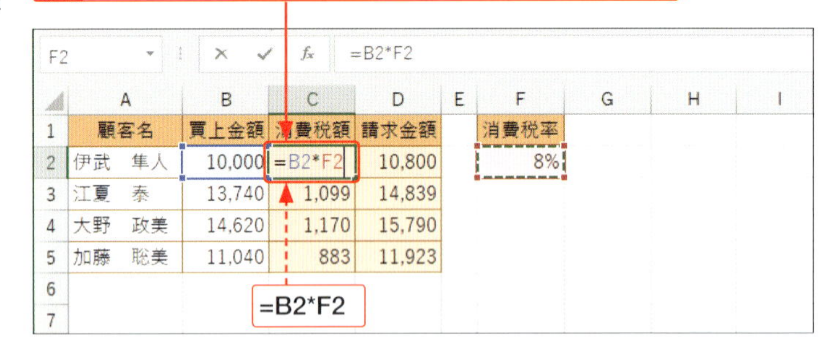

4 Enter を押して、変更した数式を確定します。

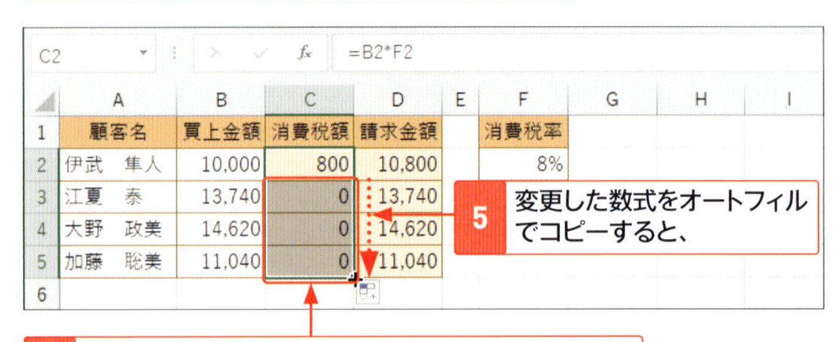

5 変更した数式をオートフィルでコピーすると、

6 他のセルの消費税額がすべて「0」になってしまったことを確認します。

7 セル［C5］をダブルクリックして、数式を表示します。

	A	B	C	D	E	F
1	顧客名	買上金額	消費税額	請求金額		消費税率
2	伊武　隼人	10,000	800	10,800		8%
3	江夏　泰	13,740	0	13,740		
4	大野　政美	14,620	0	14,620		
5	加藤　聡美	11,040	=B5*F5	11,040		
6						

8 消費税率のセル［F2］が参照されず、空白のセル［F5］が参照されています。

9 Esc を押して選択を解除し、セル［C2］をダブルクリックし、数式内の「F2」をドラッグします。

	A	B	C	D	E	F	G	H	I
1	顧客名	買上金額	消費税額	請求金額		消費税率			
2	伊武　隼人	10,000	=B2*F2	10,800		8%			
3	江夏　泰	13,740	0	13,740					

10 F4 を1回押すと、「$F$2」に変わり、セルが固定されます。

	A	B	C	D	E	F
1	顧客名	買上金額	消費税額	請求金額		消費税率
2	伊武　隼人	10,000	=B2*$F$2			8%
3	江夏　泰	13,740	0	13,740		

11 Enter を押して数式を確定します。

	A	B	C	D	E	F
1	顧客名	買上金額	消費税額	請求金額		消費税率
2	伊武　隼人	10,000	800	10,800		8%
3	江夏　泰	13,740	1,099	14,839		
4	大野　政美	14,620	1,170	15,790		
5	加藤　聡美	11,040	883	11,923		
6						

12 オートフィルで数式をコピーすると、今度は消費税額が表示されます。

=B5*$F$2

Memo

参照方式の切り替え

セル参照方式には、行のみ絶対参照や列のみ絶対参照もあります。右図のように「$」記号で行や列の固定を表し、F4キーを押すたびに参照方式が切り替わります。

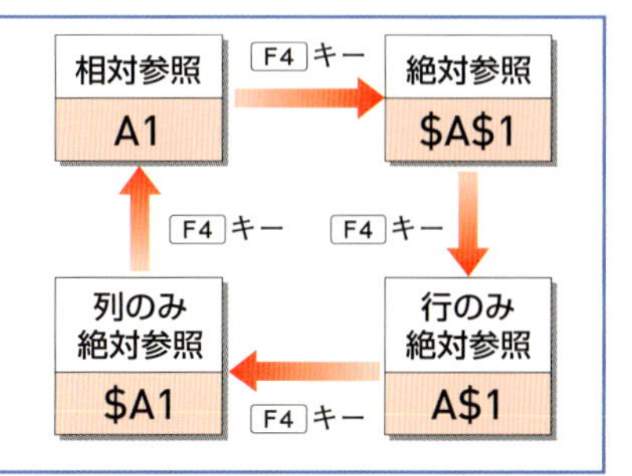

第1章 関数の基礎

名前を利用して関数を入力する

セルやセル範囲に名前を付けて数式や関数に利用できます。たとえば、得点が入力されたセル範囲に「得点」という名前を付けた場合、関数の引数に、セル範囲の代わりに名前「得点」を指定できます。

1 セルやセル範囲に名前を付ける

セル範囲[D3:D22]に「面接希望」と名前を付けます。

1 名前を付けたいセル範囲[D3:D22]をドラッグし、

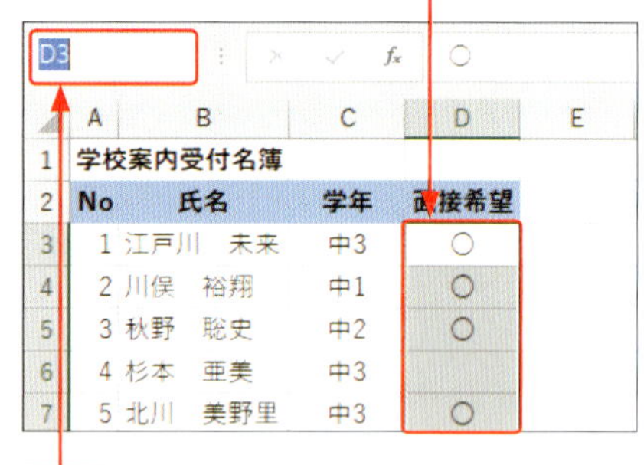

2 <名前ボックス>をクリックします。

3 名前を入力して Enter を押すと、セル範囲に名前が付きます。

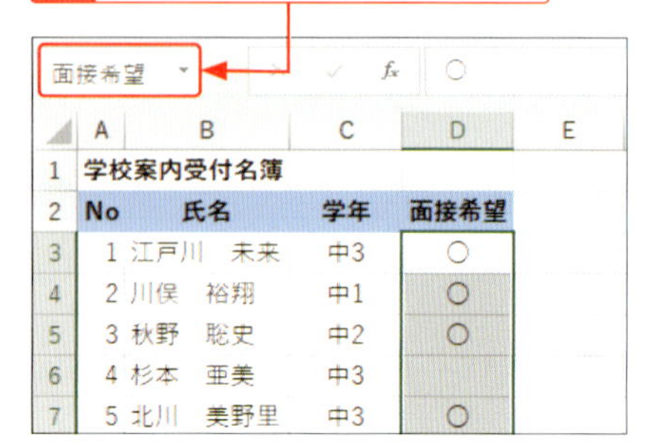

Memo

名前のルール

セルやセル範囲に名前を付けるには、以下のルールがあります。

1. 「A1」など、セルと同じ名前にしない
2. 名前の間にスペースを使わない
3. 先頭に数字を入力したいときは、先頭に「_(アンダースコア)」を入力する
4. 英字の「C」「c」「R」「r」のいずれか1文字だけの名前は付けない
5. 名前の文字の長さは最大で半角255文字までにする

2 名前を関数の引数に利用する

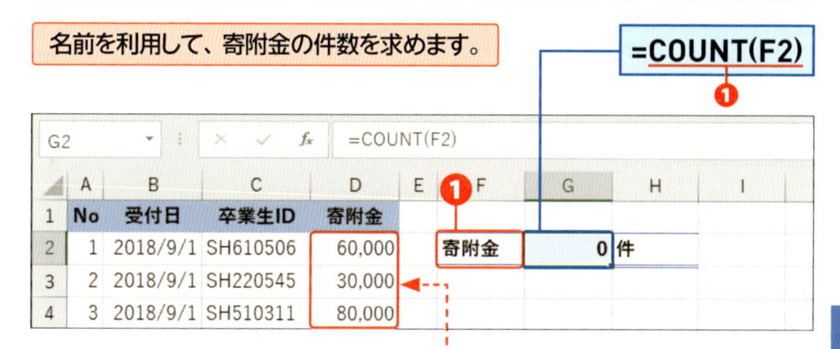

❶「寄附金」と入力されたセル [F2] をCOUNT関数の引数に指定しても、セル [F2] をD列に付けた名前として認識しないため、寄附金の件数を求めることはできません。

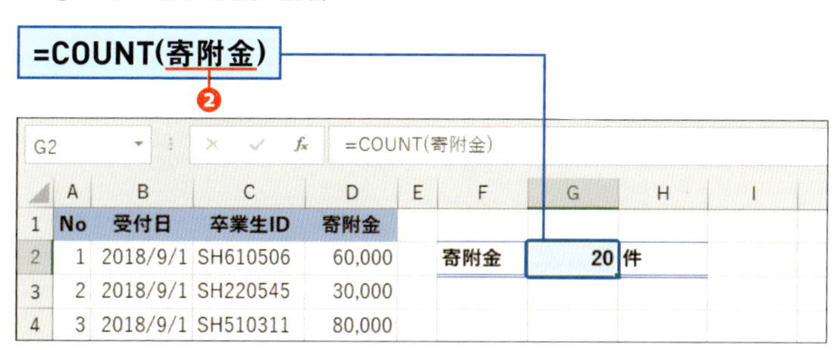

❷ 関数の引数に「寄附金」と入力すると、セル範囲に付けた名前として認識され、寄附金の件数が求められます。

Memo

<名前ボックス>にカーソルを残さない

左ページ手順3のように、漢字などの全角文字で名前を指定する場合は、文字の決定で Enter を押したあと、名前を確定する Enter をもう一度押します。<名前ボックス>にカーソルが残っていると、名前を設定したことにならないので注意します。

Hint

名前の入ったセルを指定しても名前として認識しない

設定した名前と同じ値（ここでは「寄附金」）を入力したセルを関数の引数に指定しても、「寄附金」という文字列として認識されます。セルに入力した値を名前として認識させるには、文字列を名前として認識させる関数が必要です（Sec.58）。

組み合わせの関数を読む

関数では、関数の引数に別の関数を組み合わせて使うことがあります。自分で関数を組み合わせた表を作成することもありますが、作成済みの表に入力された関数を読む機会も多くあります。

■関数組み合わせの読み方

関数の引数に関数を指定することを、ネストまたは入れ子といいます。最大64個までのネストを構成できます。関数の組み合わせでは、引数を囲むカッコが関数の末尾で重なるため、カッコと関数との対応関係はよく確認する必要があります。右の式は、INT関数の中にSUM関数がネストされている例です。関数を読むときのポイントは、内側の関数から外側の関数に向かうことです。これは、カッコ付きの計算式において、内側のカッコから外して計算するのと同じイメージです。

▶セル範囲の合計を求め、小数点以下を切り捨てる関数の組み合わせ

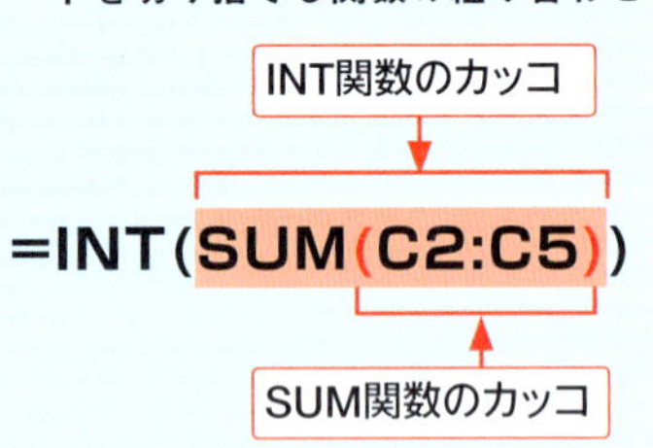

1 組み合わせた関数を読む

費用の合計と1万円を比較し、少ないほうを表示する式を読み解きます。

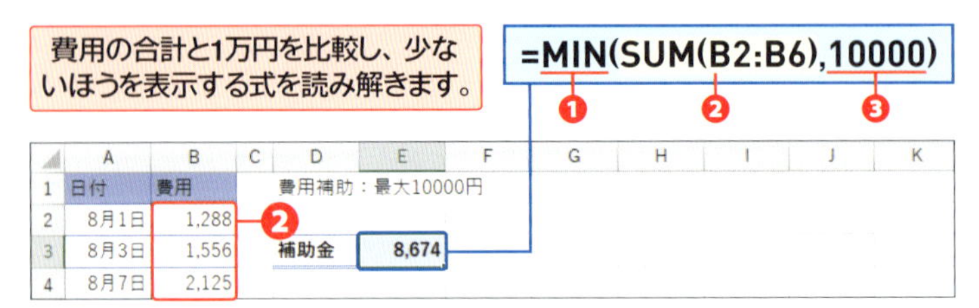

❶ 一番外側の関数名のみ見ておきます。ここでは、「MIN」です。最終的に、MIN関数の結果が表示されることを確認します。

❷ 一番内側の関数から具体的に読みます。ここでは、SUM関数です。セル範囲 [B2:B6] の合計を求めています。

❸ 内側から外側の関数に向かって読みます。ここでの外側はMIN関数です。❷で求めた合計と「10000」のうち、最小値を求めています。

2 <関数の引数>ダイアログボックスを表示する

組み合わせた関数の<関数の引数>ダイアログボックスを表示します。

1 組み合わせた関数のセルの数式バーで、関数名をドラッグし、

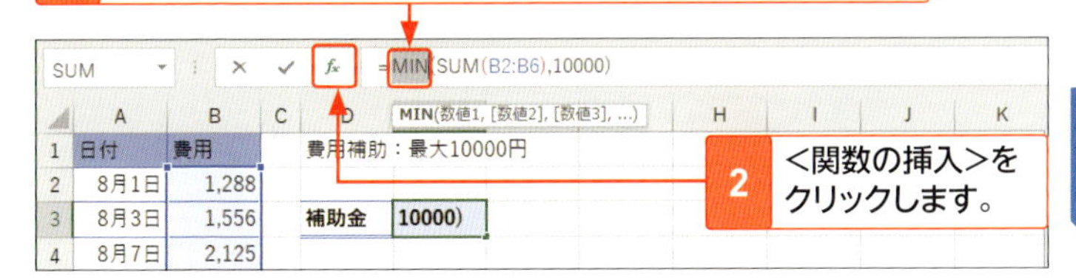

3 ドラッグした関数名の<関数の引数>ダイアログボックスが表示されます。

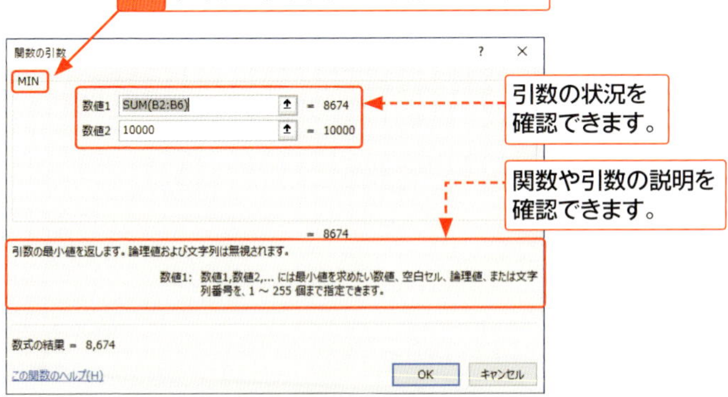

4 引き続き、数式バーの「SUM」をドラッグすると、

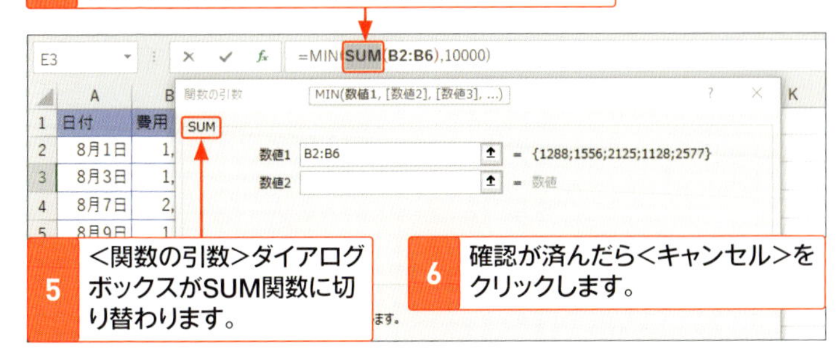

関数を組み合わせる

関数組み合わせでは、個々に入力された関数を徐々に組み合わせて、最終的に1つの式にまとめます。ここでは、組み合わせの内側の関数の式を、外側の関数の引数にコピーする方法を紹介します。

1 コピー＆ペーストで関数を組み合わせる

各セルに入力されている関数を確認します。

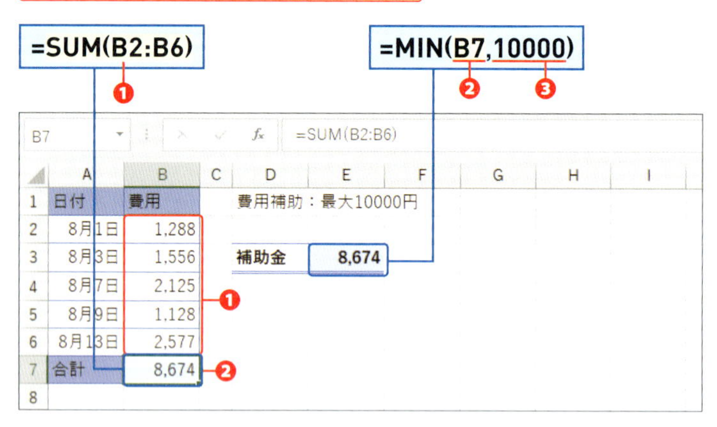

❶ SUM関数で費用のセル範囲［B2:B6］の合計を求めています。

❷ MIN関数で、SUM関数を入力したセル［B7］を参照しています。

❸ 費用補助の上限「10000」を指定しています。セル［B7］の値と「10000」を比較し、少ないほうを表示しています。

外側の関数の引数に内側の関数をコピーして代入します。

セル［B7］=SUM(B2:B6)

セル［E3］=MIN(B7,10000)

1 セル [B7] の数式バーで「=」の後ろから関数をドラッグし、

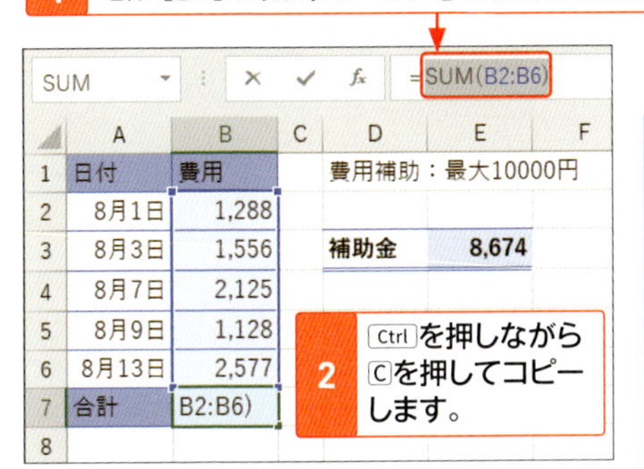

2 Ctrl を押しながら C を押してコピーします。

3 Esc を押して選択を解除します。

> **Memo**
> **関数のコピーと選択解除はセットで行う**
>
> SUM関数をコピーするときは、＜ホーム＞タブの＜コピー＞をクリックするか、Ctrl を押しながら C を押します。コピー後は、Esc を押して選択を解除するのを忘れないようにします。

4 セル [E3] の数式バーで、「B7」をドラッグします。

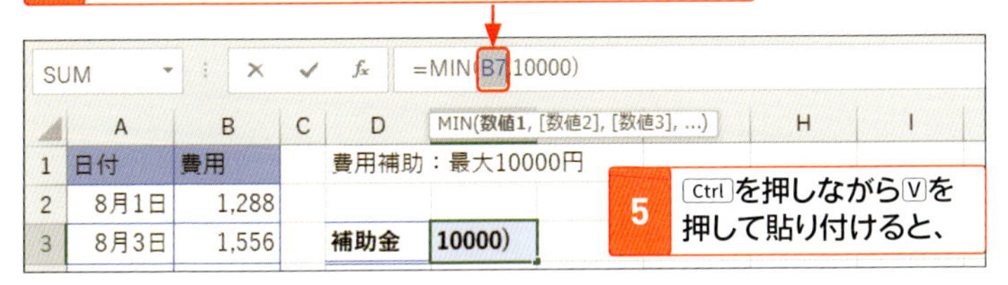

5 Ctrl を押しながら V を押して貼り付けると、

6 セル[B7]の関数が代入されます。

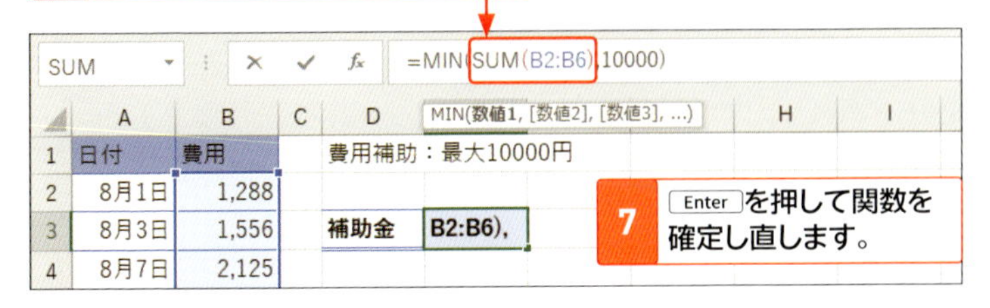

7 Enter を押して関数を確定し直します。

8 MIN関数の内側にSUM関数が代入され、組み合わせが完成します。

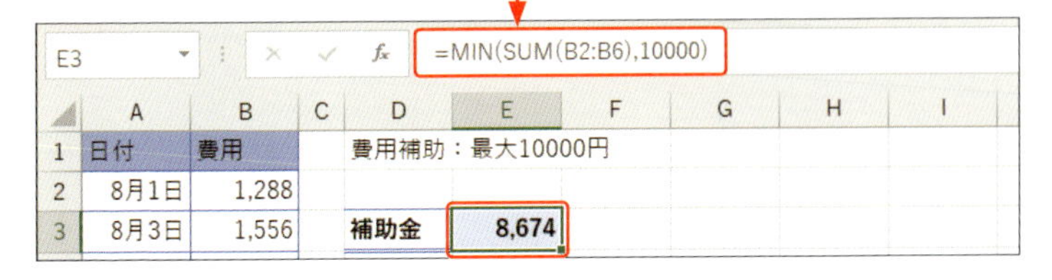

エラーを修正する

セルに数式や関数を入力してエラーになった場合、Excelはエラーの原因に応じて8種類のエラー値を表示します。ここでは、エラーとエラーの原因、および、エラーの修正方法について解説します。

1 エラー値 [#####] を修正する

列幅を修正してエラーを解消します。

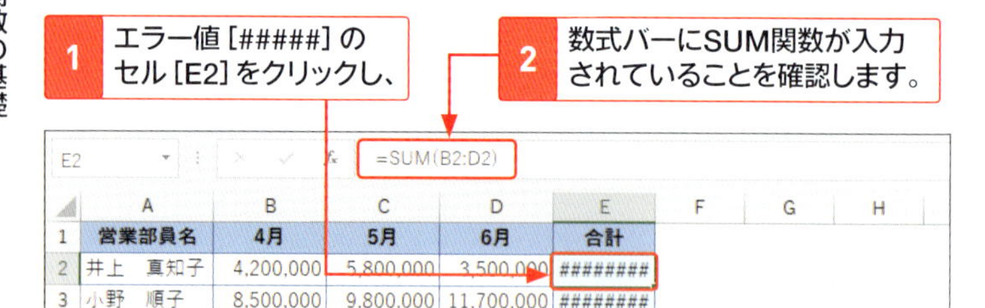

3 E列の境界線をドラッグして列幅を広げると、

	A	B	C	D	E
1	営業部員名	4月	5月	6月	合計
2	井上　真知子	4,200,000	5,800,000	3,500,000	13,500,000
3	小野　順子	8,500,000	9,800,000	11,700,000	30,000,000
4	北村　博子	9,800,000	12,800,000	4,800,000	27,400,000

4 エラーが解消されます。

時刻を修正してエラーを解消します。

1 エラー値 [#####] のセル [D6] をクリックし、

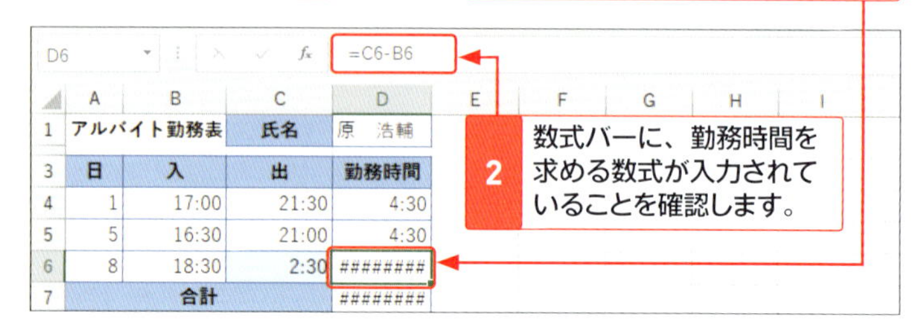

3 「出」のセル[C6]を「21:30」と入力し直すと、

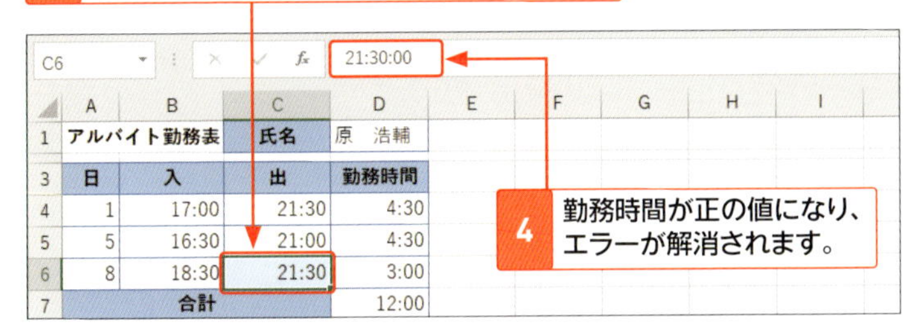
C6 | 21:30:00

	A	B	C	D
1	アルバイト勤務表		氏名	原　浩輔
3	日	入	出	勤務時間
4	1	17:00	21:30	4:30
5	5	16:30	21:00	4:30
6	8	18:30	21:30	3:00
7	合計			12:00

4 勤務時間が正の値になり、エラーが解消されます。

2 エラー値 [#VALUE!] を修正する

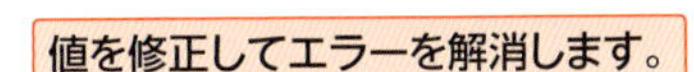
値を修正してエラーを解消します。

1 エラー値 [#VALUE!] のセル [D3] をクリックし、

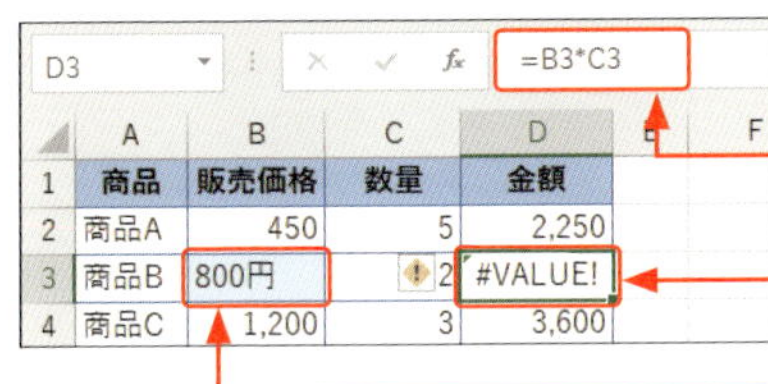
D3 | =B3*C3

	A	B	C	D
1	商品	販売価格	数量	金額
2	商品A	450	5	2,250
3	商品B	800円	2	#VALUE!
4	商品C	1,200	3	3,600

2 数式バーに、利用金額を求める数式が入力されていることを確認し、

3 数値同士の掛け算に文字列が入力されていることを確認します。

	A	B	C	D
1	商品	販売価格	数量	金額
2	商品A	450	5	2,250
3	商品B	800	2	1,600
4	商品C	1,200	3	3,600

4 セル [C3] を数値のみに修正すると、

5 エラーが解消されます。

3 エラー値 [#NAME?] を修正する

関数名を修正してエラーを解消します。

1 エラー値 [#NAME?] のセル [D7] をクリックし、

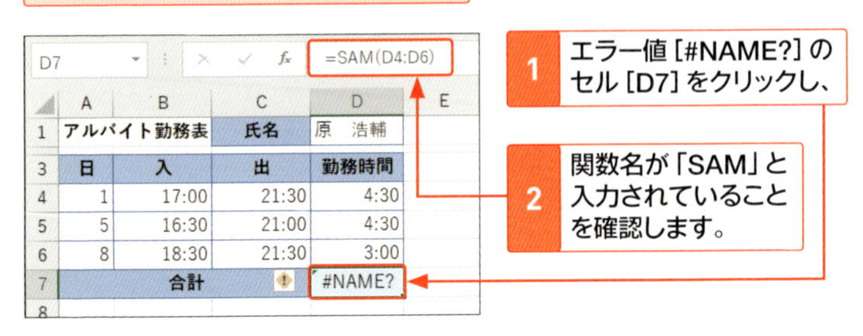
D7 | =SAM(D4:D6)

	A	B	C	D
1	アルバイト勤務表		氏名	原　浩輔
3	日	入	出	勤務時間
4	1	17:00	21:30	4:30
5	5	16:30	21:00	4:30
6	8	18:30	21:30	3:00
7	合計			#NAME?

2 関数名が「SAM」と入力されていることを確認します。

3 関数名を「SUM」に入力し直すと、

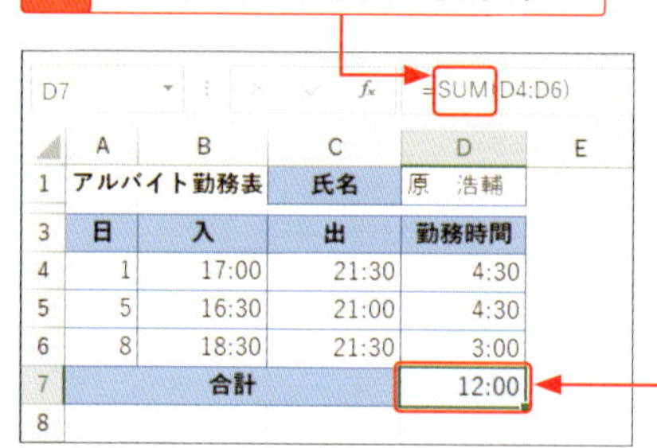

4 エラーが解消されます。

4 エラー値[#DIV/0!]を修正する

数式を修正してエラーを解消します。

1 エラー値[#DIV/0!]のセル[F4]をクリックして、

2 割り算の数式が入力されていることを確認し、

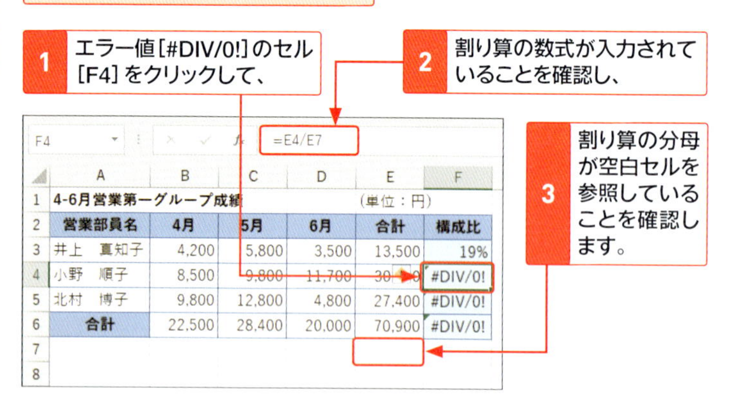

3 割り算の分母が空白セルを参照していることを確認します。

4 エラーの原因となったセル[F3]の数式を修正し、

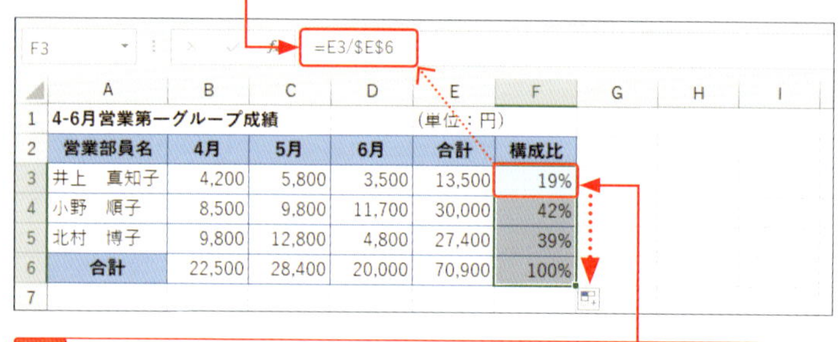

5 オートフィルで数式をコピーし直すと、エラーが解消されます。

5 エラー値 [#N/A] を修正する

値を入力してエラーを解消します。

1 エラー値 [#N/A] のセル [B5] をクリックし、

2 VLOOKUP関数（Sec.57）が入力されていることを確認します。

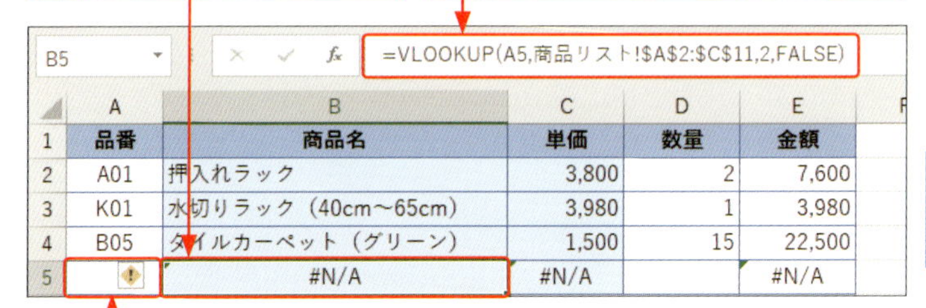

B5 =VLOOKUP(A5,商品リスト!$A$2:$C$11,2,FALSE)

	A	B	C	D	E
1	品番	商品名	単価	数量	金額
2	A01	押入れラック	3,800	2	7,600
3	K01	水切りラック（40cm～65cm）	3,980	1	3,980
4	B05	タイルカーペット（グリーン）	1,500	15	22,500
5		#N/A	#N/A		#N/A

3 VLOOKUP関数の [検索値] を参照するセルが空欄であることを確認します。

4 セル [A6] に検索値を入力すると（ここでは商品リストにある品番の「A02」）、

5 エラーが解消されます。

B5 =VLOOKUP(A5,商品リスト!$A$2:$C$11,2,FALSE)

	A	B	C	D	E
1	品番	商品名	単価	数量	金額
2	A01	押入れラック	3,800	2	7,600
3	K01	水切りラック（40cm～65cm）	3,980	1	3,980
4	B05	タイルカーペット（グリーン）	1,500	15	22,500
5	A02	クローゼット用チェスト	7,800		0

6 エラー値 [#REF!] を修正する

操作をもとに戻してエラーを解消します。

1 LEFT関数（Sec.71）を使って、住所から指定した文字数を取り出しています。

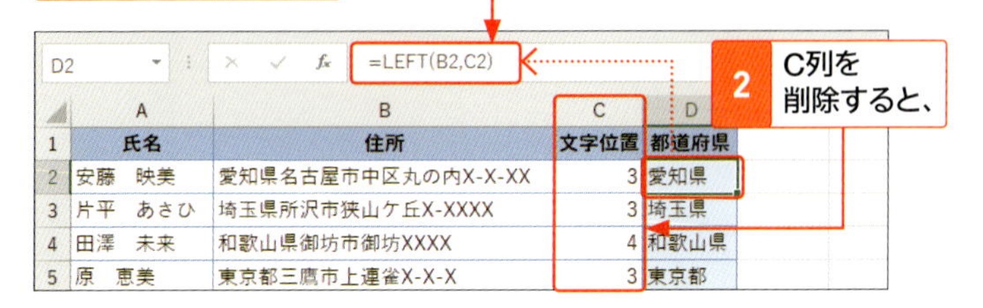

D2 =LEFT(B2,C2)

	A	B	C	D
1	氏名	住所	文字位置	都道府県
2	安藤　映美	愛知県名古屋市中区丸の内X-X-XX	3	愛知県
3	片平　あさひ	埼玉県所沢市狭山ケ丘X-XXXX	3	埼玉県
4	田澤　未来	和歌山県御坊市御坊XXXX	4	和歌山県
5	原　恵美	東京都三鷹市上連雀X-X-X	3	東京都

2 C列を削除すると、

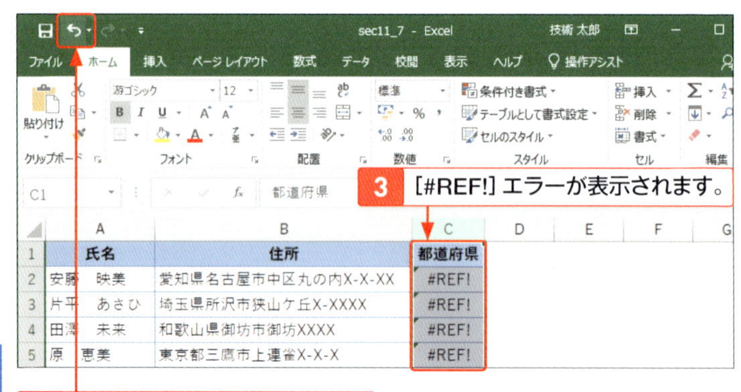

4 ＜元に戻す＞をクリックすると、

5 エラーが解消されます。

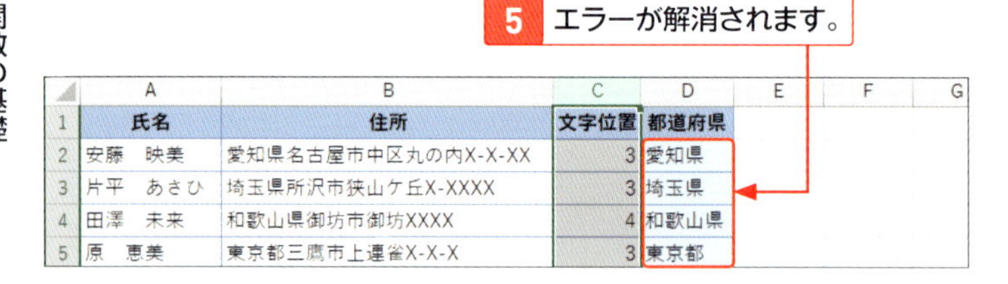

	A	B	C	D
1	氏名	住所	文字位置	都道府県
2	安藤　映美	愛知県名古屋市中区丸の内X-X-XX	3	愛知県
3	片平　あさひ	埼玉県所沢市狭山ケ丘X-XXXX	3	埼玉県
4	田澤　未来	和歌山県御坊市御坊XXXX	4	和歌山県
5	原　恵美	東京都三鷹市上連雀X-X-X	3	東京都

7 エラー値 [#NUM!] を修正する

有効な値に修正してエラーを解消します。

1 エラー値 [#NUM!] のセル [E3] をクリックし、

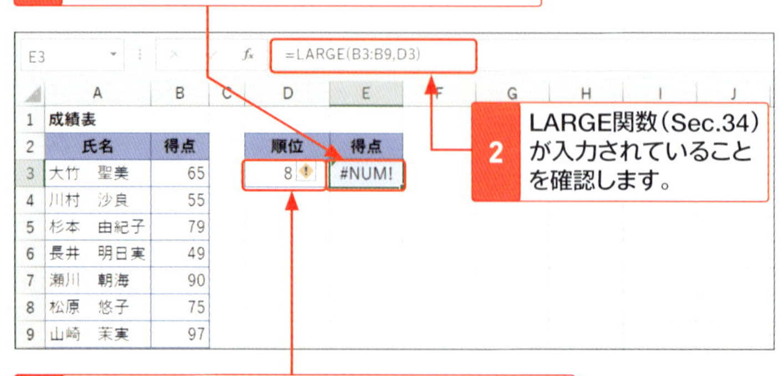

	A	B	C	D	E
1	成績表				
2	氏名	得点		順位	得点
3	大竹　聖美	65		8	#NUM!
4	川村　沙良	55			
5	杉本　由紀子	79			
6	長井　明日実	49			
7	瀬川　朝海	90			
8	松原　悠子	75			
9	山崎　茉実	97			

3 順位を指定するセル [D3] に、存在しない順位が指定されていることを確認します。

4 セル[D3]の値を「7」に変更すると、

	A	B	C	D	E
1	成績表				
2	氏名	得点		順位	得点
3	大竹　聖美	65		7	49
4	川村　沙良	55			

5 エラーが解消されます。

8 エラー値[#NULL!]を修正する

セル範囲になるよう「:(コロン)」を入力します。

1 エラー値[#NULL!]のセル[D7]をクリックし、

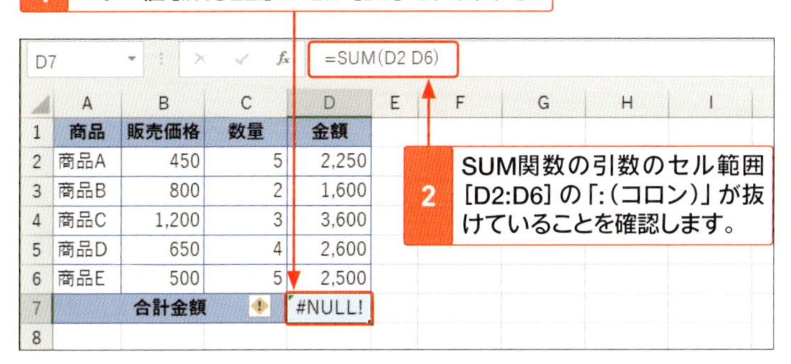

	A	B	C	D
1	商品	販売価格	数量	金額
2	商品A	450	5	2,250
3	商品B	800	2	1,600
4	商品C	1,200	3	3,600
5	商品D	650	4	2,600
6	商品E	500	5	2,500
7	合計金額			#NULL!
8				

3 「:(コロン)」を入力してセル範囲に修正すると、

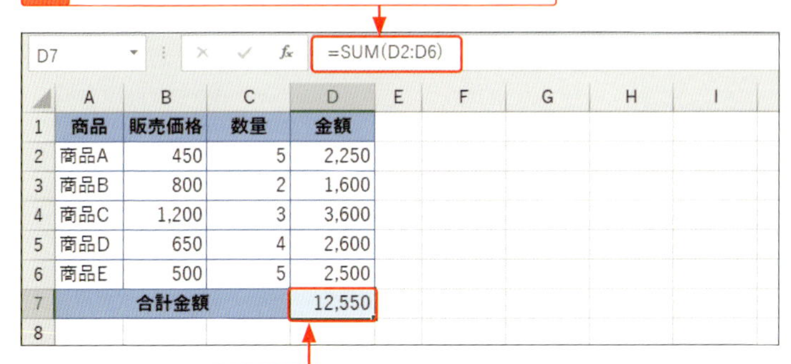

	A	B	C	D
1	商品	販売価格	数量	金額
2	商品A	450	5	2,250
3	商品B	800	2	1,600
4	商品C	1,200	3	3,600
5	商品D	650	4	2,600
6	商品E	500	5	2,500
7	合計金額			12,550
8				

4 エラーが解消されます。

日付や時刻を扱う

Excelでは、日付や時刻をシリアル値という数値で管理しています。ここでは、日付や時刻の計算の土台となるシリアル値と、シリアル値を利用した日付や時刻の計算について解説します。

■日付のシリアル値

日付のシリアル値は、1900年1月1日を「1」、翌日を「2」というように日付ごとに割り当てた整数の通し番号です。日付順に通し番号が割り当てられているので、日付の計算の際、月末が30日か31日か、うるう年かどうかなどを一切気にする必要がありません。

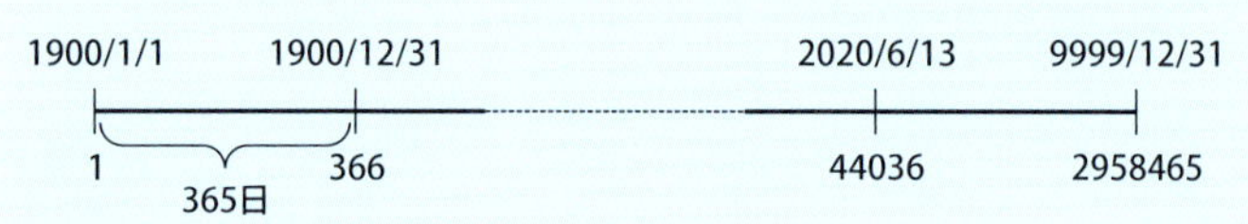

■時刻のシリアル値

時刻のシリアル値は、24時間で1.0になるように割り当てた小数です。当日の午前0時0分0秒の「0.0」に始まり、翌日の午前0時0分0秒で「1.0」になります。「1.0」の整数部「1」は1日（いちにち）、つまり、日単位への繰り上げを意味します。

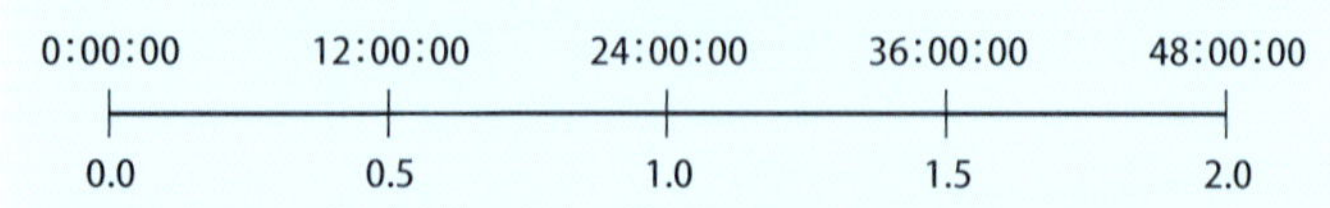

上図に示すように、24時間ごとに整数部に1日ずつ繰り上がり、時刻は「0.0」にリセットされます。

Memo

日付計算はほぼ、日付で表示される

日付の計算はシリアル値で行われていますが、シリアル値がセルに表示されることはあまりありません。基本的に、シリアル値を意識せずに日付の計算ができるようになっているため、日付の計算結果の多くは日付形式で表示されます。ただし、一部、シリアル値で表示する関数もあります。

1 指定日数後の日付を求める

2週間後の日付を求めます。

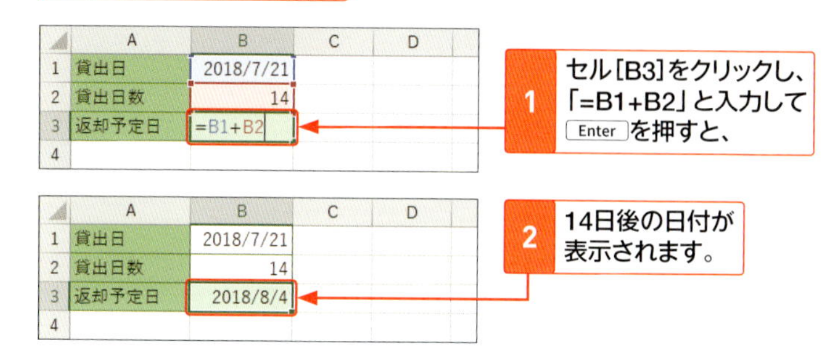

2 日付間の日数を求める

返却予定日までの残り日数を求めます。

3 指定時間後の時刻を求める

3時間後の時刻を求めます。

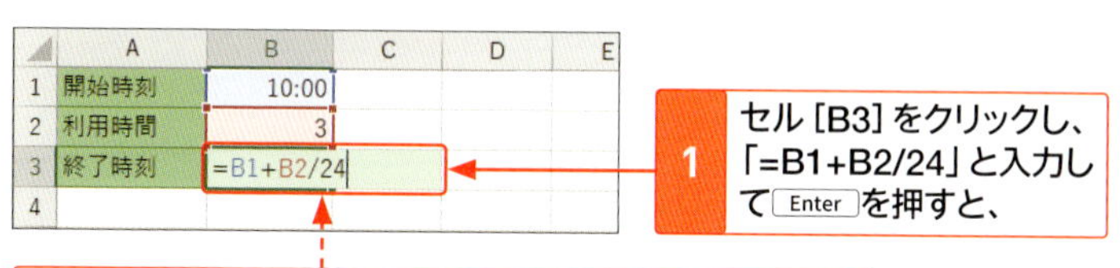

時間に相当するシリアル値に変換するため24で割ります。

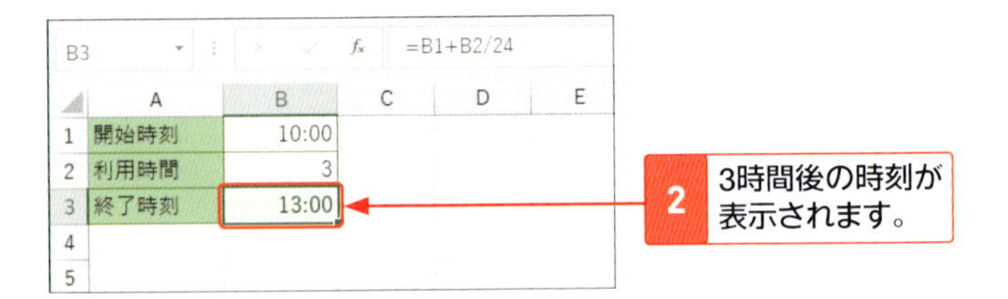

4 経過時間を求める

出社時刻から退社時刻までの在社時間を求めます。

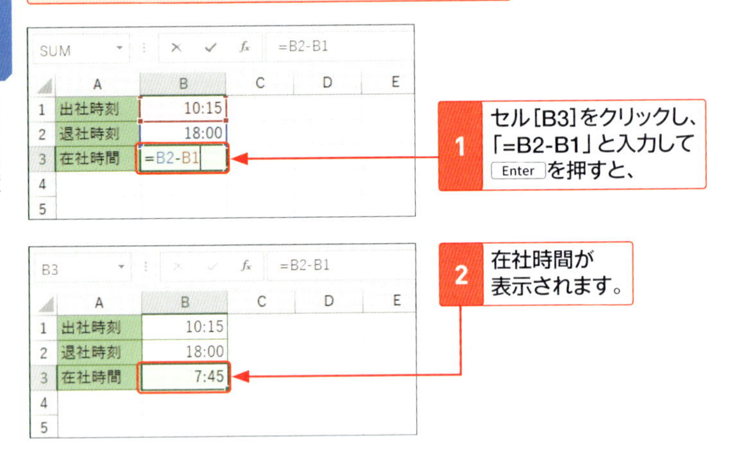

5 24時間を超える経過時間を表示する

3日間の在社時間の合計を求めます。

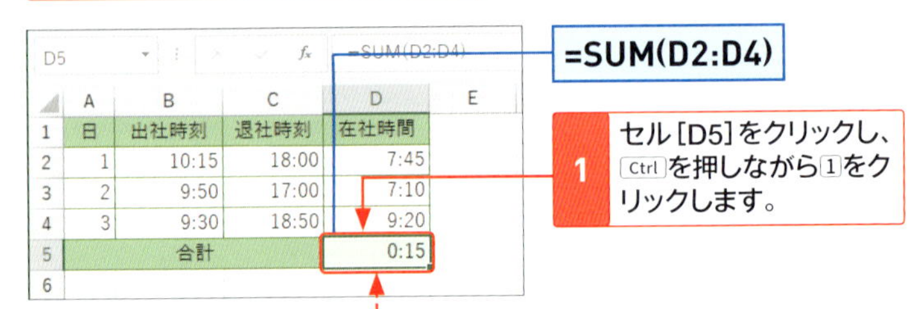

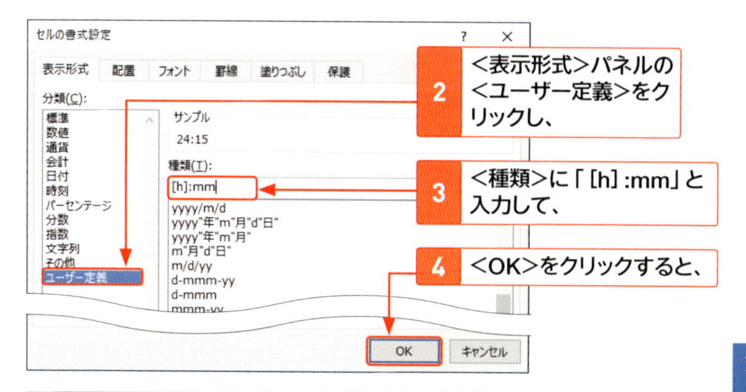

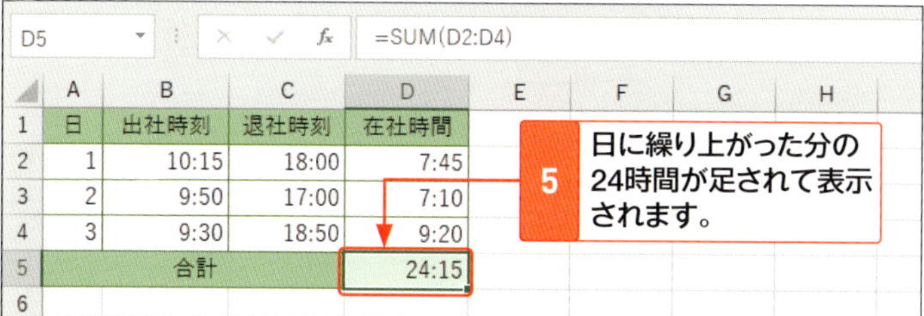

Memo

日付と認識される値

Excelでは、「/（スラッシュ）」、「-（ハイフン）」、「年月日」、「.（ピリオド）」を利用して入力すると、日付と認識されますが、入力した形式とは異なる形式で表示される場合があります。なお、日を省略して年月のみ入力すると1日が設定され、年を省略して月日のみを入力すると入力時の年が設定されます。

	A	B
1	セル入力	セル確定後の表示
2	2018/10/15	2018/10/15
3	2018-10-15	2018/10/15
4	10/15	10月15日
5	10-15	10月15日
6	2018年10月	2018年10月
7	平成30年10月15日	平成30年10月15日
8	2018年10月15日	2018年10月15日
9	H30.10.15	H30.10.15

Memo

時刻と認識される値

Excelでは、「:（コロン）」、「時分秒」、「am（AM）」「pm（PM）」を利用して入力すると、時刻と認識されます。秒を省略して時分を入力すると0秒に設定されます。

	A	B
1	セル入力	セル確定後の表示
2	10時15分	10時15分
3	10時15分30秒	10時15分30秒
4	10:15:30	10:15:30
5	10:15 am	10:15 AM
6	10:15 pm	10:15 PM

セルの表示形式を設定する

セルに表示される計算結果や、セルに入力した値は、セルの書式設定を行うことで、目的に合った表示形式に変更できます。ここでは、よく使うセルの表示形式の設定方法について解説します。

1 数値を3桁区切りで表示する

数値に桁区切りを付けて表示します。

1 表示形式を設定したいセル範囲[B2:E7]をドラッグし、

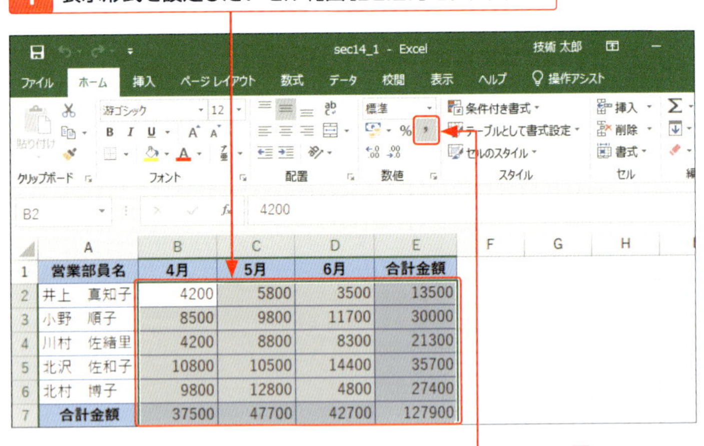

	A	B	C	D	E
1	営業部員名	4月	5月	6月	合計金額
2	井上　真知子	4200	5800	3500	13500
3	小野　順子	8500	9800	11700	30000
4	川村　佐緒里	4200	8800	8300	21300
5	北沢　佐和子	10800	10500	14400	35700
6	北村　博子	9800	12800	4800	27400
7	合計金額	37500	47700	42700	127900

2 <ホーム>タブの<桁区切りスタイル>をクリックすると、

3 数値が3桁ごとに「,(カンマ)」で区切られて表示されます。

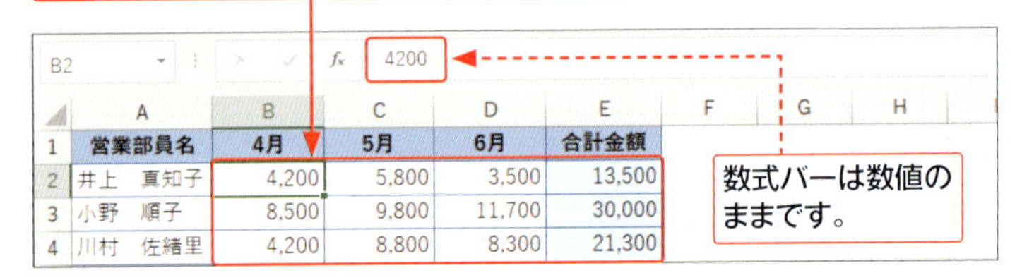

	A	B	C	D	E
1	営業部員名	4月	5月	6月	合計金額
2	井上　真知子	4,200	5,800	3,500	13,500
3	小野　順子	8,500	9,800	11,700	30,000
4	川村　佐緒里	4,200	8,800	8,300	21,300

2 数値をパーセントで表示する

構成比をパーセント表示します。

1 構成比のセル範囲[F2:F7]をドラッグし、

2 <ホーム>タブの<パーセントスタイル>をクリックすると、

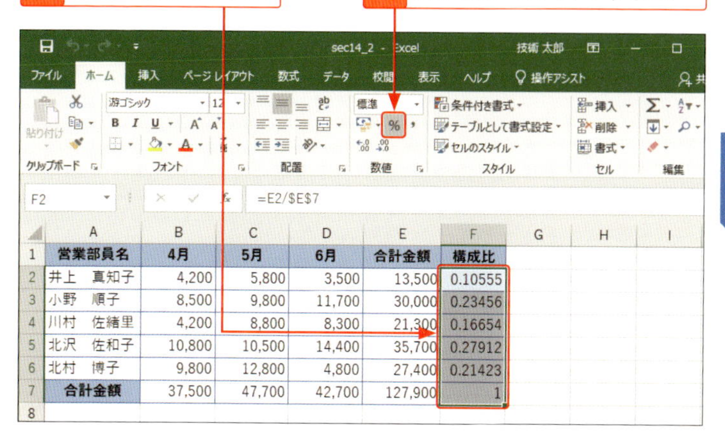

3 数値がパーセント表示になります。

4 <ホーム>タブの<小数点以下の表示桁数を増やす>をクリックすると、

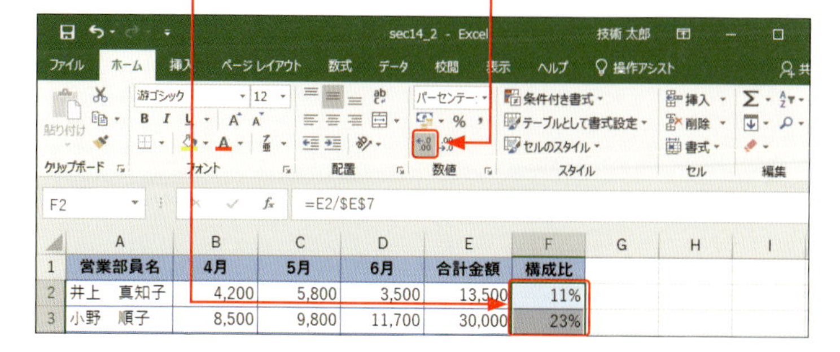

5 パーセント表示が、小数第1位までの表示になります。

	A	B	C	D	E	F	G	H
1	営業部員名	4月	5月	6月	合計金額	構成比		
2	井上　真知子	4,200	5,800	3,500	13,500	10.6%		
3	小野　順子	8,500	9,800	11,700	30,000	23.5%		

3 数値をもとの表示形式に戻す

セルに設定した表示形式を<標準>に戻します。

1 表示形式を設定したセル範囲[B2:F7] をドラッグし、

2 <ホーム>タブの<表示形式>ボックスの▾をクリックします。

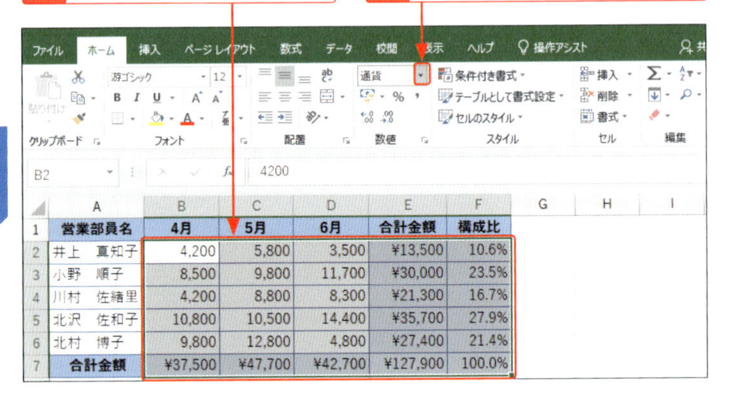

	A	B	C	D	E	F
1	営業部員名	4月	5月	6月	合計金額	構成比
2	井上 真知子	4,200	5,800	3,500	¥13,500	10.6%
3	小野 順子	8,500	9,800	11,700	¥30,000	23.5%
4	川村 佐緒里	4,200	8,800	8,300	¥21,300	16.7%
5	北沢 佐和子	10,800	10,500	14,400	¥35,700	27.9%
6	北村 博子	9,800	12,800	4,800	¥27,400	21.4%
7	合計金額	¥37,500	¥47,700	¥42,700	¥127,900	100.0%

3 一覧から<標準>をクリックすると、

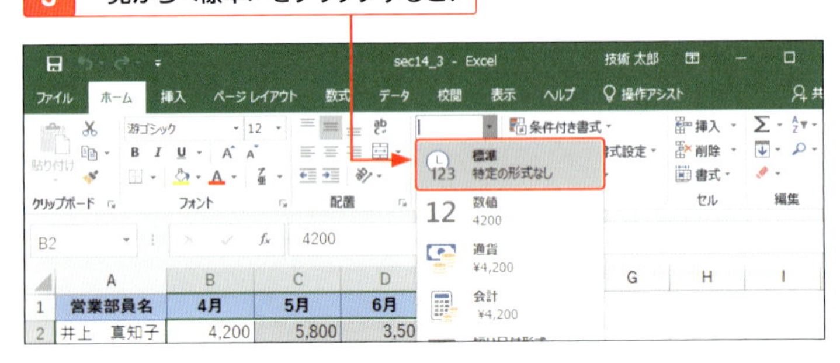

4 表示形式が解除されます。

	A	B	C	D	E	F
1	営業部員名	4月	5月	6月	合計金額	構成比
2	井上 真知子	4200	5800	3500	13500	0.10555
3	小野 順子	8500	9800	11700	30000	0.23456
4	川村 佐緒里	4200	8800	8300	21300	0.16654
5	北沢 佐和子	10800	10500	14400	35700	0.27912
6	北村 博子	9800	12800	4800	27400	0.21423
7	合計金額	37500	47700	42700	127900	1
8						

第2章

数値を計算する

数値を合計する

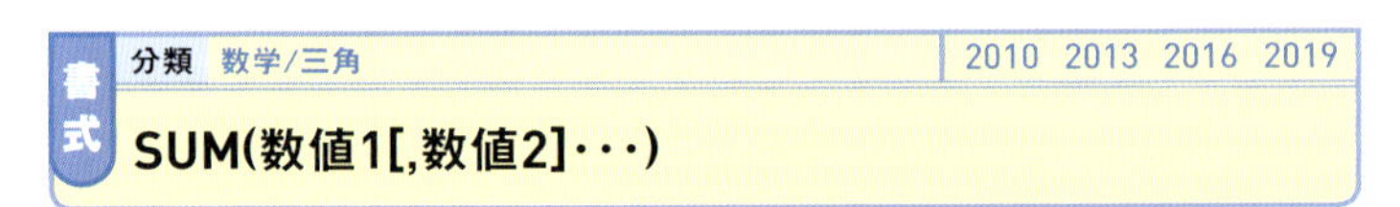

書式 分類 数学/三角 2010 2013 2016 2019

SUM(数値1[,数値2]･･･)

引数

[数値] 数値や数値の入ったセル、セル範囲を指定します。合計したい数値のセルが離れている場合は、「,(カンマ)」で区切りながら指定します。セルやセル範囲に含まれる空白セルや文字列、論理値は無視されます。

利用例 1 SUM

総計を求める

水道光熱費と通信費の小計を合計し、経費の合計を求めます。

=SUM(C11,C6) ❶

C12 =SUM(C11,C6)

	A	B	C	D	E
1	経費管理表				
2	科目	費目	4月	5月	6月
3	水道光熱費	電気	10,000	12,800	13,500
4		水道	3,000		2,850
5		ガス	2,000	3,200	2,650
6		小計	15,000	16,000	19,000
7	通信費	電話・インターネット	13,000	11,500	12,800
8		はがき	6,000	0	2,400
9		切手	400	40	820
10		郵送費	17,000	15,500	20,800
11		小計	36,400	27,040	36,820
12		総計	51,400	43,040	55,820

❶ 総計のセル[C12]をクリックし、<ホーム>タブまたは<数式>タブの<オートSUM>をクリックすると、小計のセル[C6]と[C11]を自動的に認識して合計します。

利用例 2 SUM

売上累計を求める

部門別売上高から売上高と構成比を累計します。

=SUM(B$3:B3) ❶　=SUM(C$3:C3) ❷

D3　=SUM(B$3:B3)

	A	B	C	D	E	F
1	売上分析表					
2	部門	合計売上高	売上構成比	累計売上高	累計構成比	
3	衣料品	109,830	36.1%	109,830	36.1%	
4	食料品	88,400	29.0%	198,230	65.1%	
5	雑貨	43,350	14.2%	241,580	79.3%	
6	身の回り品	38,490	12.6%	280,070	91.9%	
7	家庭用品	15,750	5.2%	295,820	97.1%	
8	食堂	8,780	2.9%	304,600	100.0%	
9	総計	304,600				

❶ [数値1]にセル範囲[B$3:B3]と指定し、オートフィルで下方向にコピーしたときに、セル範囲の先頭を固定したまま、末尾のセルが1行ずつ下に移動し、セル範囲が拡張するようにします。

❷ 売上構成比の累計も同様です。セル範囲[C$3:C3]と指定します。

Hint

小計、累計、総計の関係

下のグラフに示すように、累計は、1つずつ数値が積み上がり、表の末尾まで累計すると総計に一致します。累計に使う小計は、最初の数値から2番目まで、3番目までというように、最初の数値から1つずつ拡張していることもわかります。

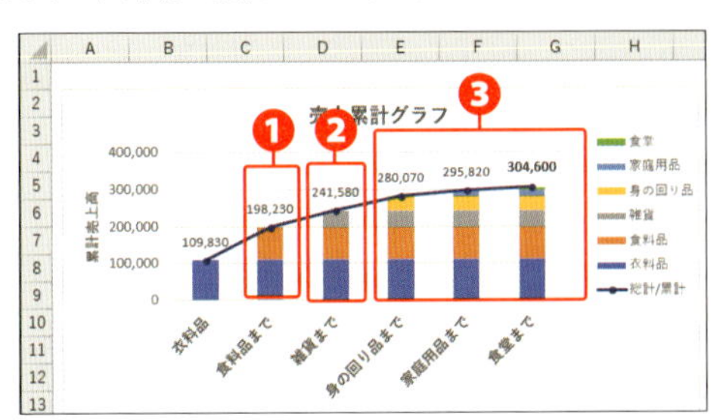

❶衣料品から食料品までの小計です。
❷雑貨を足して、衣料品から雑貨までの累計になります。
❸数値が1つずつ積み上がるのは、セル範囲が1つずつ拡張するのと同じです。

利用例 3　SUM

シートをまたいで合計する

各シートの同じセルの数値を合計し、3店の売上を集計します。

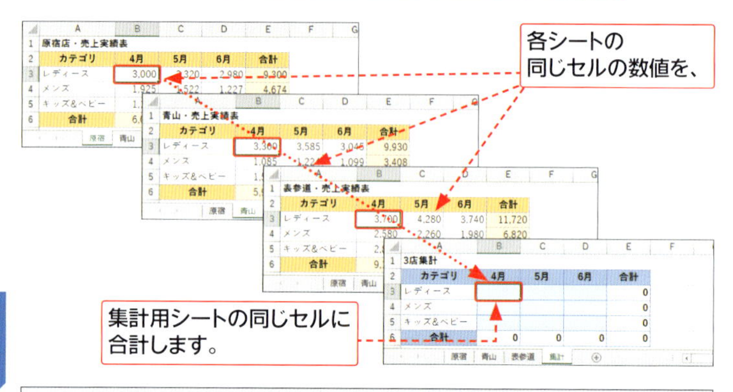

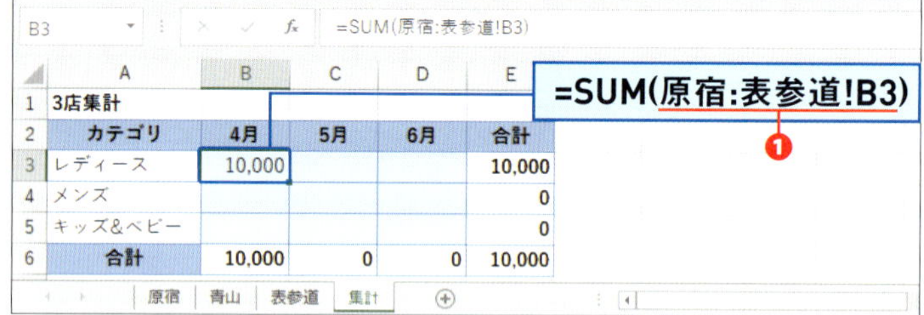

❶「原宿」シートから「表参道」シートまでのセル [B3] を [数値] に指定します。

串刺し集計を行います。

1 「集計」シートのセル [B3] に「=sum(」と入力し、

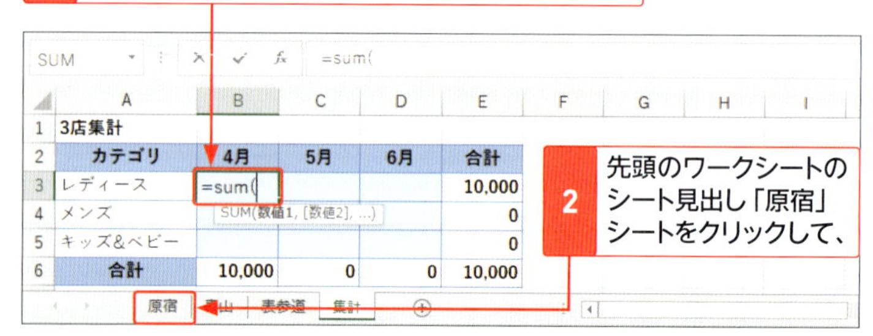

3 「原宿」シートのセル［B3］(「集計」シートと同じ位置のセル）をクリックします。

	A	B	C	D	E
1	原宿店・売上実績表				
2	カテゴリ	4月	5月	6月	合計
3	レディース	3,000	3,320	2,980	9,300
4	メンズ	1,925	1,522	1,227	4,674
5	キッズ&ベビー	SUM(数値1, [数値2], ...)		1,145	3,525
6	合計	6,055	6,092	5,352	17,499

原宿 ｜ 青山 ｜ 表参道 ｜ 集計

4 Shift キーを押しながら末尾のワークシートのシート見出し「表参道」シートをクリックすると、

> **Memo**
> **串刺し集計するシートは連続で並べておく**
>
> 串刺し集計では、不連続のシートをまたいで集計することはできません（たとえば、「原宿」シートと「表参道」シート）。「不連続のシートは串が通らない」とイメージし、串刺し集計を行う場合は、集計前にワークシートを連続して並べておきます。

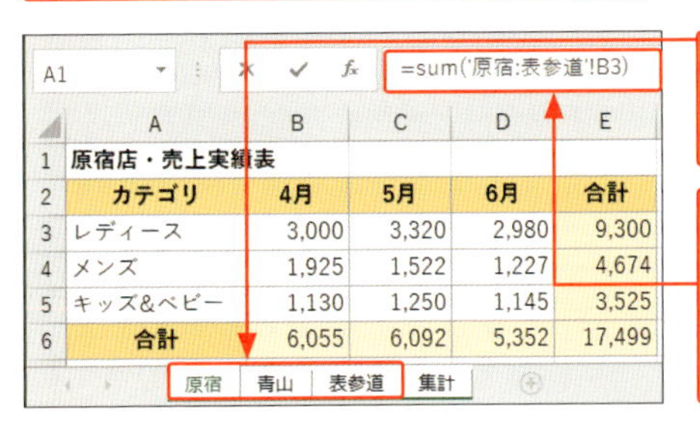
A1 =sum('原宿:表参道'!B3)

	A	B	C	D	E
1	原宿店・売上実績表				
2	カテゴリ	4月	5月	6月	合計
3	レディース	3,000	3,320	2,980	9,300
4	メンズ	1,925	1,522	1,227	4,674
5	キッズ&ベビー	1,130	1,250	1,145	3,525
6	合計	6,055	6,092	5,352	17,499

原宿 ｜ 青山 ｜ 表参道 ｜ 集計

5 先頭から末尾までのシートが選択されます。

6 引数が入力されたことを確認してから、「)」(閉じ括弧)」を入力して Enter キーを押します。

7 「集計」シートのセル［B3］に合計が表示されます。

B3 =SUM(原宿:表参道!B3)

	A	B	C	D	E
1	3店集計				
2	カテゴリ	4月	5月	6月	合計
3	レディース	10,000	11,185	9,765	30,950
4	メンズ	5,590	5,006	4,306	14,902
5	キッズ&ベビー	5,568	4,570	4,483	14,621
6	合計	21,158	20,761	18,554	60,473

原宿 ｜ 青山 ｜ 表参道 ｜ 集計

8 セル［B3］を起点に、セル［D5］までオートフィルで数式をコピーします。

> **Memo**
> **串刺し集計の表構成**
>
> 串刺し集計を行うには、各シートの表の構成だけでなく、見出しと、見出しの順番も揃っていることが条件です。たとえば、「原宿」シートのセル［B3］は「4月のレディース」の売上なのに、「青山」シートのセル［B3］は「4月のメンズ」の売上になっていると、集計しても意味がないためです。

条件を満たす数値を合計する

SUMIF関数は、表の中から一定の条件に合う数値を拾って合計します。たとえば、指定したキーワードに合う数値だけを合計したり、一定の値以上(以下)の数値だけを合計したりできます。

書式 分類 数学/三角 2010 2013 2016 2019

SUMIF(範囲,検索条件[,合計範囲])

引数

[範囲] [検索条件]に指定された条件を検索するセル範囲や、セル範囲の代わりに付けた名前を指定します。

[検索条件] 合計対象を絞るための条件を指定します。条件には、数値、文字列、比較式、ワイルドカード、もしくは、条件が入ったセルを指定します。数値以外の条件を直接引数に指定する場合は、条件の前後を「"(ダブルクォーテーション)」で囲みます。

[合計範囲] 合計対象のセル範囲や名前を指定します。引数を省略した場合は、[検索条件]に合う[範囲]の数値が合計されます。合計範囲に含まれる文字列や空白セル、論理値は無視されます。

■SUMIF関数の記述例

合計内容

備考に「○」が付いた箇所の金額を合計する

記述例

=SUMIF(備考,"○",金額) ➡ 800

備考に「○」の付いた金額「500」と「300」を合計します。

金額	備考
500	○
1,500	
300	○

Memo

範囲の取り方に注意

[範囲]と[合計範囲]は、それぞれのセルが1対1に対応するようにします。ただし、[範囲]と[合計範囲]が互いに対応できなくてもエラーになりません。エラーよる注意喚起がない分、誤った合計値を見過ごすことがあるため、セル範囲の取り方には注意が必要です。

利用例 1　　SUMIF

指定日以前の売上金額を合計する

各指定日以前の費用の合計を求め、1週間ごとの費用の推移を表示します。

=SUMIF(A:A,G2,E:E)

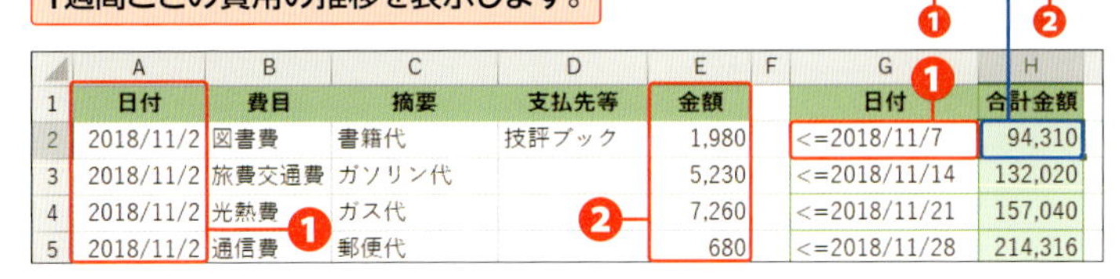

	A	B	C	D	E	F	G	H
1	日付	費目	摘要	支払先等	金額		日付	合計金額
2	2018/11/2	図書費	書籍代	技評ブック	1,980		<=2018/11/7	94,310
3	2018/11/2	旅費交通費	ガソリン代		5,230		<=2018/11/14	132,020
4	2018/11/2	光熱費	ガス代		7,260		<=2018/11/21	157,040
5	2018/11/2	通信費	郵便代		680		<=2018/11/28	214,316

❶「2018/11/7以前」かどうかを検索するため、「日付」のA列を［範囲］、セル［G2］を［検索条件］に指定します。

❷「金額」のE列を［合計範囲］に指定し、条件に合う金額が合計されます。

比較演算子を引数に直接指定し、指定した日付までの費用を合計します。

=SUMIF(A:A,"<="&G2,E:E)

	A	B	C	D	E	F	G	H	I
1	日付	費目	摘要	支払先等	金額		日付		合計金額
2	2018/11/2	図書費	書籍代	技評ブック	1,980		2018/11/7	まで	94,310
3	2018/11/2	旅費交通費	ガソリン代		5,230		2018/11/14	まで	132,020
4	2018/11/2	光熱費	ガス代		7,260		2018/11/21	まで	157,040
5	2018/11/2	通信費	郵便代		680		2018/11/28	まで	214,316

❶［検索条件］に「"<="&G2」と指定し、2018/11/7以前を合計の条件にしています。

Memo ［検索条件］のセルに比較演算子を含める

［検索条件］に指定するセルには、比較演算子を含めた条件全体を入力しておくことができます。セルの見栄えを重視する場合は、数値や数式に文字列を連結する文字列演算子「&」を使った指定を行います。

左 = 右	左と右が等しい
左 <> 右	左と右は等しくない
左 >= 右	左は右以上
左 <= 右	左は右以下
左 > 右	左は右より大きい
左 < 右	左は右より小さい

Memo 列全体を選択して明細行の増加に備える

頻繁にデータが追加される表の場合は、［範囲］と［合計範囲］に列を指定すると、データが追加されるたびに範囲を取り直す手間がなくなります。先頭行の項目名は不要ですが、含まれていても集計の妨げになりません。［範囲］は指定した条件に一致しませんし、［合計範囲］も文字列は無視されるためです。

すべての条件に一致する数値を合計する

複数の条件をすべて満たす数値に絞って合計するには、SUMIFS 関数を使います。SUMIFS 関数を使うと、一覧表から縦横に項目名のある集計表を作成できます。

書式　分類 数学/三角　2010 2013 2016 2019

SUMIFS(合計対象範囲,条件範囲1,条件1[,条件範囲2,条件2]・・・)

引数

[合計対象範囲] 合計対象のセル範囲や名前を指定します。

[条件範囲] [条件] に指定された条件を検索するセル範囲や名前を指定します。

[条件] 合計対象を絞るための条件を指定します。条件には、数値、文字列、比較式、ワイルドカード、もしくは、条件が入ったセルを指定します。数値以外の条件を直接引数に指定する場合は、「"(ダブルクォーテーション)」で囲みます。

利用例 1 指定した範囲の合計を求める　SUMIFS

指定した期間の合計金額を求めます。

=SUMIFS(E:E,A:A,">="&G3,A:A,"<="&H3)

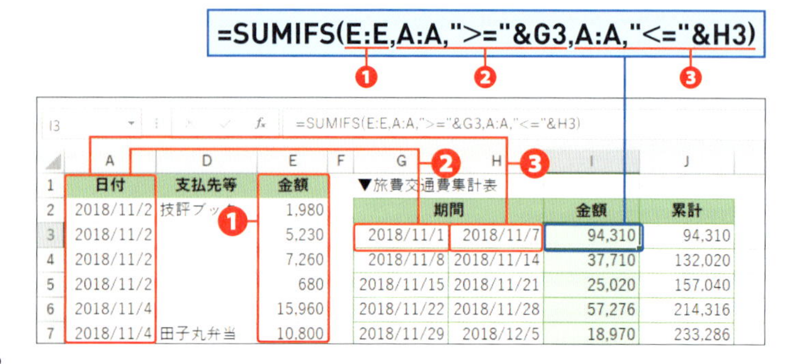

	A	D	E	F	G	H	I	J
1	日付	支払先等	金額		▼旅費交通費集計表			
2	2018/11/2	技評ブック	1,980		期間		金額	累計
3	2018/11/2		5,230		2018/11/1	2018/11/7	94,310	94,310
4	2018/11/2		7,260		2018/11/8	2018/11/14	37,710	132,020
5	2018/11/2		680		2018/11/15	2018/11/21	25,020	157,040
6	2018/11/4		15,960		2018/11/22	2018/11/28	57,276	214,316
7	2018/11/4	田子丸弁当	10,800		2018/11/29	2018/12/5	18,970	233,286

❶「金額」の列番号［E］をクリックして、列全体を［合計対象範囲］に指定します。

❷「日付」のA列を［条件範囲1］、「">="&G3」を［条件1］に指定して「2018/11/1以降」を条件に、A列の「日付」を検索します。

❸「日付」のA列を［条件範囲2］、「"<="&H3」を［条件2］に指定して「2018/11/7以前」を条件に、A列の「日付」を検索します。

❷❸の条件範囲はともに「日付」のA列ですが、［条件範囲］と［条件］は必ずペアで指定するため、省略はできません。

利用例 2 SUMIFS

課員別に旅費交通費を合計する

旅費交通費に分類される各項目を課員別に集計します。

=SUMIFS($E:$E,$C:$C,H$2,$D:$D,$G3)

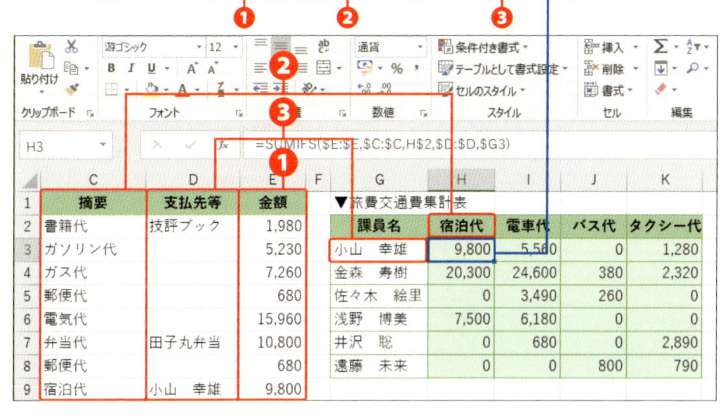

	C	D	E
1	摘要	支払先等	金額
2	書籍代	技評ブック	1,980
3	ガソリン代		5,230
4	ガス代		7,260
5	郵便代		680
6	電気代		15,960
7	弁当代	田子丸弁当	10,800
8	郵便代		680
9	宿泊代	小山　幸雄	9,800

課員名	宿泊代	電車代	バス代	タクシー代
小山　幸雄	9,800	5,560	0	1,280
金森　寿樹	20,300	24,600	380	2,320
佐々木　絵里	0	3,490	260	0
浅野　博美	7,500	6,180	0	0
井沢　聡	0	680	0	2,890
遠藤　未来	0	0	800	790

❶「金額」のE列を［合計対象範囲］に指定します。

❷「宿泊代」など、集計表の横項目を「摘要」で検索します。「摘要」のC列を［条件範囲1］、「宿泊代」のセル［H2］を［条件1］に指定します。

❸「小山　幸雄」など、集計表の縦項目を「支払先等」で検索します。「支払先等」のD列を［条件範囲2］、「小山　幸雄」のセル［G3］を［条件2］に指定します。

オートフィルで関数をコピーできるように、一覧表の「金額」「摘要」「支払先等」は絶対参照で指定し（列を指定しているので見た目は列のみ絶対参照です）、集計表の横項目は行のみ絶対参照、縦項目は列のみ絶対参照を指定します。

複数の条件を付けて数値を合計する

複数の条件付けは、「すべての条件に合う」「どれか１つの条件が合う」「条件Ａかつ条件Ｂ、または、条件Ｃかつ条件Ｄ」などがあります。さまざまな条件の数値の合計には、DSUM関数を使います。

書式　分類　データベース　　2010　2013　2016　2019

DSUM(データベース,フィールド,条件)

引数

[データベース]　一覧表のセル範囲を列見出しも含めて指定します。また、一覧表のセル範囲に付けた名前を指定することも可能です。

[フィールド]　合計したい列見出しのセルを指定します。

[条件]　[データベース] で指定する一覧表の列見出しと同じ見出し名を付けた条件表を作成し、表内に条件を入力します。引数には、条件表のセル範囲を指定します。条件には、数値や数式、文字列、比較式、ワイルドカードが指定できます。

■条件表

条件表は、一覧表形式の列見出しと同じ見出し名を利用して、見出し名のすぐ下に条件を入力します。複数の条件を同じ行に入力すると、すべての条件を満たすデータ行が合計対象になります（AND条件）。異なる行に条件を入力すると、いずれか１つの条件を満たすデータ行が合計対象になります（OR条件）。

同じ見出し名を付け、必要な見出しは複数利用できます。条件を付けない見出しは省略可能です。

	A	B	C	D	E	F	G	H
1	▼経費一覧表					▼条件表		
2	日付	費目	摘要	金額		日付	日付	費目
3	11/2	図書費	書籍代	1,980		>=11/1	<=11/7	旅費交通費
4	11/2	旅費交通費	ガソリン代	5,230				

利用例 1　DSUM

OR条件を満たす数値を合計する

残業時の主作業が「回覧物の閲覧」または「週報作成」の場合の残業時間を合計します。

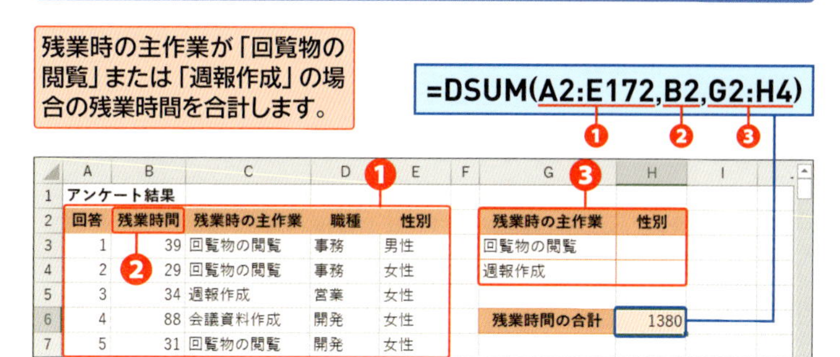

1. アンケート結果のセル範囲[A2:E172]を[データベース]に指定します。
2. 「残業時間」を合計するので、セル[B2]を[フィールド]に指定します。
3. セル範囲[G2:H4]を[条件]に指定します。ここでは、セル[G2]に「回覧物の閲覧」、セル[G3]に「週報作成」と入力しています。

Memo

条件表の空欄の意味

上の図の「性別」は条件欄が空欄です。これは、「性別は条件がない」という意味です。また、一覧表にあって条件表にない「回答」「残業時間」「職種」も条件がないことを意味しています。

利用例 2　DSUM

AND条件とOR条件が混在する条件で合計する

女性回答者のうち、残業時の主作業が「回覧物の閲覧」または「週報作成」の場合の残業時間を合計します。

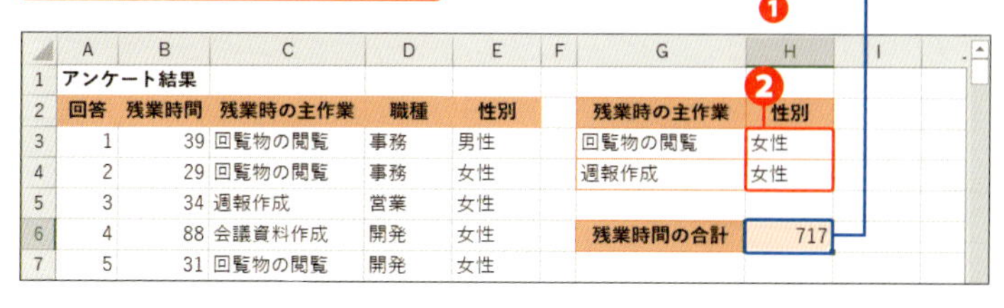

1. 関数の引数の指定に変更はありません。
2. セル[H3]と[H4]に「女性」と入力し、「性別」に条件を追加しています。

非表示行を除外して合計する

表にフィルターを設定すると、条件に合うデータ行が抽出され、条件に合わないデータ行は非表示になります。非表示行を除外して、データを集計するには、SUBTOTAL関数を使います。

書式　分類　数学/三角　2010　2013　2016　2019

SUBTOTAL(集計方法,参照1 [,参照2]・・・)

引数

[集計方法]　集計内容に対応する番号を指定します（Sec.32参照）。ここでは、合計の「9」または「109」を指定します。

[参照]　集計対象のセル範囲を指定します。

■SUBTOTAL関数の非表示行に対する戻り値

集計対象の値に非表示行が発生するケースは2通りあります。1つは<フィルター>を使ってデータを抽出した場合、もう1つは、行番号を選択して<非表示>にした場合です。行の<非表示>を利用している場合は、集計方法を「109」にしないと、非表示行を除外して合計されません。

▼集計元データ

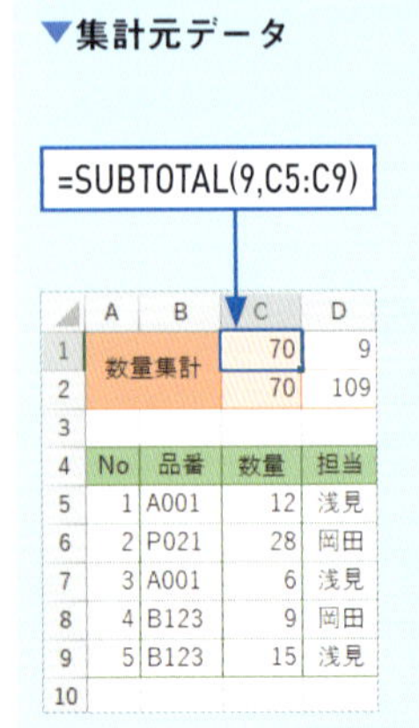

▼<フィルター>で抽出の場合

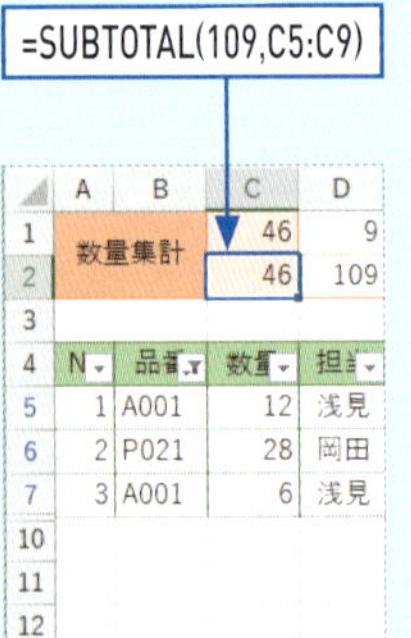

▼選択した行を<非表示>にした場合

集計方法「9」は非表示行も合計

	A	B	C	D
1	数量集計		70	9
2			46	109
3				
4	No	品番	数量	担当
5	1	A001	12	浅見
6	2	P021	28	岡田
7	3	A001	6	浅見
10				
11				
12				

利用例 1　SUBTOTAL

フィルターに応じて合計を求める

抽出した数値を合計するため、フィルターを準備します。

1 先頭のセル [A3] をクリックし、Shift と Ctrl を押しながら → を押して、表の右端まで選択します。

	A	B	C	D	E	F	G
1	合計金額						
2							
3	日付	費目	摘要	支払先等	金額		
4	2018/11/2	図書費	書籍代	技評ブック	1,980		
5	2018/11/2	旅費交通費	ガソリン代		5,230		
6	2018/11/2	光熱費	ガス代		7,260		
7	2018/11/2	通信費	郵便代		680		
8	2018/11/4	光熱費	電気代		15,960		
9	2018/11/4	会議費	弁当代	田子丸弁当	10,800		

2 Shift と Ctrl を押しながら ↓ を押して、表の下端まで選択します。

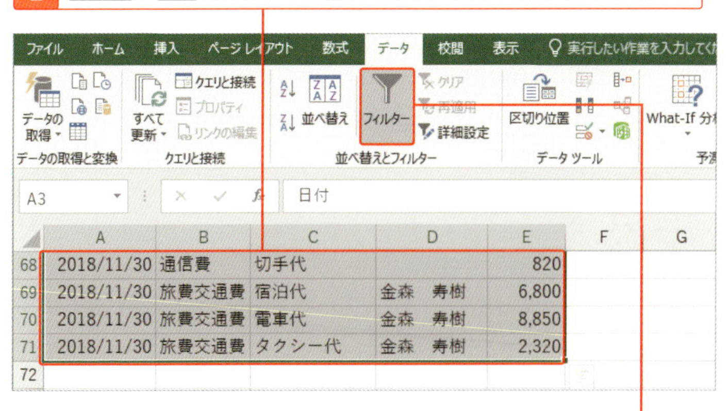

3 <データ>タブの<フィルター>をクリックします。

Memo

表の選択方法

フィルターを設定する場合、表の中の任意のセルを1箇所だけ選択すれば、Excelが表の範囲を自動認識しますが、正しい範囲を認識するとは限りません。上図の方法以外に、マウスを使う選択方法もあります。表の左上角（先頭）のセルをクリックし、表の末尾までスクロールで移動して表の右下隅（末尾）のセルで Shift を押しながらクリックします。

4 フィルターが設定され、各列項目にフィルターボタンが表示されました。

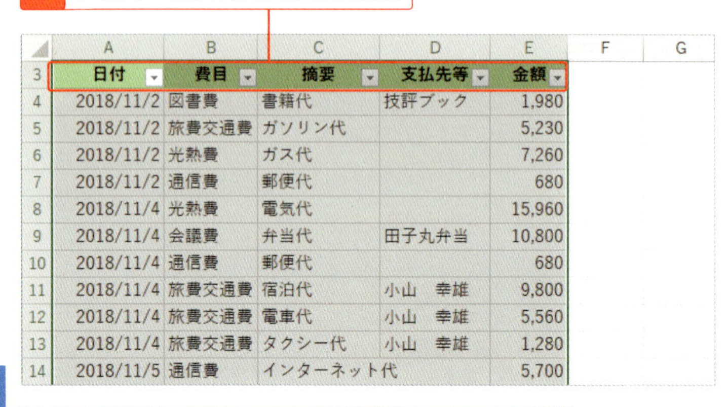

	A	B	C	D	E
3	日付	費目	摘要	支払先等	金額
4	2018/11/2	図書費	書籍代	技評ブック	1,980
5	2018/11/2	旅費交通費	ガソリン代		5,230
6	2018/11/2	光熱費	ガス代		7,260
7	2018/11/2	通信費	郵便代		680
8	2018/11/4	光熱費	電気代		15,960
9	2018/11/4	会議費	弁当代	田子丸弁当	10,800
10	2018/11/4	通信費	郵便代		680
11	2018/11/4	旅費交通費	宿泊代	小山　幸雄	9,800
12	2018/11/4	旅費交通費	電車代	小山　幸雄	5,560
13	2018/11/4	旅費交通費	タクシー代	小山　幸雄	1,280
14	2018/11/5	通信費	インターネット代		5,700

金額の合計を求めるため、SUBTOTAL関数を入力します。

=SUBTOTAL(9,E4:E71)

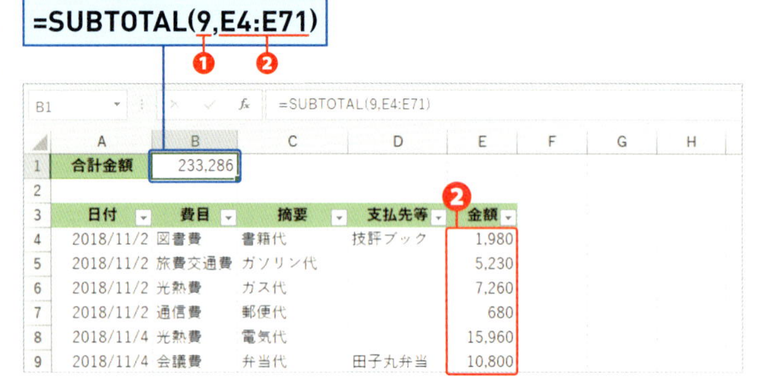

	A	B	C	D	E
1	合計金額	233,286			
2					
3	日付	費目	摘要	支払先等	金額
4	2018/11/2	図書費	書籍代	技評ブック	1,980
5	2018/11/2	旅費交通費	ガソリン代		5,230
6	2018/11/2	光熱費	ガス代		7,260
7	2018/11/2	通信費	郵便代		680
8	2018/11/4	光熱費	電気代		15,960
9	2018/11/4	会議費	弁当代	田子丸弁当	10,800

❶ [集計方法] に「9」と入力し、指定した範囲の合計を求めます。「109」を入力することもできます。

❷ [参照1] に「金額」のセル範囲 [E4:E71] を指定します。

Memo

SUBTOTAL関数の入力位置

SUBTOTAL関数は、表の上に入力します。表の左右に入力すると、フィルターの設定によっては非表示になり、集計値が見えなくなります。また、表の下もデータが追加される可能性があるため、好ましくありません。表の上に空きがない場合は、行番号 [1] から数行をドラッグし、右クリックして<挿入>をクリックします。

フィルターを設定し、集計値の変化を見ます。

1 「費目」のフィルターボタンをクリックします。

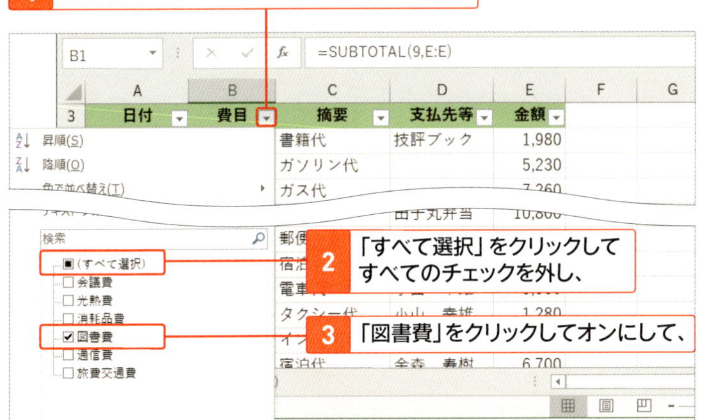

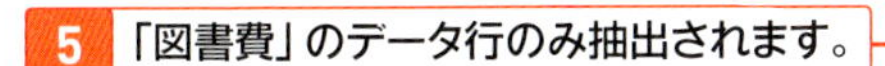

5 「図書費」のデータ行のみ抽出されます。

6 「図書費」の合計金額に更新されました。

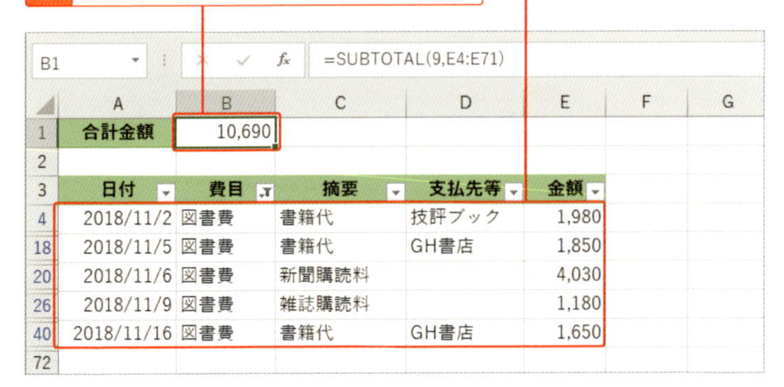

Memo

フィルターをクリア、解除する

設定したフィルターをすべてクリアするには、<データ>タブの<クリア>をクリックします。また、フィルターそのものを解除したい場合は、<データ>タブの<フィルター>をクリックします。

数値を割り算する

食事会の割り勘、物品の均等配布、経費の現金精算等での金種計算など、整数の割り算は、整数商（割り算の整数の答え）を求めるQUOTIENT関数と、余りを求めるMOD関数を利用します。

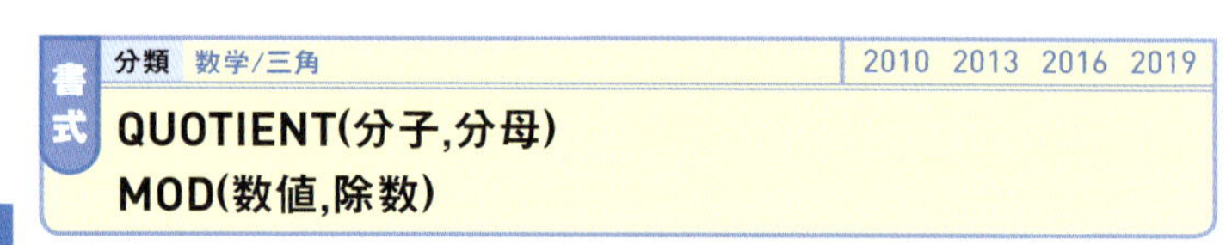

書式 分類 数学/三角 2010 2013 2016 2019

QUOTIENT(分子,分母)
MOD(数値,除数)

引数

[分子] [数値] 割られる数となる数値やセルを指定します。

[分母] [除数] 割る数となる数値やセルを指定します。

利用例 1 QUOTIENT/MOD

必要なテーブル数を求める

人数に応じたテーブル数を求めます。

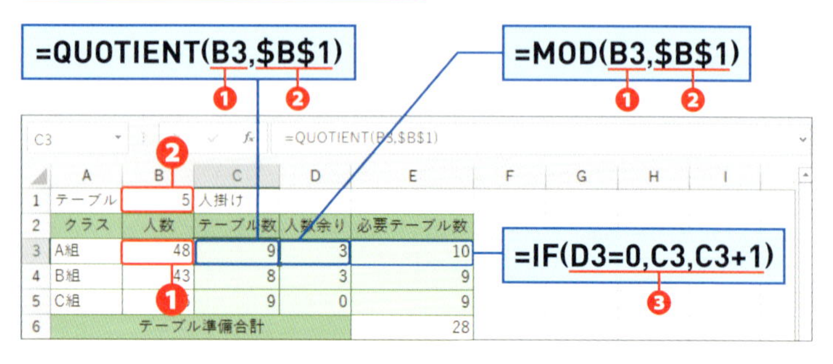

❶ 割られる数の「人数」のセル[B3]をQUOTIENT関数の[分子]、MOD関数の[数値]に指定します。

❷ 割る数のセル[B1]をQUOTIENT関数の[分母]、MOD関数の[除数]に絶対参照で指定します。

❸「人数余り」のセル[D3]が0の場合は、❶❷で求めたテーブル数を表示し、0以外の場合はテーブル数を1つ足します。

利用例 2　QUOTIENT/MOD

金種ごとに必要数を求める

精算金額に必要な金種とその枚数を求めます。

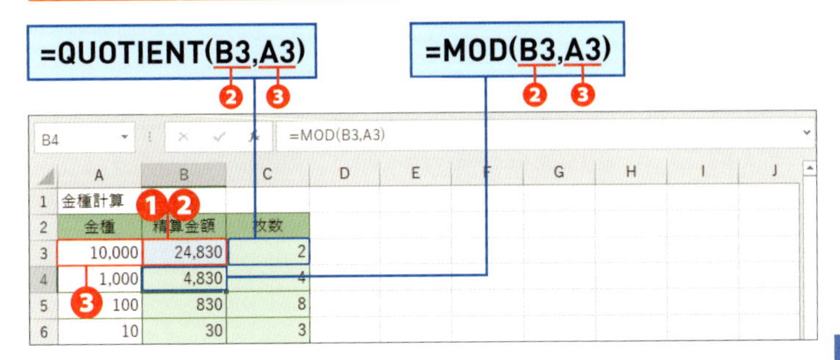

❶ セル [B3] に精算金額を入力します。

❷ 割られる数の「精算金額」のセル [B3] をQUOTIENT関数の [分子]、MOD関数の [数値] に指定します。

❸ 割る数の「金種」のセル [A3] をQUOTIENT関数の [分母]、MOD関数の [除数] に指定します。

StepUp

IMDIV関数で割り算を行う

IMDIV関数を使うと、「10÷4=2.5」のように、小数点以下も含めた割り算ができます。ただし、戻り値が文字列となります。Excelでは、文字列扱いの数字に1を掛けると計算可能な数値になります。

書式
IMDIV（複素数1,複素数2）

引数
[複素数1] 割られる数を指定します。
[複素数2] 割る数を指定します。

複素数とは、「実数+虚数i」の形式で表される値です。たとえば、引数に「"5+3i"」のように指定しますが、虚数を指定せず、実数（通常の数値）のみ指定できます。その場合は、「"」で囲む必要はありません。

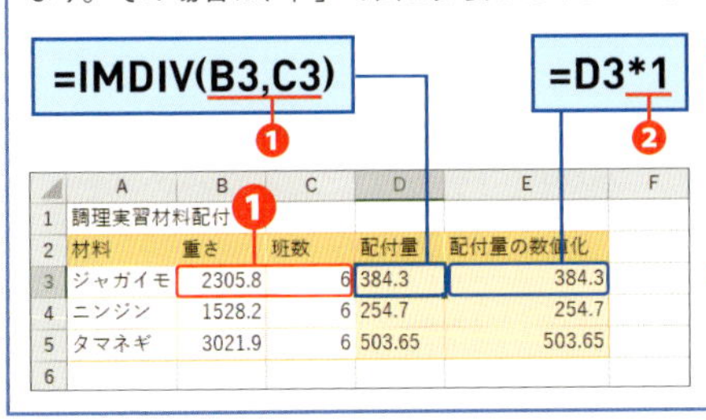

❶ 割られる数に「重さ」のセル [B3]、割る数に「班数」のセル [C3] を指定し、「=B3/C3」と同様の計算を行っています。

❷ 1を掛けて数値化しています。

第2章 数値を計算する

数値の端数を四捨五入／切り上げ／切り捨てる

1円単位は細かいので千円単位にしたい、小数点以下の桁が多いので小数点第1位に揃えたいなど、数値の端数を処理して桁を揃えるには、四捨五入、切り上げ、切り捨ての3つの方法があります。

書式　分類 数学/三角　2010 2013 2016 2019

ROUND(数値,桁数)
ROUNDUP(数値,桁数)
ROUNDDOWN(数値,桁数)

引数

[数値]　数値や数値の入ったセルを指定します。

[桁数]　端数を処理する桁に対応する値を指定します。

■[桁数]の設定

端数を処理する桁は、[桁数]に指定します。[桁数]は、小数点の位置を「0」とし、整数部はマイナス、小数部はプラスの値が対応しています。小数部の端数を処理する場合は、端数処理後の桁を[桁数]に指定します。これに対して、整数部の端数を処理する場合は、端数を処理する桁を[桁数]に指定します。

▼[桁数]と桁位置の対応関係

桁	整数部				小数点	小数部		
	千の位	百の位	十の位	一の位		第一位	第二位	第三位
[桁数]	-4	-3	-2	-1	0	1	2	3
数値例			1	2	.	3	5	

例1　12.35を小数点第1位に四捨五入する場合
=ROUND(12.35,1) ➡ 12.4

例2　12.35を一の位で四捨五入する場合
=ROUND(12.35,-1) ➡ 10

利用例 1　ROUND

数値を小数点第1位に四捨五入する

体重と身長からBMIを求めて小数点第1位に四捨五入します。

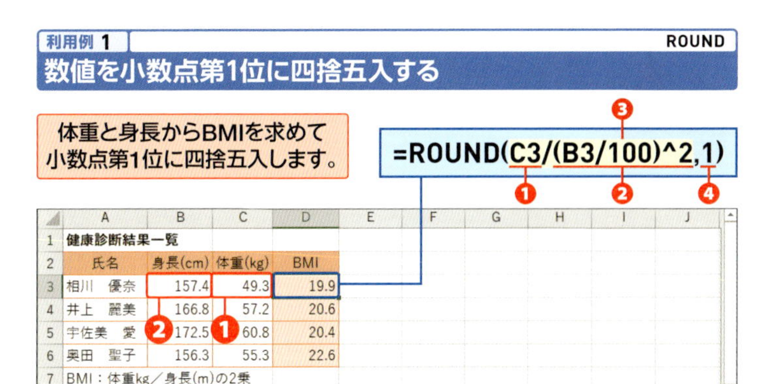

	A	B	C	D
1	健康診断結果一覧			
2	氏名	身長(cm)	体重(kg)	BMI
3	相川　優奈	157.4	49.3	19.9
4	井上　麗美	166.8	57.2	20.6
5	宇佐美　愛	172.5	60.8	20.4
6	奥田　聖子	156.3	55.3	22.6
7	BMI：体重kg／身長(m)の2乗			

❶「体重」のセル[C3]を指定します。

❷「身長」のセル[B3]を100で割って、身長の単位を「m」(メートル)に換算し、換算した身長を2乗しています。

❸体重を身長の2乗で割ったBMIを求める式を[数値]に指定します。

❹[桁数]に「1」を指定し、小数点第1位に四捨五入しています。

利用例 2　ROUNDUP/ROUNDDOWN

ポイント数を求める

10円単位に切り上げたポイント対象金額と千円単位のポイント数を求めます。

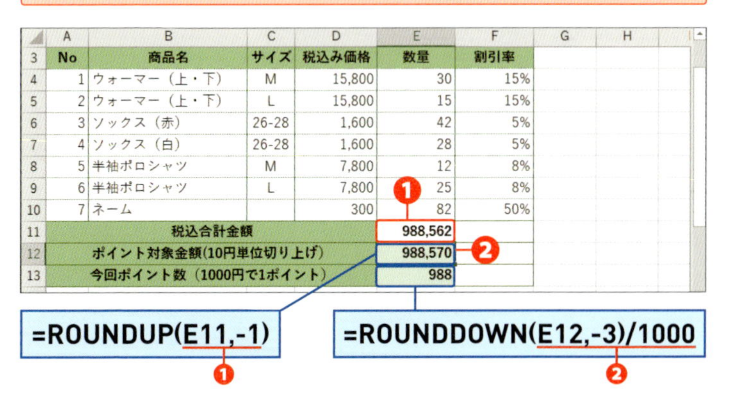

	A	B	C	D	E	F
3	No	商品名	サイズ	税込み価格	数量	割引率
4	1	ウォーマー（上・下）	M	15,800	30	15%
5	2	ウォーマー（上・下）	L	15,800	15	15%
6	3	ソックス（赤）	26-28	1,600	42	5%
7	4	ソックス（白）	26-28	1,600	28	5%
8	5	半袖ポロシャツ	M	7,800	12	8%
9	6	半袖ポロシャツ	L	7,800	25	8%
10	7	ネーム		300	82	50%
11	税込合計金額				988,562	
12	ポイント対象金額(10円単位切り上げ)				988,570	
13	今回ポイント数（1000円で1ポイント）				988	

❶[数値]に「税込合計金額」のセル[E11]、[桁数]に「－1」を指定し、一の位を切り上げて10円単位にしています。

❷❶で求めたポイント対象金額の百の位を切り捨て千円単位にし、1000で割ってポイント数を求めています。

数値を整数化する

INT関数とTRUNC関数は数値の小数点以下を切り捨てます。割り算の余りが小数になることを利用して整数商を求めたり、数値を100や1000で割って上位桁だけを取り出したりできます。

書式

分類　数学/三角　　2010　2013　2016　2019

INT(数値)

TRUNC(数値[,桁数])

引数

[数値]　数値や数値の入ったセルを指定します。

[桁数]　TRUNC関数で使います。端数を処理する桁に対応する値を指定します（Sec.18参照）。省略すると、小数点以下を切り捨てます。

■ INT関数とTRUNC関数の戻り値

INT関数と[桁数]を省略したTRUNC関数は、いずれも小数点以下を切り捨てて整数にします。指定した数値が正の数の場合はどちらの関数を利用しても同じ結果になりますが、負の数を指定した場合は異なります。INT関数では、切り捨てられた数値はもとの数値より小さくなりますが、TRUNC関数では、もとの数値の符号に関係なく小数点以下が切り捨てられます。よって、TRUNC関数の場合、負の数の小数点以下を切り捨てると、切り捨てられた数値のほうがもとの数値より大きくなります。

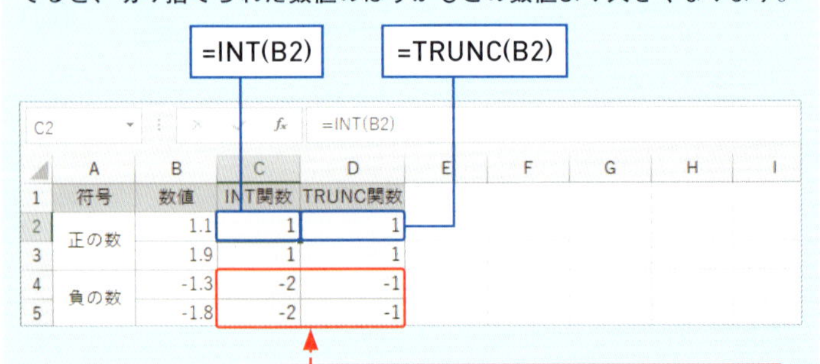

	A	B	C	D
1	符号	数値	INT関数	TRUNC関数
2	正の数	1.1	1	1
3		1.9	1	1
4	負の数	-1.3	-2	-1
5		-1.8	-2	-1

利用例 1　INT

購入可能数とおつりを求める

店舗ごとに売価が異なる商品の購入可能数とおつりを求めます。

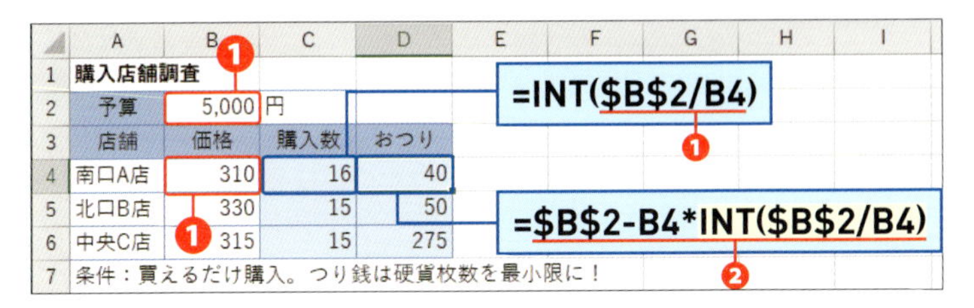

	A	B	C	D
1	購入店舗調査			
2	予算	5,000	円	
3	店舗	価格	購入数	おつり
4	南口A店	310	16	40
5	北口B店	330	15	50
6	中央C店	315	15	275
7	条件：買えるだけ購入。つり銭は硬貨枚数を最小限に！			

❶ [数値]に「$B$2/B4」を指定し、「予算」を南口A店の「価格」で割ります。割り切れない分は小数点以下になって切り捨てられるので、購入数が求められます。

❷ おつりは、「予算－価格×購入数」で求められます。購入数は❶のINT関数をそのまま指定しています。

利用例 2　TRUNC

連続入力された日付を年月日に分ける

「／」や「－」なしで連続入力された日付を年月日に分解します。

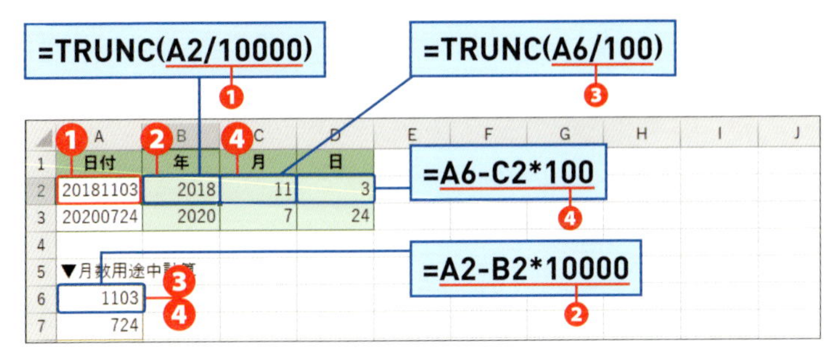

	A	B	C	D
1	日付	年	月	日
2	20181103	2018	11	3
3	20200724	2020	7	24
4				
5	▼月数用途中計算			
6	1103			
7	724			

❶ 8桁の数値のセル[A2]を10000で割って右に4桁ずらし、小数点以下を切り捨てて、上4桁を年数として取り出しています。

❷ もとの数値のセル[A2]から❶で求めた年数×10000を引き、整数商の余りを求めています。

❸ ❷で求めた下4桁の値を100で割って右に2桁ずらし、小数点以下を切り捨てて、上2桁を月数として取り出しています。

❹ セル[A6]から月数×100を引いた余りは日数になります。

数値を指定した倍数に切り上げ／切り捨てる

７個必要なのに５個単位でしか購入できない場合、５の倍数の１０個に切り上げるか、５個の購入に留めます。ここでは、半端な数値を指定した単位の倍数で切り上げ／切り捨てる関数を紹介します。

書式	分類 数学/三角				
	CEILING/FLOOR	2010	2013	2016	2019
	CEILING.MATH/FLOOR.MATH		2013	2016	2019

CEILING(数値,基準値)
CEILING.MATH(数値[,基準値][,モード])
FLOOR(数値,基準値)
FLOOR.MATH(数値[,基準値][,モード])

引数

[数値] 数値や数値の入ったセルを指定します。

[基準値] 倍数の基準になる数値や数値の入ったセルを指定します。

[モード] [数値] が負の数のときに、[モード] に何らかの数値を指定した場合、CEILING.MATH関数では、[数値] の絶対値が [基準値] の倍数に切り上げられます。FLOOR.MATH関数は、[数値] の絶対値が [基準値] の倍数に切り捨てられます。

■指定した倍数に切り上げる関数と切り捨てる関数

右の図では、正負のパターンを変えて、100を3の倍数に切り上げたり、切り捨てたりしています。[数値] と [基準値] の符号によって、戻り値が異なるケースがあります。CEILING関数とFLOOR関数では、[数値] が正の数、[基準値] が負の数の場合に [#NUM!] エラーになります。

E3 =CEILING.MATH(B3,C3)

	A	B	C	D	E
1	▼数値と基準値に対するCEILING関数の戻り値				
2	数値，基準値	数値	基準値	CEILING	CEILING.MATH
3	正，正	100	3	102	102
4	負，負	-100	-3	-102	-99
5	負，正	-100	3	-99	-99
6	正，負	100	-3	#NUM!	102
7					
8	▼数値と基準値に対するFLOOR関数の戻り値				
9	数値，基準値	数値	基準値	FLOOR	FLOOR.MATH
10	正，正	100	3	99	99
11	負，負	-100	-3	-99	-102
12	負，正	-100	3	-102	-102
13	正，負	100	-3	#NUM!	99

利用例 1　FLOOR.MATH
購入数を購入単位に切り捨てる

申請数を購入単位に切り捨てます。

=FLOOR.MATH(B3,D3)/D3
❶ B3　❷ D3　❸ D3

	A	B	C	D	E	F	G
1	備品購入申請表						
2	備品	申請数	単位	1単位量	単位価格	購入単位数	
3	ジェルインクペン（赤）	15	本	12	980	1	
4	ダブルクリップ（小）	1	箱	1	780	1	
5	付箋紙（中サイズ）	28	個	6	1,800	4	
6	A4用紙（500枚入）	6	セット	5	1,350	1	
7	合計金額					¥10,310	

❶「申請数」のセル[B3]を[数値]に指定します。

❷「1単位量」のセル[D3]を[基準値]に指定します。

❸ ❶❷で切り捨てられた値を1単位量で割って、購入単位数を求めています。

利用例 2　CEILING.MATH
購入数を購入単位で切り上げる

申請数を購入単位に切り上げます。

=CEILING.MATH(B3,D3)/D3
❶ B3　❷ D3　❸ D3

	A	B	C	D	E	F	G
1	備品購入申請表						
2	備品	申請数	単位	1単位量	単位価格	購入単位数	
3	ジェルインクペン（赤）	15	本	12	980	2	
4	ダブルクリップ（小）	1	箱	1	780	1	
5	付箋紙（中サイズ）	28	個	6	1,800	5	
6	A4用紙（500枚入）	6	セット	5	1,350	2	
7	合計金額					¥14,440	

❶「申請数」のセル[B3]を[数値]に指定します。

❷「1単位量」のセル[D3]を[基準値]に指定します。

❸ ❶❷で切り上げられた値を1単位量で割って、購入単位数を求めています。

Hint 関数の置き換え

利用例①②では、[数値][基準値]とも正の数のため、CEILING.MATH関数とCEILING関数、FLOOR.MATH関数とFLOOR関数は互いに置き換えて利用可能です。ただし、Excel 2010でファイルを開く可能性がある場合は、CEILING関数／FLOOR関数を利用するようにします。

数値を指定した倍数に四捨五入する

MROUND関数は、数値を倍数で割った余りが指定した倍数の半分以上ならCEILING.MATH関数と同様に数値を切り上げ、半分未満ならFLOOR.MATH関数と同様に切り捨てます。

書式　分類　数学/三角　2010　2013　2016　2019

MROUND(数値,倍数)

引数

[数値]　数値や数値の入ったセルを指定します。

[倍数]　倍数の基準になる数値や数値の入ったセルを指定します。

利用例 1　MROUND
購入数を購入単位に切り上げたり切り捨てたりする

購入数に応じて購入単位に切り上げたり切り捨てたりします。

=MROUND(B3,D3)/D3
❶ ❷ ❸

	A	B	C	D	E	F	G
1	備品購入申請						
2	備品	申請数	単位	1単位量	単位価格	購入単位数	
3	ジェルインクペン（赤）	15	本	12	980	1	
4	ダブルクリップ（小）	1	箱	1	780	1	
5	付箋紙（中サイズ）	28	個	6	1,800	5	
6	A4用紙（500枚入）	6	セット	5	1,350	1	
7	合計金額					¥12,110	
8	※備品は大事に使いましょう。節約しましょう。						

必要数28個は「6×4+4」であり、端数の「4」が1単位6個の半分「3」を超えているので、CEILING.MATH関数と同様に切り上げます。

❶「申請数」のセル[B3]を[数値]に指定します。

❷「1単位量」のセル[D3]を[倍数]に指定します。

❸ ❶❷で切り上げ、または、切り捨てられた値を1単位量で割って、購入単位数を求めています。

第3章

データを集計する

データ内の数値や空白以外の値を数える

日付を数えて受付数を求めたり、氏名を数えて人数を求めたりするように、内容によって数える対象が変わります。数値の個数はCOUNT関数で、空白以外の値の個数はCOUNTA関数で数えます。

書式　分類 統計　2010 2013 2016 2019

COUNT(値1[,値2]・・・)
COUNTA(値1[,値2]・・・)

引数

[値]　任意の値やセル、セル範囲を指定します。

■COUNT関数とCOUNTA関数が数える値

下図のとおり、B列の値は数値のため、COUNT/COUNTA関数とも同じ結果になります。一方、D列の値では、セル範囲[D2:D4]の3箇所が数値と見なされます。セル[D2]、セル[D6]のように、いっけん空白に見えるセルを数える場合は注意が必要です（P.81のHintを参照）。

	A	B	C	D	E
1	値の種類	値	値の種類	値	
2	数値	0	0の非表示		
3	数値	1	数値	1	
4	数値	-0.1	日付	7月24日	
5	数値	10	エラー値	#N/A	
6	数値	-10	空白文字		
7	数値	0.1	文字列	abc	
8	数値	-1	論理値	TRUE	
9	数値	1.E+03	空白セル		
10	COUNT関数	8	COUNT関数	3	
11	COUNTA関数	8	COUNTA関数	7	
12					

=COUNT(D2:D9)　=COUNTA(D2:D9)

利用例 1　COUNTA/COUNT

さまざまな人数を求める

対象者数、申込数、受験者数を数えます。

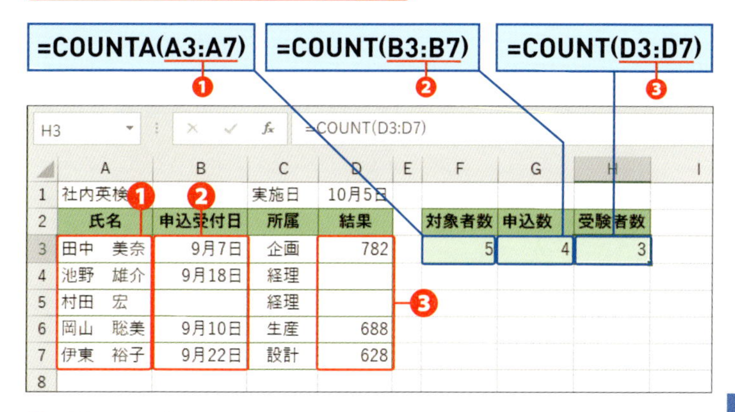

	A	B	C	D	E	F	G	H
1	社内英検		実施日	10月5日				
2	氏名	申込受付日	所属	結果		対象者数	申込数	受験者数
3	田中　美奈	9月7日	企画	782		5	4	3
4	池野　雄介	9月18日	経理					
5	村田　宏		経理					
6	岡山　聡美	9月10日	生産	688				
7	伊東　裕子	9月22日	設計	628				
8								

❶ 氏名のセル範囲［A3:A7］をCOUNTA関数の［値］に指定し、対象者数を求めています。

❷ 申込受付日のセル範囲［B3:B7］をCOUNT関数の［値］に指定し、申込数を求めています。

❸ 結果のセル範囲［D3:D7］をCOUNT関数の［値］に指定し、受験者数を求めています。

Hint

空白に見えるセルに注意する

空白セルに見えても、「0」を非表示にしている場合や［スペース］で空白文字を入力している場合があります。セルの内容の確認方法は次のとおりです。いずれも空白に見えるセルを選択して確認します。

①［F2］を押してカーソルの位置を見る
カーソルが左端にない場合は、空白文字が入力されています。文字列なので、COUNT関数は無視しますが、COUNTA関数は数えます。

②数式バーに「0」と表示されている
セルに「0」を表示しない設定になっています。セルには数値の「0」が入力されているので、COUNT関数、COUNTA関数ともに数えます。

③数式バーに値が表示されている
セル内のフォントの色がセルの色と同じになっているため、空白に見えます。フォントの色を変えると値が表示されます。値の種類に関わらず、COUNTA関数は数えます。

条件に一致する値を数える

指定した範囲のうち、条件に合う値を数えるにはCOUNTIF関数を使います。たとえば、キーワードに合う値だけを数えたり、指定の値以上（以下）の値を数えたりするときに利用します。

書式　分類 統計　2010 2013 2016 2019

COUNTIF(範囲,検索条件)

引数

[範囲]　[検索条件]に指定された条件を検索するセル範囲を指定します。セル範囲に付けた名前を指定することもできます。

[検索条件]　数える対象を絞るための条件を指定します。条件には、数値、文字列、比較式、ワイルドカード、もしくは、条件が入ったセルを指定します。数値以外の条件を直接引数に指定する場合は、条件の前後を「"（ダブルクォーテーション）」で囲みます。

利用例 1　COUNTIF

アンケートを集計する

指定した主作業を行っていると回答した人数を求めます。

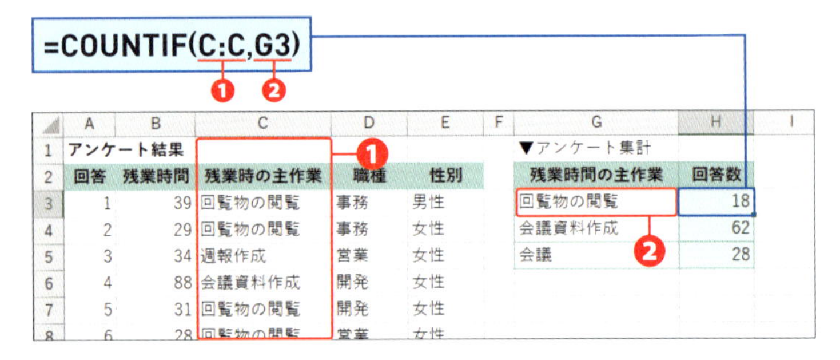

❶ 残業時の主作業が入力されている列番号[C]をクリックし、[C:C]を[範囲]に指定します。

❷ 残業時間の主作業を入力したセル[G3]を[検索条件]に指定します。

Memo

列単位で選択する理由

列単位にするのは、関数の引数がシンプルになって見やすくなることと、データ行が追加された場合でも範囲を取り直す必要がないためです。ただし、各列には、それぞれの列項目に無関係な値は入らないことを前提にしています。よって、前提が崩れるような値、たとえば、残業時間とは無関係な数値が同じ列内に混ざるといった可能性がある場合は、列単位での指定はやめてセル範囲を指定します。なお、各列の項目名や表タイトルは［検索条件］に一致しないので、数えることはありません（列単位で選択できない例はSec.29の利用例1参照）。

利用例 2　COUNTIF

検索内容の一部が一致する個数を求める

商品名が「バター」で終わる売上件数を求めます。

=COUNTIF(C:C,H3)

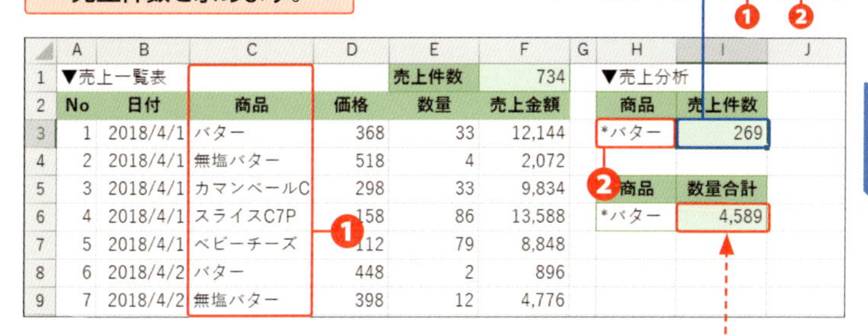

1. 商品のC列を［範囲］に指定します。
2. ［検索条件］にセル［H3］を指定します。

「=SUMIF(C:C,H6,E:E)」と入力し、バターで終わる商品の売上数量を合計しています（SUMIF関数はSec.13参照）。

Hint

ワイルドカードの利用

利用例2は、商品名が「バター」で終わる商品名を検索するので、商品名の前に、任意の文字の代わりになる「*（アスタリスク）」を指定します。「*」には文字数の縛りはなく、指定した箇所に文字があってもなくてもかまいません。したがって、セル［C3］のように、「*」がある箇所に何も文字がない「バター」も検索対象になります。

Keyword

ワイルドカード

文字の代わりに使う記号です。任意の文字を「*」、任意の1文字を「?」で代用します。「*」は任意なので、「*」の位置に文字がなくてもかまいません。

山	山が付く
山*	山で始まる
*山	山で終わる
?山	2文字目が山
山??	山で始まる3文字

第3章 データを集計する

すべての条件に一致する値を数える

複数の条件をすべて満たす値を数えるCOUNTIFS関数を使うと、売上明細などの一覧表から、縦横に項目のある集計表を作成できます。縦横の項目名が値を数える際の条件になります。

書式 分類 統計 2010 2013 2016 2019

COUNTIFS(検索条件範囲,条件1[,検索条件範囲2,条件2]・・・)

引数

[検索条件範囲] 条件を検索するセル範囲を指定します。セル範囲に付けた名前を指定することもできます。

[条件] 数える値を絞るための条件を指定します。条件には、数値、文字列、比較式、ワイルドカード、もしくは、条件が入ったセルを指定します。数値以外の条件を直接引数に指定する場合は、「"(ダブルクォーテーション)」で囲みます。

[検索条件範囲]と[条件]はペアで指定します。また、複数の[検索条件範囲]は、いずれも行数と列数を同じにする必要があります。

利用例 1 COUNTIFS

職種別残業時間構成表を作成する

アンケート回答者の職種と残業時間に分類した人数を求めます。

=COUNTIFS($D:$D,$G3,$B:B,H2)

❶ ❷ ❸ ❹

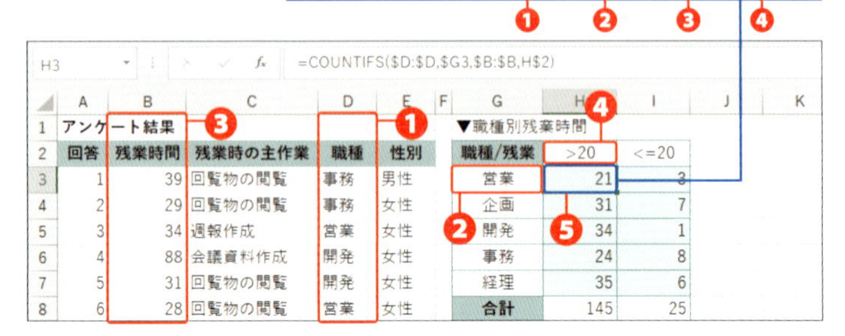

H3 =COUNTIFS($D:$D,$G3,$B:B,H2)

	A	B	C	D	E
1	アンケート結果				
2	回答	残業時間	残業時の主作業	職種	性別
3	1	39	回覧物の閲覧	事務	男性
4	2	29	回覧物の閲覧	事務	女性
5	3	34	週報作成	営業	女性
6	4	88	会議資料作成	開発	女性
7	5	31	回覧物の閲覧	開発	女性
8	6	28	回覧物の閲覧	営業	女性

	G	H	I
1	▼職種別残業時間		
2	職種/残業	>20	<=20
3	営業	21	3
4	企画	31	7
5	開発	34	1
6	事務	24	8
7	経理	35	6
8	合計	145	25

❶❷ 集計表の縦項目「営業」を、アンケート結果の「職種」で検索します。したがって、[検索条件範囲1] にD列を指定し、[条件1] にセル [G3] を指定します。列単位で指定する場合は、列番号をクリックします。ここでは、列番号 [D] をクリックすると、引数に [D:D] と表示されます。

❸❹ 集計表の横項目「>20」を、アンケート結果の「残業時間」で検索します。したがって、[検索条件範囲2] にB列を指定し、[条件2] にセル [H2] を指定します。

❺ 関数をオートフィルでコピーできるように、[検索条件範囲] は、絶対参照を指定します(列単位で指定のため、実質、列のみ絶対参照)。また、縦項目は列のみ絶対参照、横項目は行のみ絶対参照を指定します。

利用例 2　各月の土日の日数を求める

COUNTIFS

各月に土曜日と日曜日が何日ずつあるかを求めます。

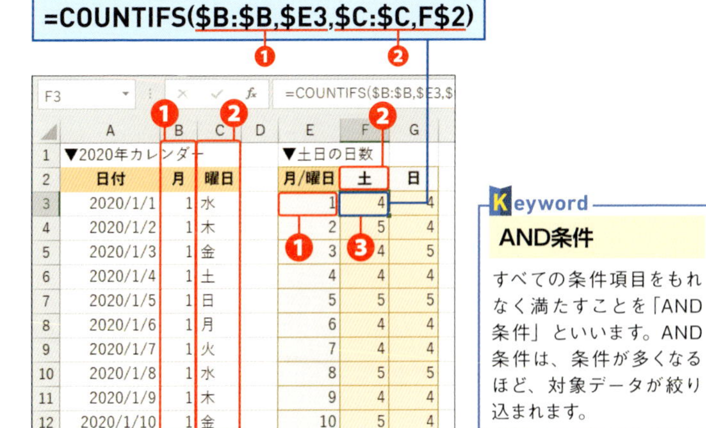

	A	B	C	D	E	F	G
1	▼2020年カレンダー				▼土日の日数		
2	日付	月	曜日		月/曜日	土	日
3	2020/1/1	1	水		1	4	4
4	2020/1/2	1	木		2	5	4
5	2020/1/3	1	金		3	4	5
6	2020/1/4	1	土		4	4	4
7	2020/1/5	1	日		5	5	5
8	2020/1/6	1	月		6	4	4
9	2020/1/7	1	火		7	4	4
10	2020/1/8	1	水		8	5	5
11	2020/1/9	1	木		9	4	4
12	2020/1/10	1	金		10	5	4

❶ E列の各月を、カレンダーの「月」項目で検索するため、[検索条件範囲1] にB列を指定し、[条件1] にセル [E3] を指定します。

❷ 土曜日をカレンダーの「曜日」項目で検索するため、[検索条件範囲2] にC列を指定し、[条件2] にセル [F2] を指定します。

❸ 関数をオートフィルでコピーできるように、[検索条件範囲] のB列とC列は絶対参照(列単位で指定しているので、実質、列のみ絶対参照)、E列の1「月」〜12「月」は列のみ絶対参照、横項目の「土」「日」は行のみ絶対参照を設定します。

複数の条件に該当する値を数える

その場で条件を変えながら件数を調べるには、DCOUNTA関数が適しています。DCOUNTA関数では、条件欄がワークシート上に作成されるため、フレキシブルな条件設定が可能です。

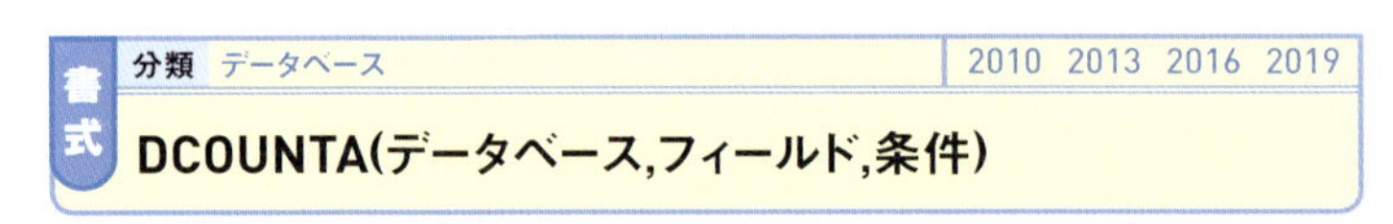

書式	分類 データベース	2010 2013 2016 2019
	DCOUNTA(データベース,フィールド,条件)	

引数

DSUM関数と同様です。Sec.15を参照してください。

利用例 1 DCOUNTA

いずれかの条件に該当する件数を求める

光熱費と通信費に該当する件数を求めます。

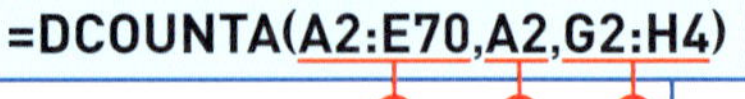

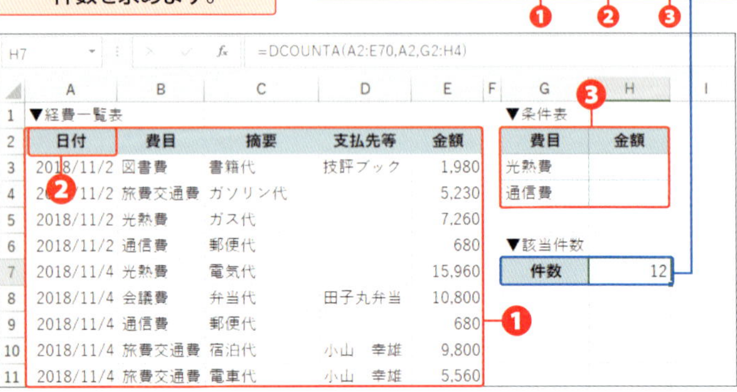

	A	B	C	D	E
1	▼経費一覧表				
2	日付	費目	摘要	支払先等	金額
3	2018/11/2	図書費	書籍代	技評ブック	1,980
4	2018/11/2	旅費交通費	ガソリン代		5,230
5	2018/11/2	光熱費	ガス代		7,260
6	2018/11/2	通信費	郵便代		680
7	2018/11/4	光熱費	電気代		15,960
8	2018/11/4	会議費	弁当代	田子丸弁当	10,800
9	2018/11/4	通信費	郵便代		680
10	2018/11/4	旅費交通費	宿泊代	小山　幸雄	9,800
11	2018/11/4	旅費交通費	電車代	小山　幸雄	5,560

❶ 経費一覧表のセル範囲［A2:E70］を［データベース］に指定します。

❷ 数える対象にする列見出しのセル［A2］を［フィールド］に指定します。

❸「費目」のセル［G3］に「光熱費」、セル［G4］に「通信費」と入力し、条件欄のセル範囲［G2:H4］を［条件］に指定します。「金額」には何も指定がないので、条件はありません。また、条件表にない「日付」「摘要」「支払先等」も条件がないのと同じです。

データベース関数

「D」で始まるデータベース関数は、集計方法により12種類用意されています。条件表や引数の指定方法は共通です。

関数名	集計方法	関数名	集計方法
DSUM	条件付き合計値	DVAR	条件付き不偏分散
DAVERAGE	条件付き平均値	DVARP	条件付き分散
DCOUNT	条件付き数値の個数	DSTDEV	条件付き標本標準偏差
DCOUNTA	条件付きデータの個数	DSTDEVP	条件付き標準偏差
DMAX	条件付き最大値	DPRODUCT	条件付き掛け算の値
DMIN	条件付き最小値	DGET	条件に合う唯一の値

利用例 2　　DCOUNTA

指定した2項目に該当する件数を求める

光熱費と通信費がいずれも1万円以上の件数を求めます。

=DCOUNTA(A2:E70,A2,G2:H4)

❶

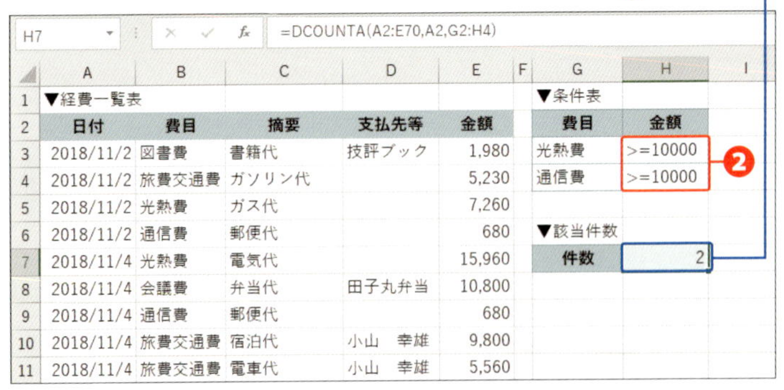

H7　=DCOUNTA(A2:E70,A2,G2:H4)

	A	B	C	D	E	F	G	H
1	▼経費一覧表						▼条件表	
2	日付	費目	摘要	支払先等	金額		費目	金額
3	2018/11/2	図書費	書籍代	技評ブック	1,980		光熱費	>=10000
4	2018/11/2	旅費交通費	ガソリン代		5,230		通信費	>=10000
5	2018/11/2	光熱費	ガス代		7,260			
6	2018/11/2	通信費	郵便代		680		▼該当件数	
7	2018/11/4	光熱費	電気代		15,960		件数	2
8	2018/11/4	会議費	弁当代	田子丸弁当	10,800			
9	2018/11/4	通信費	郵便代		680			
10	2018/11/4	旅費交通費	宿泊代	小山　幸雄	9,800			
11	2018/11/4	旅費交通費	電車代	小山　幸雄	5,560			

❶ 関数の引数は利用例1と同じです。

❷ セル[H3]と[H4]に「>=10000」と入力し、「金額」が「10000」円以上の条件を追加しています。

Hint

DSUM関数との比較

Sec.15のDSUM関数と比較すると、使い方がまったく同じであることがわかります。[条件]や[フィールド]が同じであれば、関数名を変更するだけで、複数の集計値を求めることができます。

空白セルを数える

COUNTBLANK関数は、空白セルを数えます。空白以外のセルを数えるCOUNTA 関数(Sec.22)とペアで使われますが、セルの状態によっては、ペアにならない場合があります。

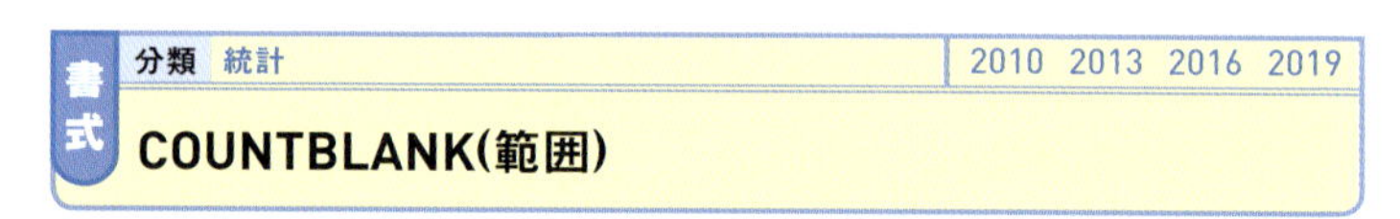

書式　分類 統計　2010 2013 2016 2019

COUNTBLANK(範囲)

引数

[範囲]　セル範囲を指定します。範囲は1箇所だけです。複数の範囲を同時に選択することはできません。

利用例 1　COUNTBLANK

未提出者数を求める

提出確認の空白セルを数えて未提出者数を求めます。

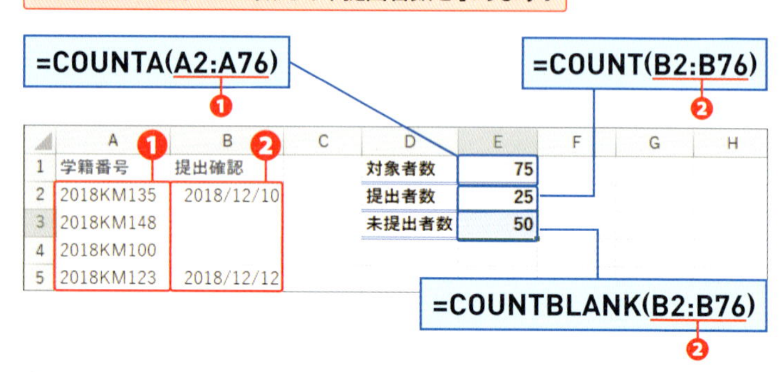

❶「学籍番号」のセル範囲[A2:A76]をCOUNTA関数の[値]に指定し、対象者数を求めています。

❷「提出確認」のセル範囲[B2:B76]をCOUNT関数の[値]に指定し、提出者数を求めています。また、COUNTBLANK関数の[範囲]に指定して未提出者数を求めています。

3つの関数の結果は、「対象者数＝提出者数＋未提出者数」の関係を示しています。

利用例 2　COUNTBLANK

スケジュールの空きを求める

予定欄の空白からスケジュールの空き日数を求めます。

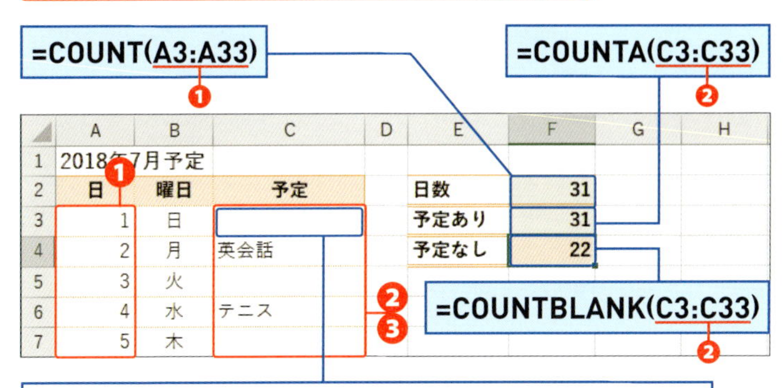

=CHOOSE(WEEKDAY(A3,1),"","英会話","","テニス","","","")
予定のない曜日は「""」を指定しています。

❶「日」のセル範囲[A3:A33]をCOUNT関数の[値]に指定し、その月の日数(ここでは、7月の日数)を求めています。

❷「予定」のセル範囲[C3:C33]をCOUNTA関数の[値]に指定し、空白以外の予定が入っているセルを数えています。

❸「予定」のセル範囲[C3:C33]をCOUNTBLANK関数の[範囲]に指定し、空白セルを数え、予定なしの日数を求めています。

3つの関数の結果は、「日数＝予定あり＋予定なし」の関係が示せていません。原因は、C列の「予定」に入力されている「""」(長さ0の文字列)を含む式です。COUNTA関数では、「""」を空白でないと認識して数え、COUNTBLANK関数では「""」を空白と認識して数えるのです。両関数とも「""」はカウントするため、上図のような矛盾が生じます。

	A	B	C	D	E	F	G	H
1	2018年7月予定							
2	日	曜日	予定		日数	31 ❹		
3	1	日			予定あり	9	=F2-F4 ❹	
4	2	月	英会話		予定なし	22 ❹		
5	3	火						
6	4	水	テニス					

❹「""」(長さ0の文字列)によってセルを空白にした場合は、COUNTA関数は利用せずに、引き算で対応します。

度数を求める

大量のデータは個別に確認できないため、一定間隔のデータ区間を設け、データを振り分けます。データ区間に集まった値の個数を度数といい、各度数をまとめた表を度数分布表といいます。

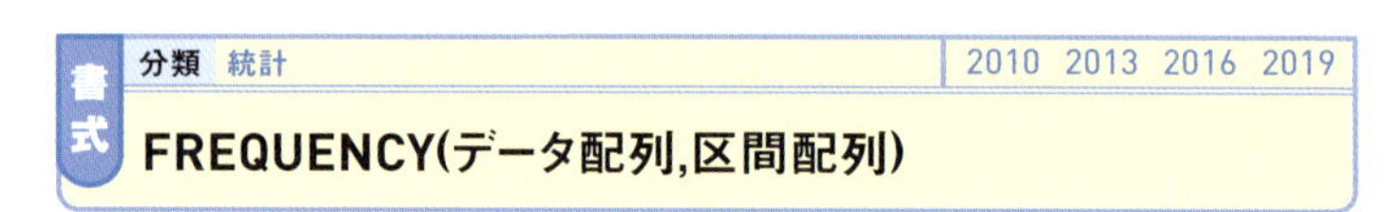

引数

[データ配列] 度数を把握したいデータをセル範囲で指定します。指定した範囲に含まれる文字列、論理値、空白セルは無視されます。

[区間配列] データ区間のセル範囲を指定します。データ区間の数値は、区間の上限値を指定します。

■引数に指定するセル範囲の取り方

FREQUENCY関数では、[区間配列] の末尾を空白にした場合は、度数を求める範囲を [区間配列] より1つ多く取ることができます。

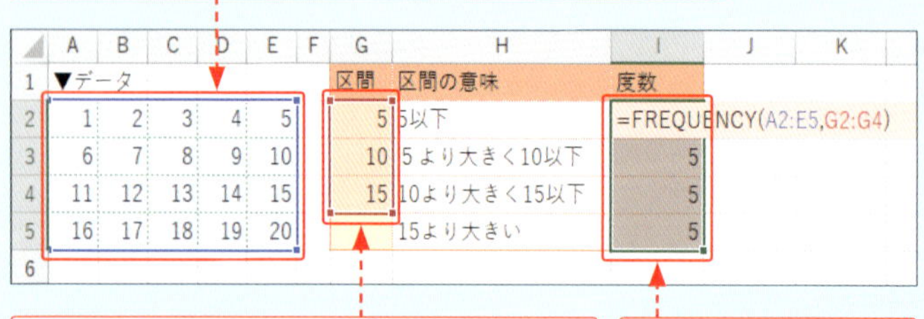

	A	B	C	D	E	F	G	H	I
1	▼データ						区間	区間の意味	度数
2	1	2	3	4	5		5	5以下	=FREQUENCY(A2:E5,G2:G4)
3	6	7	8	9	10		10	5より大きく10以下	5
4	11	12	13	14	15		15	10より大きく15以下	5
5	16	17	18	19	20			15より大きい	5

[区間配列] の末尾は必ずしも空白にする必要はありません。[データ配列] に指定したすべての値が、必ずどこかの区間に入ればよいです。[区間配列] の末尾に値を入れた場合は、末尾のセルまで [区間配列] に指定します。

末尾まで区間を指定した場合は、[区間配列] に指定します。

	A	B	C	D	E	F	G	H	I	J	K
1	▼データ						区間	区間の意味	度数		
2	1	2	3	4	5		5	5以下	=FREQUENCY(A2:E5,G2:G5)		
3	6	7	8	9	10		10	5より大きく10以下	5		
4	11	12	13	14	15		15	10より大きく15以下	5		
5	16	17	18	19	20		20	15より大きく20以下	5		
6											

利用例 1 FREQUENCY

成績の得点分布を調べる

100点満点の成績を10点刻みの区間に分け、度数を求めます。

{=FREQUENCY(C:C,E3:E12)}

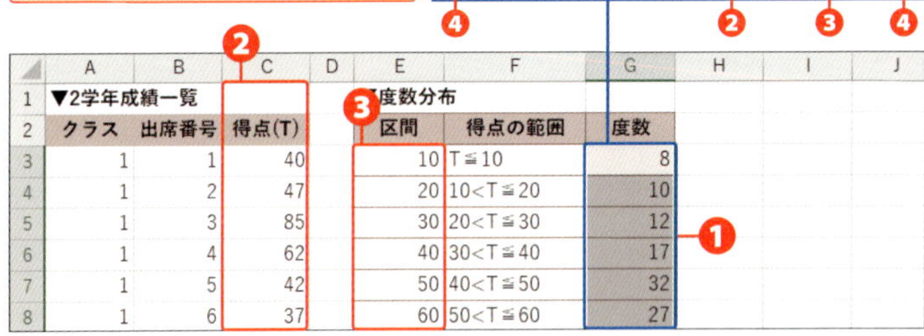

	A	B	C	D	E	F	G	H	I	J
1	▼2学年成績一覧				度数分布					
2	クラス	出席番号	得点(T)		区間	得点の範囲	度数			
3	1	1	40		10	T≦10	8			
4	1	2	47		20	10<T≦20	10			
5	1	3	85		30	20<T≦30	12			
6	1	4	62		40	30<T≦40	17			
7	1	5	42		50	40<T≦50	32			
8	1	6	37		60	50<T≦60	27			

1. 度数を求めるセル範囲 [G3:G12] をドラッグして選択します。
2. 「得点」のC列を [データ配列] に指定します。列番号 [C] をクリックすると、[C:C] と入力されます。
3. 得点の区間を表すセル範囲 [E3:E12] を [区間配列] に指定し、Ctrl と Shift を押しながら Enter を押して、配列数式で入力します。
4. 配列数式で入力すると、関数の前後が { }（中括弧）で囲まれます。

Keyword

配列数式

配列数式は、同じ種類の値が入ったセル範囲を1つのまとまりとして扱い、一括処理してセルやセル範囲に結果を表示するときに使う数式です。

数値を平均する

平均値を求めるにはAVERAGE 関数を利用しますが、何を基準に平均するのかによっては、利用できない場合もあります。ここでは、AVERAGE関数を利用する場合と利用しない場合を紹介します。

書式　分類 統計　2010 2013 2016 2019

AVERAGE(数値1[,数値2]･･･)

引数

[数値]　数値、または、数値のセルやセル範囲を指定します。

[値]　任意の値、セルやセル範囲を指定します。

利用例 1　AVERAGE

売上日あたりの平均販売価格を求める

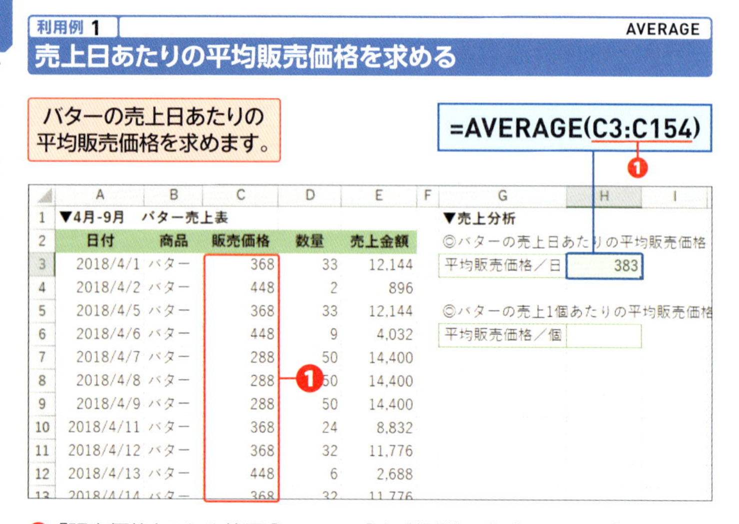

	A	B	C	D	E	F	G	H	I
1	▼4月-9月	バター売上表					▼売上分析		
2	日付	商品	販売価格	数量	売上金額		◎バターの売上日あたりの平均販売価格		
3	2018/4/1	バター	368	33	12,144		平均販売価格／日	383	
4	2018/4/2	バター	448	2	896				
5	2018/4/5	バター	368	33	12,144		◎バターの売上1個あたりの平均販売価格		
6	2018/4/6	バター	448	9	4,032		平均販売価格／個		
7	2018/4/7	バター	288	50	14,400				
8	2018/4/8	バター	288	50	14,400				
9	2018/4/9	バター	288	50	14,400				
10	2018/4/11	バター	368	24	8,832				
11	2018/4/12	バター	368	32	11,776				
12	2018/4/13	バター	448	6	2,688				
13	2018/4/14	バター	368	32	11,776				

❶「販売価格」のセル範囲 [C3:C154] を [数値] に指定します。「販売価格」の列に「販売価格」に無関係な数値が入らない場合は、列番号 [C] をクリックして、C列全体を [数値] に指定することもできます。

Hint

小数点以下の表示をセルの表示形式で整える

平均値は往々にして小数点以下に数値が並びます。小数点以下の数値を厳密に扱わないと、その後の処理や分析に影響が出る場合は別として、およその値が把握できればよいのであれば、セルの表示形式を整えるだけで十分です。利用例[1]では、＜ホーム＞タブの＜桁区切りスタイル＞を設定して通貨の表示にしています。

Memo

1行あたりの平均はAVERAGE関数を使う

利用例[1]は、日付単位で売上データが入力されています。つまり、売上日あたりの平均販売価格は、1件あたりの平均値であり、AVERAGE関数で求める例です。

利用例 2　SUM

売上1個あたりの平均販売価格を求める

バターの売上1個あたりの平均販売価格を求めます。

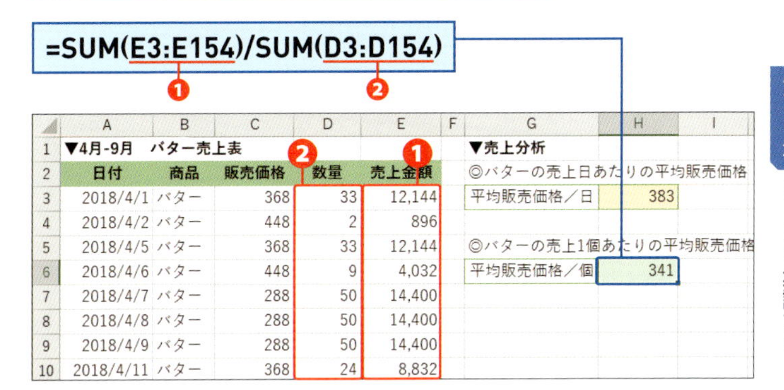

=SUM(E3:E154)/SUM(D3:D154)

	A	B	C	D	E	F	G	H	I
1	▼4月-9月	バター売上表					▼売上分析		
2	日付	商品	販売価格	数量	売上金額		◎バターの売上日あたりの平均販売価格		
3	2018/4/1	バター	368	33	12,144		平均販売価格／日	383	
4	2018/4/2	バター	448	2	896				
5	2018/4/5	バター	368	33	12,144		◎バターの売上1個あたりの平均販売価格		
6	2018/4/6	バター	448	9	4,032		平均販売価格／個	341	
7	2018/4/7	バター	288	50	14,400				
8	2018/4/8	バター	288	50	14,400				
9	2018/4/9	バター	288	50	14,400				
10	2018/4/11	バター	368	24	8,832				

❶「売上金額」のセル範囲 [E3:E154] をSUM関数の [数値] に指定し、売上金額の合計を求めます。

❷「数量」のセル範囲 [D3:D154] をSUM関数の [数値] に指定し、数量の合計を求めます。❶を❷で割って、1個あたりの平均販売価格を求めています。

Memo

AVERAGE関数が利用できない平均

バター売上表は、日付単位の表のため、数量1個あたりの平均にAVERAGE関数を使うことはできません。そこで、「販売価格＝売上金額÷数量」の関係から、売上金額の合計を数量の合計で割って、1個あたりの販売価格を求めています。

Hint

2つの平均の意味

売上日あたりの販売価格よりも1個あたりの販売価格が安いということは、販売価格の安い日を狙って多く購入されていることがわかります。

条件に一致する数値を平均する

平均値は、データ内の極端に離れた数値に影響を受けます。それを防ぐには、データに条件を付け極端なデータを除外して平均値を求めます。ここでは、条件に合う数値の平均値を求めます。

書式　分類 統計　2010 2013 2016 2019

AVERAGEIF(範囲,検索条件[,平均対象範囲])

引数

[範囲]　条件を検索するセル範囲を指定します。セル範囲に付けた名前を指定することもできます。

[検索条件]　平均を求める対象を絞るための条件を指定します。条件には、数値、文字列、比較式、ワイルドカード、もしくは、条件が入ったセルを指定します。数値以外の条件を直接引数に指定する場合は、条件の前後を「"(ダブルクォーテーション)」で囲みます。

[平均対象範囲]　平均を求めるセル範囲や名前を指定します。省略した場合は、[検索条件]に合う[範囲]の数値データで平均されます。

利用例1　AVERAGEIF

安い金額を除いた平均回答価格を求める

300円未満の回答者を除外した平均回答価格を求めます(誤りの例)。

=AVERAGEIF(E:E,G3,E:E)
❶ ❷ ❸

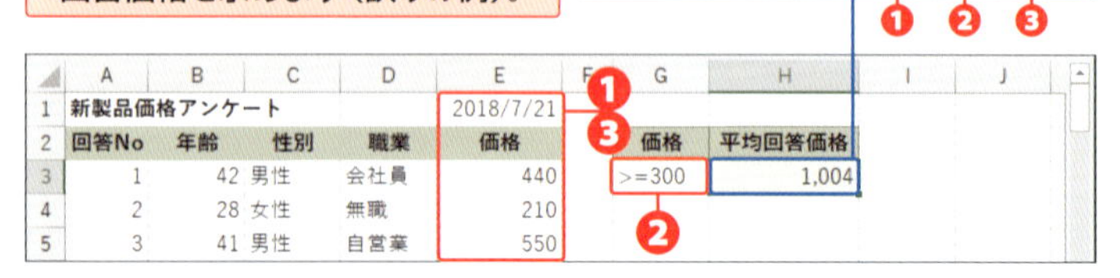

	A	B	C	D	E	F	G	H
1	新製品価格アンケート				2018/7/21			
2	回答No	年齢	性別	職業	価格		価格	平均回答価格
3	1	42	男性	会社員	440		>=300	1,004
4	2	28	女性	無職	210			
5	3	41	男性	自営業	550			

❶❷ セル[G3]の「>=300」を「価格」で検索します。ここでは、価格の列番号[E]をクリックし、列単位で[範囲]に指定します。

❸「価格」のE列を[平均対象範囲]に指定します。

回答価格に1000以上がないのに、平均が1000円以上になるのはおかしいです。原因は、セル [E1] の日付です。

300円未満の回答者を除外した平均回答価格を求めます。

=AVERAGEIF(E3:E102,G3,E3:E102)

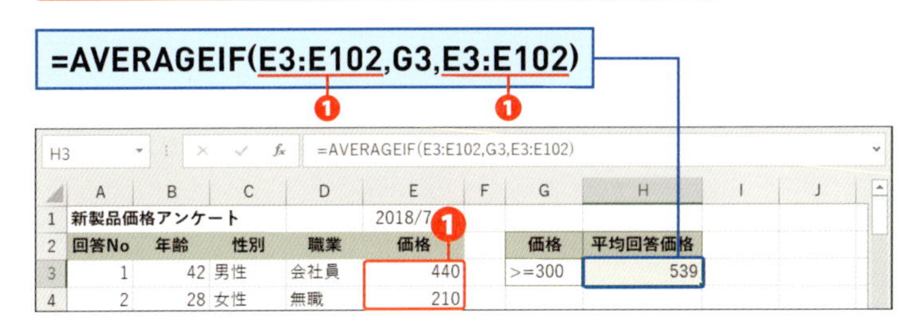

❶ [範囲] と [平均対象範囲] を、列単位からセル範囲 [E3:E102] に変更します。日付が除外され、300円以上の回答者を対象に平均回答価格が求められます。

Hint

列単位で指定できるようにするには

列単位で指定できるようにするには、表に隣接するセルに紛らわしい値を入力しないことです。とくに数値と見なされる日付や時刻は注意です。

利用例 2　AVERAGEIF

平均販売価格を境界に平均販売個数を求める

平均販売価格以上、未満で売れた平均個数を求めます。

=AVERAGEIF(C:C,">="&$H$3,D:D)

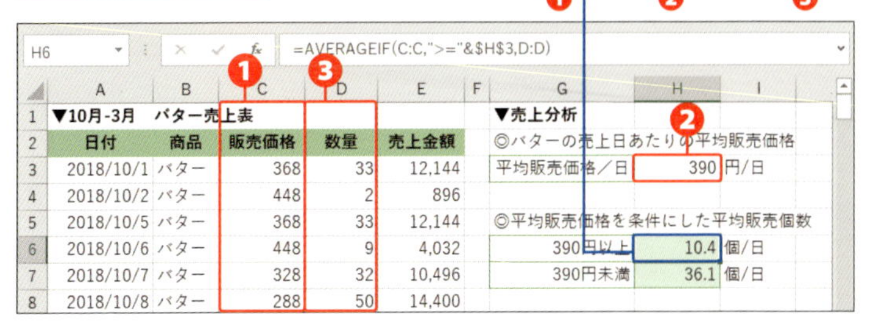

❶「販売価格」のC列を [範囲] に指定します。

❷ 1日あたりの平均販売価格390円以上を条件にするため、「">="&$H$3」を [検索条件] に指定します。

❸「数量」のD列を [平均対象範囲] に指定します。

複数の条件をすべて満たす数値を平均する

COUNTIFS 関数(Sec. 24)と同様に、AVERAGEIFS 関数は、一覧表から縦横に項目名がある集計表を作成するのに役立ちます。集計値は一覧表のデータ行あたりの平均値です。

書式 分類 統計 2010 2013 2016 2019

AVERAGEIFS(平均対象範囲,条件範囲,条件1[条件範囲2,条件2]・・・)

引数

[平均対象範囲] 計算対象のセル範囲や名前を指定します。

[条件範囲] 条件を検索するセル範囲を指定します。セル範囲に付けた名前を指定することもできます。

[条件] 計算対象を絞るための条件を指定します。条件には、数値、文字列、比較式、ワイルドカード、もしくは、条件が入ったセルを指定します。数値以外の条件を直接引数に指定する場合は、条件の前後を「" (ダブルクォーテーション)」で囲みます

利用例 1 AVERAGEIFS

年代と職業別に平均価格を分類する

年代別、職業別に平均回答価格を求めます。

=AVERAGEIFS($F:$F,$C:$C,$H3,$E:E,I2)

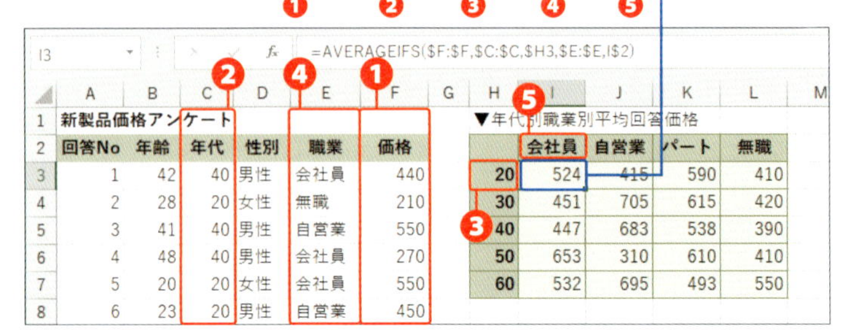

	A	B	C	D	E	F
1	新製品価格アンケート					
2	回答No	年齢	年代	性別	職業	価格
3	1	42	40	男性	会社員	440
4	2	28	20	女性	無職	210
5	3	41	40	男性	自営業	550
6	4	48	40	男性	会社員	270
7	5	20	20	女性	会社員	550
8	6	23	20	男性	自営業	450

▼年代別職業別平均回答価格

H	会社員	自営業	パート	無職
20	524	415	590	410
30	451	705	615	420
40	447	683	538	390
50	653	310	610	410
60	532	695	493	550

❶ 平均価格を求めるため、列番号 [F] をクリックし、列単位で [平均対象範囲] に指定します。

❷❸「20」代を「年代」で検索します。「年代」のC列を [条件範囲1] に指定し、セル [H3] を [条件1] に指定します。

❹❺「会社員」を「職業」で検索します。「職業」のE列を [条件範囲2] に指定し、セル [I2] を [条件2] に指定します。

オートフィルで他のセルの集計値を求めるため、[平均対象範囲] [条件範囲] は、絶対参照を指定します（列単位で選択しているので、実質、列のみ絶対参照です）。また、縦項目は列のみ絶対参照、横項目は行のみ絶対参照を指定します。

利用例 2 AVERAGEIFS

名前を利用して平均販売個数を求める

バターとベビーチーズの月別平均販売個数を求めます。

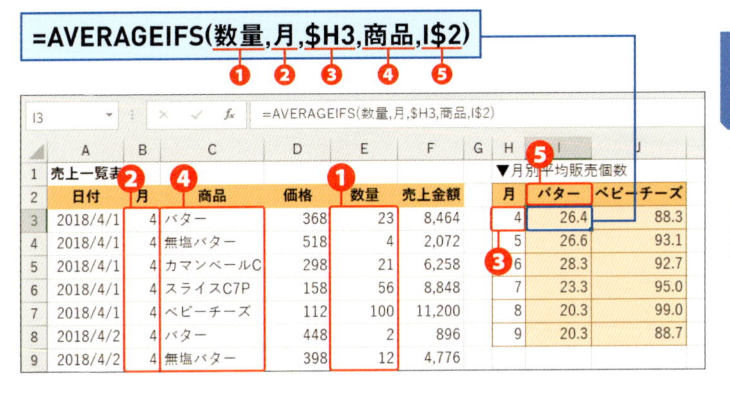

	A	B	C	D	E	F	G	H	I	J
1	売上一覧表							▼月別平均販売個数		
2	日付	月	商品	価格	数量	売上金額		月	バター	ベビーチーズ
3	2018/4/1	4	バター	368	23	8,464		4	26.4	88.3
4	2018/4/1	4	無塩バター	518	4	2,072		5	26.6	93.1
5	2018/4/1	4	カマンベールC	298	21	6,258		6	28.3	92.7
6	2018/4/1	4	スライスC7P	158	56	8,848		7	23.3	95.0
7	2018/4/1	4	ベビーチーズ	112	100	11,200		8	20.3	99.0
8	2018/4/2	4	バター	448	2	896		9	20.3	88.7
9	2018/4/2	4	無塩バター	398	12	4,776				

❶ セル範囲 [E3:E736] に付けた名前「数量」を [平均対象範囲] に指定します。

❷❸「4」月を「月」で検索します。セル範囲 [B3:B736] の代わりに名付けた「月」を [条件範囲1] に指定し、セル [H3] を [条件1] に指定します。

❹❺「バター」を「商品」で検索します。セル範囲 [C3:C736] の代わりに名付けた「商品」を [条件範囲2] に指定し、セル [I2] を [条件2] に指定します。

オートフィルで他のセルの集計値を求めるため、縦項目は列のみ絶対参照、横項目は行のみ絶対参照を指定します。

複数の条件に該当する数値を平均する

複数の条件に該当する数値の平均値を求めるには、DAVERAGE関数を利用します。先頭にDが付くデータベース関数の使い方は共通のため、関数名を変えるだけで集計方法を変更できます。

書式　分類　データベース　2010 2013 2016 2019

DAVERAGE(データベース,フィールド,条件)

引数

DSUM関数と同様です。Sec.15を参照してください。

利用例 1　DAVERAGE

一覧表から指定した条件に合う平均値を求める

売上一覧表から4月の無塩バターの平均販売量を求めます。

=DAVERAGE($A$2:$F$736,$E$2,$H$2:$J$3)

❶ ❷ ❸

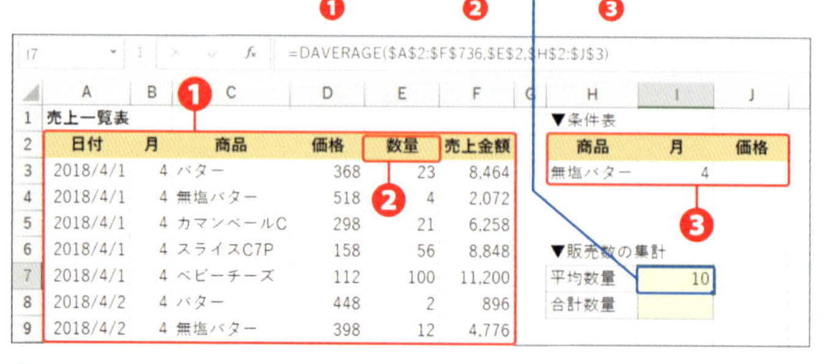

❶ 一覧表のセル範囲［A2:F736］を［データベース］に指定します。

❷ 平均値を求める列見出しのセル［E2］を［フィールド］に指定します。

❸ セル［H3］に「無塩バター」、セル［I3］に4月の「4」を入力します。価格の条件はないので空白のままにし、セル範囲［H2:J3］を［条件］に指定します。

オートフィルでコピーしてもセルやセル範囲が移動しないように、引数はすべて絶対参照を指定します。

集計方法を変更し、4月の無塩バターの合計販売数を求めます。

1 セル [I7] のフィルハンドルをドラッグし、セル [I8] までオートフィルでコピーします。

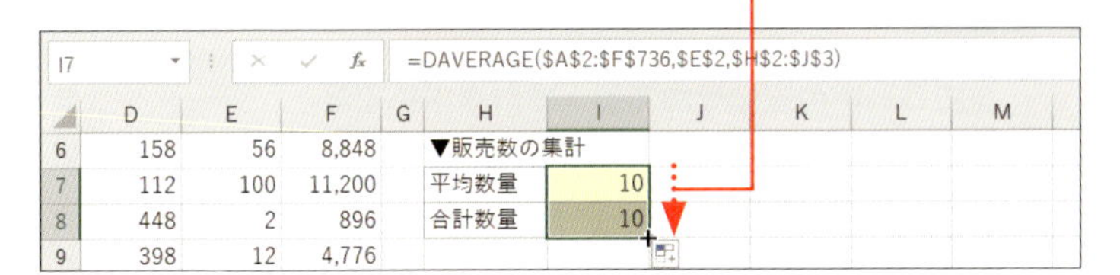

2 セル [I8] をクリックし、

3 数式バーをクリックして、「AVERAGE」を「sum」に上書きします。

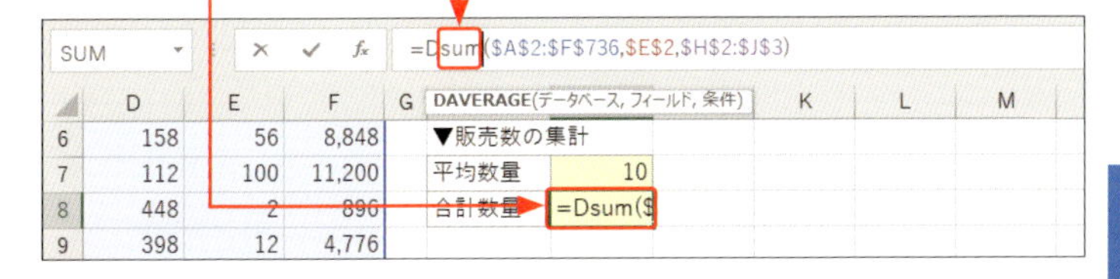

4 Enter を押すと、

5 DSUM関数に変更され、4月の無塩バターの合計販売数が求められます。

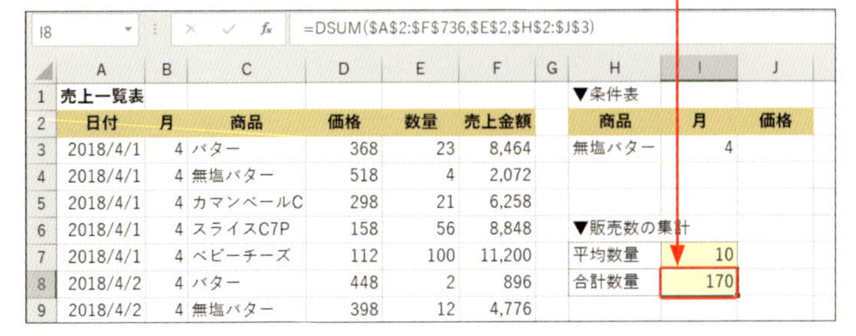

	A	B	C	D	E	F	G	H	I	J
1	売上一覧表							▼条件表		
2	日付	月	商品	価格	数量	売上金額		商品	月	価格
3	2018/4/1	4	バター	368	23	8,464		無塩バター	4	
4	2018/4/1	4	無塩バター	518	4	2,072				
5	2018/4/1	4	カマンベールC	298	21	6,258				
6	2018/4/1	4	スライスC7P	158	56	8,848		▼販売数の集計		
7	2018/4/1	4	ベビーチーズ	112	100	11,200		平均数量	10	
8	2018/4/2	4	バター	448	2	896		合計数量	170	
9	2018/4/2	4	無塩バター	398	12	4,776				

Hint

データベース関数のメリット

データベース関数を利用するメリットは2つあります。1つは、ワークシートに入力する条件を変更することにより、その場で集計値の変化を観察できることです(Sec.15、Sec.25)。もう1つは、上の図のように、関数名を変更して集計方法を変えられる点です。

データを集計する

データ内の数値の個数を数える、合計を求めるなど、データをさまざまな角度から集計したい場合は、SUBTOTAL関数やAGGREGATE関数を使うと便利です。

書式　分類　数学/三角　2010　2013　2016　2019

SUBTOTAL(集計方法,参照1[,参照2]…)
AGGREGATE(集計方法,オプション,参照1[,参照2]…)

セル範囲形式

引数

[集計方法]　集計内容に対応する番号を指定します（下表1参照）。

[参照]　集計対象のセル範囲を指定します。

[オプション]　AGGREGATE関数で指定します。集計条件を番号で指定します（下表2参照）。

▼表1　集計方法　1～11までは共通。()内の数字はSUBTOTAL関数で利用可。12以降はAGGREGATE関数のみ利用可

集計方法	集計内容	対応関数
1(101)	平均	AVERAGE
2(102)	個数	COUNT
3(103)	空白以外の個数	COUNTA
4(104)	最大値	MAX
5(105)	最小値	MIN
6(106)	積(掛け算)	PRODUCT
7(107)	標本標準偏差	STDEV.S
8(108)	標準偏差	STDEV.P
9(109)	合計	SUM
10(110)	不偏分散	VAR.S
11(111)	分散	VAR.P
12	中央値	MEDIAN
13	最頻値	MODE.SNGL

▼表2　AGGREGATE関数のオプション

オプション	内容
0(省略)	指定する範囲内にSUBTOTAL関数やAGGREGATE関数が存在する場合はこれらの集計値を無視する
1	オプション「0」のほか、非表示行を無視する
2	オプション「0」のほか、エラー値を無視する
3	オプション「0」「1」「2」のすべてを含む
4	何も無視せず、すべて集計対象にする
5	非表示行を無視する
6	エラー値を無視する
7	非表示行とエラー値を無視する

利用例 1　SUBTOTAL/AGGREGATE

さまざまな集計値を求める

アンケートの価格データをもとにさまざまな集計値を求めます。

=SUBTOTAL(H3,$E$3:$E$102)

❶ H3　❷ $E$3:$E$102

I3　=SUBTOTAL(H3,$E$3:$E$102)

	A	B	C	D	E	F	G	H	I	J
1	新製品価格アンケート				2018/7/21		▼集計値			
2	回答No	年齢	性別	職業	価格		集計方法		集計値	
3	1	42	男性	会社員	440		回答数	2	100	
4	2	28	女性	無職	210		平均	1	513.4	
5	3	41	男性	自営業	550		最高値	4	780	
6	4	48	男性	会社員	270		最安値	5	210	
7	5	20	女性	会社員	550		標準偏差	7	158.893	
8	6	23	男性	自営業	450					
9	7	37	男性	会社員	450					
10	8	20	女性	会社員	600					
11	9	49	男性	自営業	770					
12	10	27	男性	会社員	430					

❶ セル[H3]を[集計方法]に指定します。

❷「価格」のセル範囲[E3:E102]を絶対参照で[参照]に指定します。

アンケートの価格データをもとにさまざまな集計値を求めます。

=AGGREGATE(H3,4,$E$3:$E$102)

❶ 4

I3　=AGGREGATE(H3,4,$E$3:$E$102)

	A	B	C	D	E	F	G	H	I	J
1	新製品価格アンケート				2018/7/21		▼集計値			
2	回答No	年齢	性別	職業	価格		集計方法		集計値	
3	1	42	男性	会社員	440		回答数	2	100	
4	2	28	女性	無職	210		平均	1	513.4	
5	3	41	男性	自営業	550		最高値	4	780	
6	4	48	男性	会社員	270		最安値	5	210	
7	5	20	女性	会社員	550		標準偏差	7	158.893	
8	6	23	男性	自営業	450		中央値	12	535	

❶ [集計方法]と[参照]はSUBTOTAL関数と同じです。ここでは、[オプション]に「4」を指定し、指定したセル範囲の値を無視しないようにしています。

利用例 2　　AGGREGATE

エラーを無視して集計する

エラーを無視して合計金額を求めます。

集計範囲にエラーが発生しています。

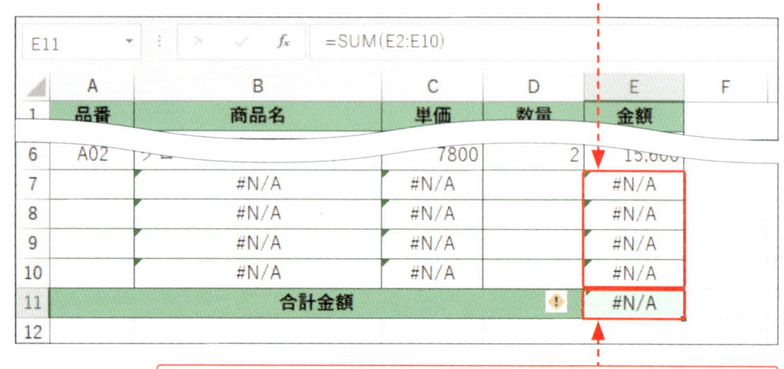

エラーを含む範囲を集計すると、戻り値もエラーになります。

=AGGREGATE(9,6,E2:E10)

❶❷　❸

	A	B	C	D	E	F
1	品番	商品名	単価	数量	金額	
2	A01	押入れラック	3800	2	7,600	
9		#N/A	#N/A		#N/A	
10		#N/A	#N/A		#N/A	
11	合計金額				61,680	

❶ ［集計方法］に合計の「9」を指定します。

❷ ［オプション］に「6」を指定し、集計範囲内に含まれるエラーを無視します。

❸ ［参照］に「金額」のセル範囲［E2:E10］を指定します。

StepUp

テーブルの集計行を利用する

一覧表形式の表は、テーブルに変換すると、フィルターや集計行の機能が使えます。Sec.16では、フィルターで抽出したデータをSUBTOTAL関数で合計する方法を紹介していますが、テーブルの集計行を使えば、あらかじめSUBTOTAL関数が設定されています。自分で関数を入力することなく、さまざまな集計値を確認できます。
なお、テーブルの集計行はチェックボックスのオン／オフで切り替え可能です。また、一覧表にデータを追加するとテーブルとして認識されるので、範囲を取り直す必要はありません。

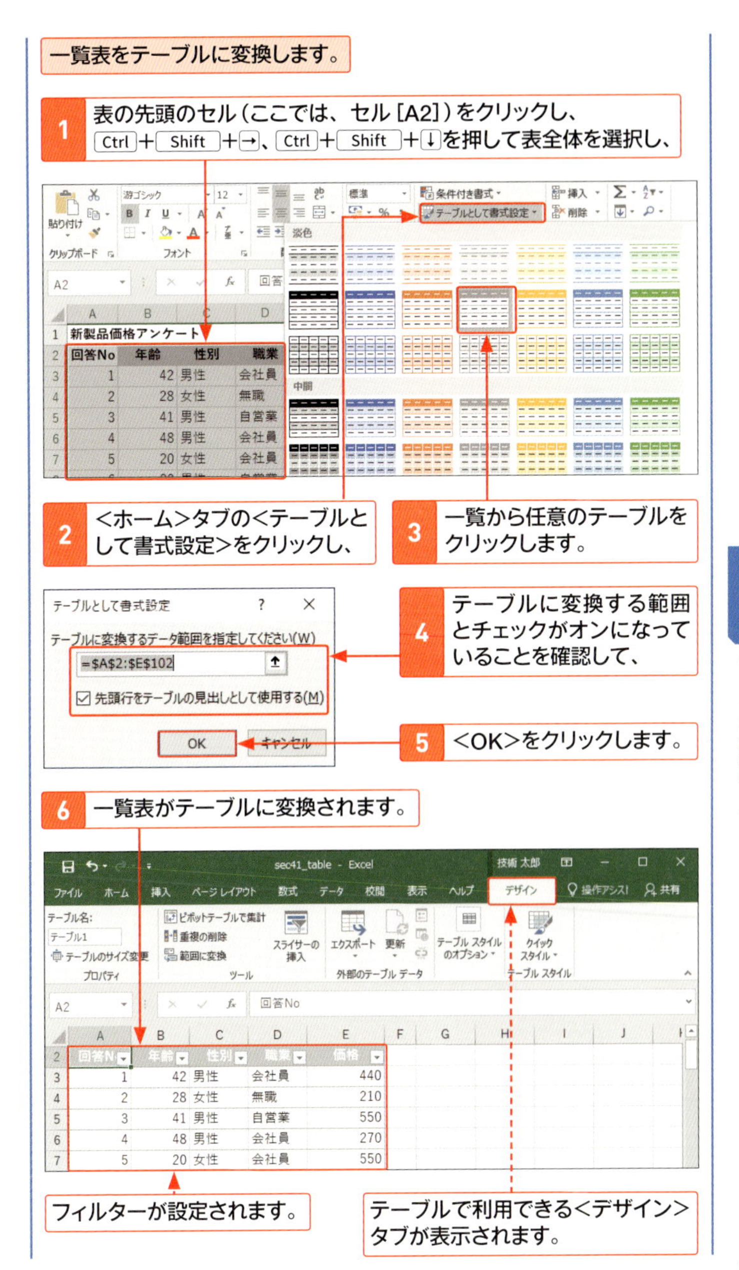
一覧表をテーブルに変換します。
1 表の先頭のセル（ここでは、セル[A2]）をクリックし、Ctrl＋Shift＋→、Ctrl＋Shift＋↓を押して表全体を選択し、
条件付き書式
テーブルとして書式設定
挿入
削除
貼り付け
クリップボード
フォント
游ゴシック
標準
淡色
中間
A2
新製品価格アンケート
回答No
年齢
性別
職業
男性
女性
会社員
無職
自営業
2 <ホーム>タブの<テーブルとして書式設定>をクリックし、
3 一覧から任意のテーブルをクリックします。
テーブルとして書式設定
テーブルに変換するデータ範囲を指定してください(W)
=$A$2:$E$102
先頭行をテーブルの見出しとして使用する(M)
OK
キャンセル
4 テーブルに変換する範囲とチェックがオンになっていることを確認して、
5 <OK>をクリックします。
6 一覧表がテーブルに変換されます。
sec41_table - Excel
技術 太郎
ファイル
ホーム
挿入
ページ レイアウト
数式
データ
校閲
表示
ヘルプ
デザイン
操作アシスト
共有
テーブル名:
テーブル1
テーブルのサイズ変更
プロパティ
ピボットテーブルで集計
重複の削除
範囲に変換
ツール
スライサーの挿入
エクスポート
更新
外部のテーブル データ
テーブル スタイルのオプション
クイック スタイル
テーブル スタイル
回答No
価格
フィルターが設定されます。
テーブルで利用できる<デザイン>タブが表示されます。

集計行を追加します。

1 テーブル内の任意のセルをクリックし、

2 <デザイン>タブの<テーブルオプション>から<集計行>のチェックをオンにします。

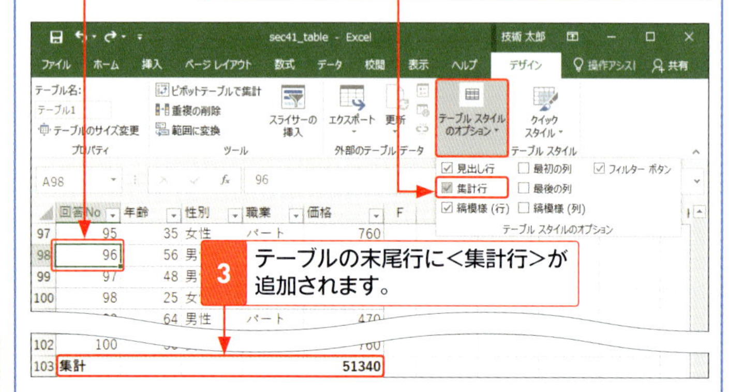

3 テーブルの末尾行に<集計行>が追加されます。

4 集計行のセルをクリックすると表示される▼をクリックし、

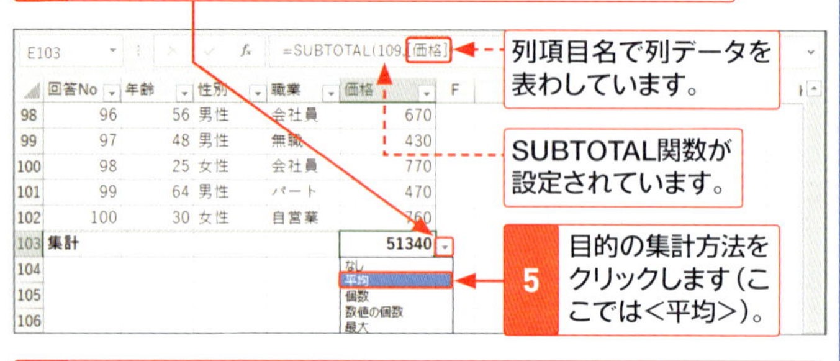

列項目名で列データを表わしています。

SUBTOTAL関数が設定されています。

5 目的の集計方法をクリックします（ここでは<平均>）。

6 <フィルター>を適宜設定します（ここでは、「職業」の「会社員」）。フィルターの設定方法はSec.16を参照。

7 SUBTOTAL関数の［集計方法］が自動的に「101」に切り替わります。

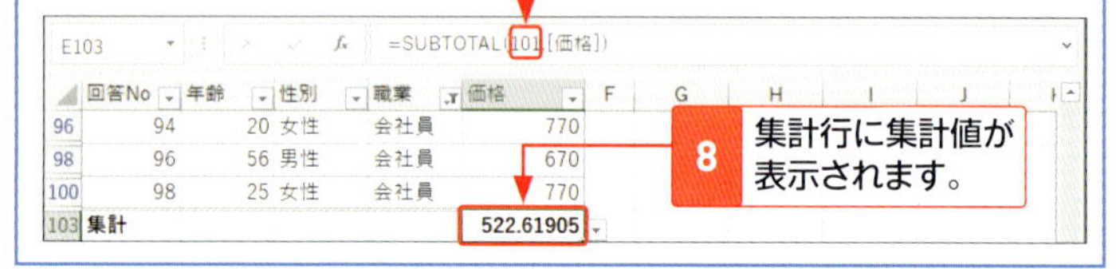

8 集計行に集計値が表示されます。

第3章 データを集計する

第4章

データを順位付けする

順位を求める

順位は、テストの成績、スポーツのタイムやスコアなど、さまざまな場面で利用されています。順位の付け方は、値の小さい順で順位付けする方法と値の大きい順で順位付けする方法があります。

書式 分類 統計 2010 2013 2016 2019

RANK.EQ(数値,参照[,順序])

引数

[数値] 数値や数値の入ったセル、セル範囲を指定します。指定する数値は、[参照] に含まれている必要があります。

[参照] 順位を求める数値のセル範囲を指定します。

[順序] 数値の並べ方を「0」または「1」で指定します。「0」は降順、「1」は昇順で並べ替えられます。なお、「0」は省略可能です。

■同順位の取扱い

順位を求めるデータには、同じ数値が複数存在する場合があります。同じ数値がある場合は、同順位を付け、以降、同順位の数だけ順位が繰り下がります。

下図は、2位が3名いる場合の順位の付け方です。

C2 =RANK.EQ(B2,$B$2:$B$7)

	A	B	C	D	E	F	G
1	氏名	得点	順位				
2	青山 春樹	80	1				
3	金沢 歩実	65	2				
4	田中 健人	65	2				
5	津村 徹	65	2				
6	富岡 優治	50	5				
7	松尾 拓海	45	6				
8							
9							

同順位を表示します。

2位の3名分を繰り下げて5位になります。

利用例 1　RANK.EQ

営業成績の順位を求める

契約金額の高い順に営業成績の順位を求めます。

=RANK.EQ(B3,$B$3:$B$9)

	A	B	C	D
1	7月営業成績		(単位：千円)	
2	営業部員名	契約金額	順位	
3	小野　順子	11,700	2	
4	川村　佐緒里	8,300	4	
5	北沢　佐和子	14,400	1	
6	北村　博子	5,000	7	
7	工藤　紀子	6,700	6	
8	沢松　紗智子	8,300	4	
9	山田　美樹	10,500	3	
10				

❶「契約金額」のセル[B3]を[数値]に指定します。

❷ 順位を求める対象のセル範囲[B3:B9]を、絶対参照で[参照]に指定します。

利用例 2　RANK.EQ

タイムの早い順に順位を求める

100メートル走のタイムの早い順に順位を求めます。

=RANK.EQ(B3,$B$3:$B$9,1)

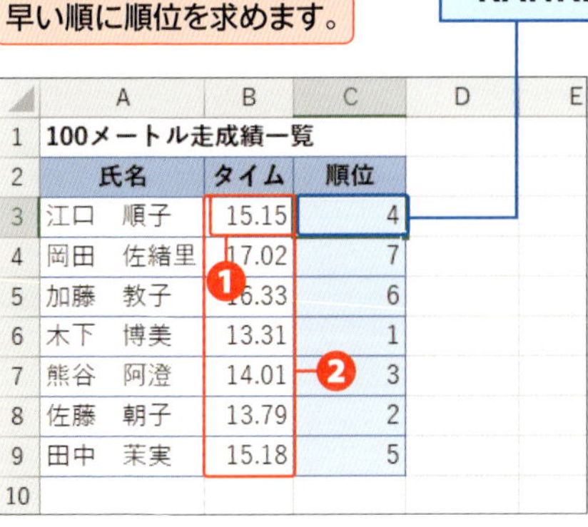

	A	B	C	D	E
1	100メートル走成績一覧				
2	氏名	タイム	順位		
3	江口　順子	15.15	4		
4	岡田　佐緒里	17.02	7		
5	加藤　教子	16.33	6		
6	木下　博美	13.31	1		
7	熊谷　阿澄	14.01	3		
8	佐藤　朝子	13.79	2		
9	田中　茉実	15.18	5		
10					

❶「タイム」のセル[B3]を[数値]に指定します。

❷ 順位を求める対象のセル範囲[B3:B9]を、絶対参照で[参照]に指定します。

❸ タイムは早いほど小さい値のため、[順序]に「1」を指定し、昇順で順位付けします。

Keyword

昇順／降順

数値の小さい順、文字の50音順（あ→ん）、日付の古い順に並べることを昇順といいます。降順は昇順の反対です。数値の大きい順、50音順の反対（ん→あ）、日付の新しい順になります。

指定した順位の値を求める

データの順位を指定し、指定した順位に対応する値を求めます。順位は値の大きい順に付けた場合と小さい順に付けた場合があるので、関数も値の並べ方に合わせて2 種類あります。

書式 分類 統計 2010 2013 2016 2019

LARGE(配列,順位)
SMALL(配列,順位)

引数

[配列] 順位のもとになる数値のセル範囲を指定します。

[順位] 順位を表わす数値やセルを指定します。

利用例 1 LARGE/SMALL

第5位までの価格を求める

第5位までの価格を求めます。

=LARGE($E$3:$E$102,G3) ❶ ❷

=SMALL($E$3:$E$102,G3) ❶ ❷

	A	E	F	G	H	I	J	K	L
1	新製品価格			▼回答価格					
2	回答No	価格		順位	高い順	低い順			
3	1	440		1	780	210			
4	2	210		2	770	250			
5	3	550		3	770	250			
6	4	270		4	770	250			
7	5	550		5	770	260			

回答価格の重複により、順位を変えても同じ価格が表示されます。

❶「価格」のセル範囲 [E3:E102] を、絶対参照で [配列] に指定します。

❷「順位」のセル [G3] を、[順位] に指定します。LARGE関数では、回答価格の高い順、SMALL関数では回答価格の低い順に表示されます。

利用例 2　LARGE

同じ値が重複しないように第5位までの価格を求める

価格が重複しないように、高いほうから数えた第5位までの価格を求めます。

=COUNTIF($E$3:$E$102,H3)

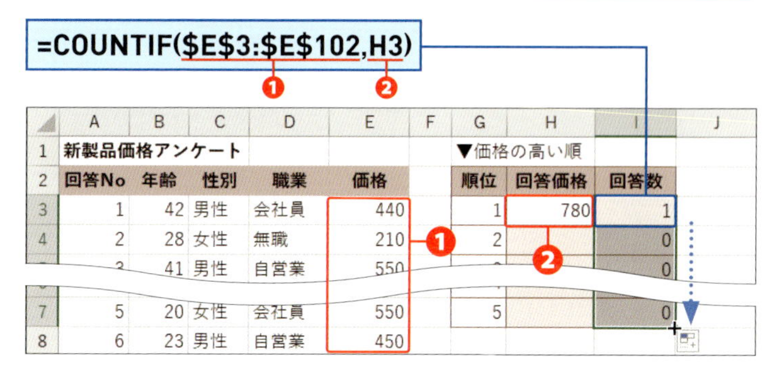

❶ COUNTIF関数を使って、LARGE関数で求めた価格を検索条件に、回答数を求めます。そこで、価格のセル範囲［E3:E102］を、絶対参照で［範囲］に指定します。

❷ LARGE関数で求めた第1位の回答価格のセル［H3］を、［検索条件］に指定します。関数入力後は、オートフィルでセル［I7］までコピーしておきます。

=LARGE($E$3:$E$102,SUM($I$3:I3)+1)

=LARGE($E$3:$E$102,SUM($I$3:I4)+1)

❸❹ SUM関数を使って（Sec.12の利用例2）の1つ前の順位までの回答者数の累計を求め、累計人数の次の順位になるように、「1」を足します。

最頻値を求める

データに含まれる同じ値のうち、最頻出の値を最頻値といいます。最頻値はデータ内に1つとは限らないので、最頻値を求める場合は、MODE.MULT関数を使うことをお勧めします。

書式　分類 統計　2010 2013 2016 2019

MODE.SNGL(数値1[,数値2]･･･)
MODE.MULT(数値1[,数値2]･･･)

引数

[数値]　数値や数値の入ったセル、セル範囲を指定します。指定したセル範囲に含まれる文字列や論理値、空白セルは無視されます。

■MODE.SNGL関数とMODE.MULT関数の戻り値

MODE.SNGL関数は、最初に見つかった最頻値を返します。下図の2つのデータは、まったく同じデータですが、並び順が異なります。MODE.SNGL関数の場合は、データの値の並び順次第で最頻値が変わりますが、MODE.MULT関数は、複数の最頻値を同時に求められるので、モレがありません。なお、データの中に最頻値がいくつ含まれているかわからないので、結果を表示するセルは多めに取っておくのがコツです。余ったセルには「#N/A」エラーが表示されます。

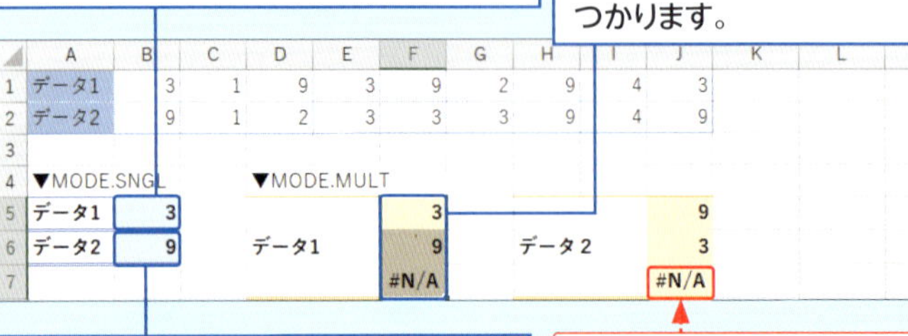

利用例 1　MODE.SNGL/MODE.MULT

5単位に調整した数値の最頻値を求める

5点刻みに調整した得点の最頻値を求めます。

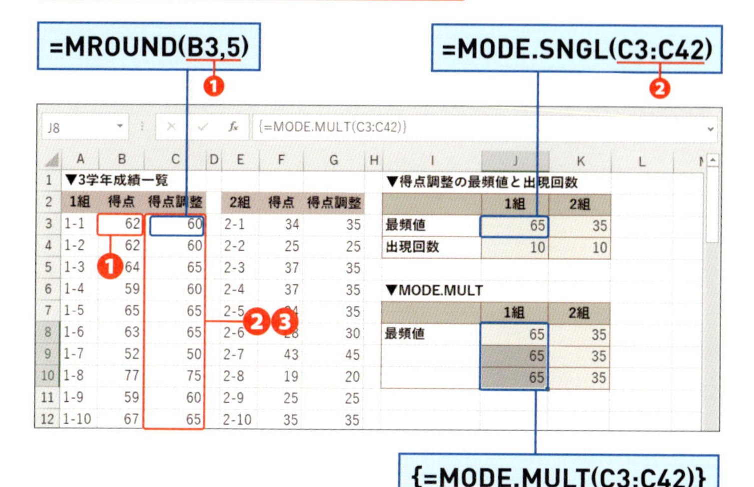

❶ 「5」で割った余りが「5」の半分以上の場合は、5点刻みで切り上げ、半分を下回った場合は、5点刻みで切り捨てます（Sec.21）。

❷ 5点刻みに調整した得点のセル範囲［C3:C42］をMODE.SNGL関数の［数値1］に指定し、得点調整データ内で最初に見つかった最頻値を求めています。

❸ 最頻値を求めるセル範囲［J8:J10］をドラッグし、得点調整のセル範囲［C3:C42］を［数値1］に指定し、Ctrl と Shift を押しながら Enter を押します。

Memo

得点を5点刻みにして最頻値を求める

1組の得点調整後の最頻値は「65」です。実際の得点にすると63点以上68点未満です。得点を粗く分類することで最頻値が1つにまとまりやすくなり、複数の最頻値があっても最初の1つしか表示しないMODE.SNGL関数の弱点を補っています。

最大値／最小値を求める

データの最大値はMAX関数、最小値はMIN関数を使って求めますが、求める内容によってはMAX関数とMIN関数のどちらを使えばよいかを考える必要があります。

書式 分類 統計　2010 2013 2016 2019

MAX(数値1[,数値2]･･･)
MIN(数値1[,数値2]･･･)

引数

[数値] 数値や数値の入ったセル、セル範囲を指定します。指定したセル範囲内にある空白セル、文字列、論理値は無視されます。

利用例 1　MAX

少なくとも最低購入数を発注する

発注数は、少なくとも最低購入数以上になるようにします。

=MAX(C3,D3)
❶ ❷

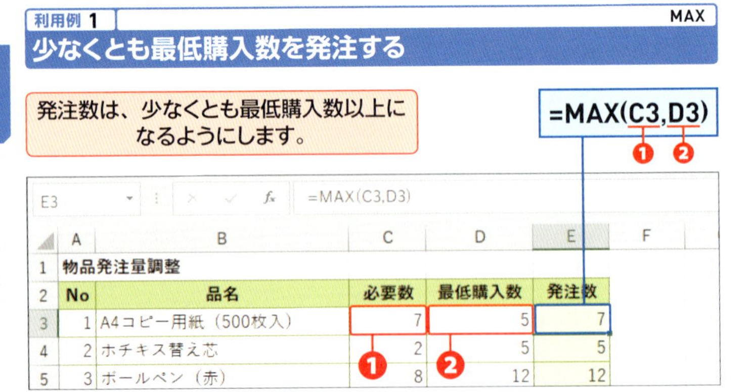

❶❷「必要数」のセル[C3]と「最低購入数」のセル[D3]を比較し、多いほうを選択しています。

Memo

下限値と比較する場合はMAX関数を利用する

比較する値が下限値を下回るときは、下限値が最大値になります。利用例1は、最低購入数が下限値です。必要数が最低購入数に満たない場合は、MAX関数を利用して、最低購入数が最大値となって選択されるようにします。

利用例 2　MIN

交通費の支給上限を設定する

支給額上限を限度とする交通費を求めます。

	A	B	C	D	E	F
1	交通費支給					
2	No	氏名	通勤手段	交通費	支給額上限	支給額
3	1	浅岡　拓哉	自転車	3,800	4,200	3,800
4	2	佐久間　雄太	車	9,200	12,900	9,200
5	3	山本　譲	電車	10,000	10,000	10,000
6	4	渡辺　奈央子	バイク	8,200	7,100	7,100
7	5	木村　由香	車	19,200	18,700	18,700

=MIN(D3,E3)

❶❷「交通費」のセル [D3] と「支給額上限」のセル [E3] を比較し、少ないほうを選択しています。

Memo

上限値と比較する場合はMIN関数を利用する

比較する値が上限値を上回るときは、上限値が最小値になります。利用例2は、交通費の支給額上限が設けられています。交通費が支給額上限未満なら、そのまま支給され、上限を超えたら上限額が選択されます。

利用例 3　MAX/MIN

最年長と最年少の生年月日を求める

最年長と最年少の生年月日を求めます。

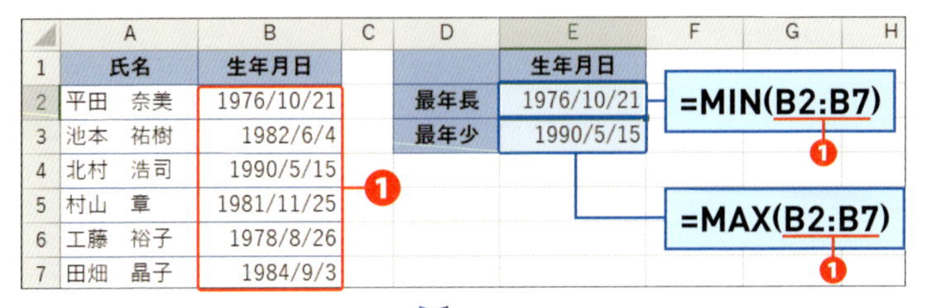

	A	B	C	D	E
1	氏名	生年月日			生年月日
2	平田　奈美	1976/10/21		最年長	1976/10/21
3	池本　祐樹	1982/6/4		最年少	1990/5/15
4	北村　浩司	1990/5/15			
5	村山　章	1981/11/25			
6	工藤　裕子	1978/8/26			
7	田畑　晶子	1984/9/3			

❶「生年月日」のセル範囲 [B2:B7] をMAX関数／MIN関数の [数値1] に指定します。

Memo

古い日付はMIN関数を使う

Excelでは、各日付に通し番号が割り当てられており、日付の1番は、1900年1月1日です。したがって、日付は古いほど番号が小さくなります。最年長者の生年月日は日付の最も古い日、すなわち、番号の最も小さい値になるので、MIN関数を使うことになります。

条件に一致するデータの最大値／最小値を求める

条件に合うデータの最大値や最小値を求めるには、MAXIFS関数やMINIFS関数を使います。異常値を除外することを条件としたり、データ区間を指定して条件としたりできます。

書式 分類 統計 2019

MAXIFS(最大値,条件範囲1,条件1[,条件範囲2,条件2]･･･)
MINIFS(最小値,条件範囲1,条件1[,条件範囲2,条件2]･･･)

引数

[最大値] [最小値] 最大値、最小値を求めるセル範囲を指定します。

[条件範囲] [条件] に指定された条件を検索するセル範囲や名前を指定します。

[条件] 最大値、最小値を求める対象となる数値を絞るための条件を指定します。条件には、数値、文字列、比較式、ワイルドカード、条件の入ったセルを指定します。数値以外の条件を直接指定するときは、条件の前後を「"（ダブルクォーテーション）」で囲みます。

利用例 1 MAXIFS

異常値を取り除いた最大値を求める

測定不能時の値「99999」を除外して最大値を求めます。

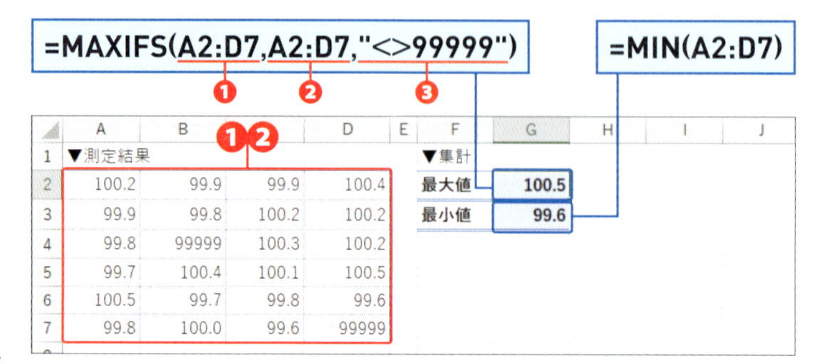

	A	B	C	D	E	F	G
1	▼測定結果					▼集計	
2	100.2	99.9	99.9	100.4		最大値	100.5
3	99.9	99.8	100.2	100.2		最小値	99.6
4	99.8	99999	100.3	100.2			
5	99.7	100.4	100.1	100.5			
6	100.5	99.7	99.8	99.6			
7	99.8	100.0	99.6	99999			

❶ 最大値を求めるセル範囲［A2:D7］を［最大値］に指定します。

❷❸［条件範囲］にセル範囲［A2:D7］、［条件］に「"<>99999"」を指定し、「99999以外」としています。

利用例 2 MAXIFS/MINIFS

指定した期間の最大値／最小値を求める

1980年と2018年の7月の最高気温の最大値と最小値を求めます。

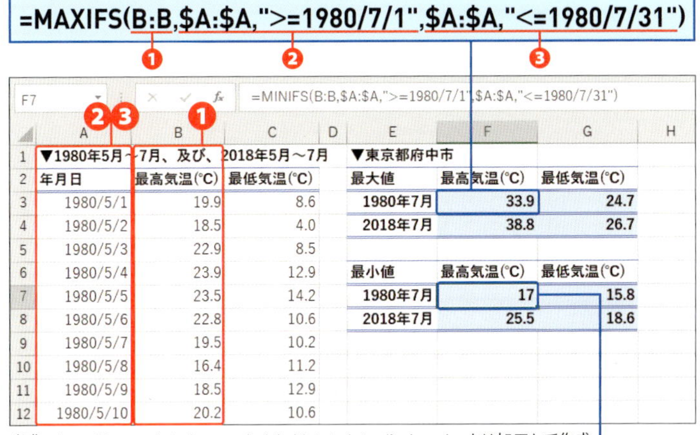

	A	B	C	D	E	F	G
1	▼1980年5月～7月、及び、2018年5月～7月				▼東京都府中市		
2	年月日	最高気温(℃)	最低気温(℃)		最大値	最高気温(℃)	最低気温(℃)
3	1980/5/1	19.9	8.6		1980年7月	33.9	24.7
4	1980/5/2	18.5	4.0		2018年7月	38.8	26.7
5	1980/5/3	22.9	8.5				
6	1980/5/4	23.9	12.9		最小値	最高気温(℃)	最低気温(℃)
7	1980/5/5	23.5	14.2		1980年7月	17	15.8
8	1980/5/6	22.8	10.6		2018年7月	25.5	18.6
9	1980/5/7	19.5	10.2				
10	1980/5/8	16.4	11.2				
11	1980/5/9	18.5	12.9				
12	1980/5/10	20.2	10.6				

出典：http://www.data.jma.go.jp/obd/stats/etrn/index.phpより加工して作成

=MINIFS(B:B,$A:$A,">=1980/7/1",$A:$A,"<=1980/7/31")

❹

❶「最高気温（℃）」を［最大値］に指定します。列番号［B］をクリックすると、［B:B］と表示されます。

❷「年月日」で「1980/7/1」以降を検索します。［条件範囲1］にA列、［条件］は「">=1980/7/1"」と指定します。オートフィルでコピーできるように、A列は絶対参照（列単位での選択なので、列のみ絶対参照）を指定します。

❸「年月日」で「1980/7/31」以前を検索します。［条件範囲2］にA列を絶対参照で指定し、［条件］は「"<=1980/7/31"」を指定します。

❹ MAXIFS関数を入力したセル［F3］をコピーしてセル［F7］に貼り付け、関数名を「MINIFS」に変更します。

中央値を求める

データ内の値を小さい順や大きい順に並べたとき、ちょうど真ん中にくる値を中央値といいます。中央値は、中央の順番にきた値しか見ないので、順番の端に並ぶ値が極端でも影響を受けません。

書式　分類 統計　2010 2013 2016 2019

MEDIAN(数値1[,数値2]・・・)

引数

[数値] 数値や数値のセル、セル範囲を指定します。指定したセル範囲内にある空白セル、文字列、論理値は無視されます。

利用例 1　MEDIAN

データの中央値を求める

1組と2組の得点の平均値と中央値を求めます。

=AVERAGE(B3:B42) ❶

=AVERAGE(E3:E42) ❷

	A	B	C	D	E	F	G	H	I
1	▼3学年成績一覧						▼平均点と中央値		
2	1組	得点		2組	得点			1組	2組
3	1-1	62		2-1	34		平均点	58.8	44.2
4	1-2	62		2-2	25		中央値	59.5	38.0
5	1-3	64		2-3	37				
6	1-4	59		2-4	37				
7	1-5	65		2-5	34				
8	1-6	63		2-6	28				
9	1-7	52		2-7	43				
10	1-8	77		2-8	19				
11	1-9	59		2-9	25				
12	1-10	67		2-10	35				

=MEDIAN(B3:B42) ❶

=MEDIAN(E3:E42) ❷

❶「得点」のセル範囲［B3:B42］を［数値］に指定し、1組の平均点と中央値を求めています。

❷「得点」のセル範囲「E3:E42」を［数値］に指定し、2組の平均点と中央値を求めています。

第5章

データを判定する

Section 39

条件によって処理を2つに分ける

80以上なら合格など「○○ならば△△する」という条件付きの表現には、「○○でなければ△△しない」という暗黙の了解があります。IF関数を使うと、条件によって処理を2つに分けられます。

分類 論理 2010 2013 2016 2019

IF(論理式,値が真の場合,値が偽の場合)

引数

[論理式] 論理式を指定します。

[値が真の場合] [論理式] の結果が「TRUE」になるときの処理を、値や数式、セルで指定します。「TRUE」は、[論理式] で指定した条件が満たされた場合に返される論理値です。

[値が偽の場合] [論理式] の結果が「FALSE」になるときの処理を、値や数式、セルで指定します。「FALSE」は、[論理式] で指定した条件が満たされない場合に返される論理値です。

利用例 1 IF

得点によって表示を変える

得点が平均点以上の場合は「二次選考」と表示します。

=IF(B4>=$B$2,"二次選考","")

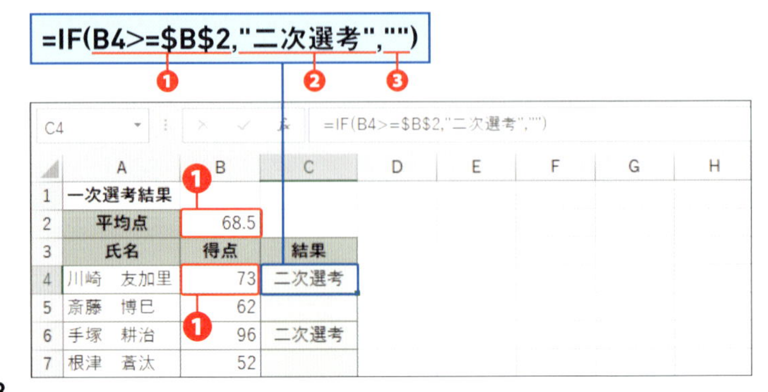

	A	B	C	D	E	F	G	H
1	一次選考結果							
2	平均点	68.5						
3	氏名	得点	結果					
4	川崎　友加里	73	二次選考					
5	斎藤　博巳	62						
6	手塚　耕治	96	二次選考					
7	根津　蒼汰	52						

❶「得点」と「平均点」を比較する「B4>=$B$2」を［論理式］に指定し、得点が平均点以上かどうかを判定します。

❷［値が真の場合］に「"二次選考"」と指定します。

❸［値が偽の場合］に「""」（長さ0の文字列）を指定し、何も表示しないようにします。

Memo

論理式

論理式は、結果が論理値「TRUE」または「FALSE」になる式です。比較演算子を使った比較式や論理値を返す関数を指定します。

Keyword

処理方法が1つしか明記されていない場合

利用例1のように、条件を満たすときの処理しか明記されていない場合は、「条件を満たさないときは何もしない（何も表示しない）」という暗黙の了解があるものと判断します。「何も表示しない」場合には、「""（ダブルクォーテーション2つ）」を指定します。

利用例 2　IF

不要な「0」が表示されないようにする

価格と数量から求められる金額が「0」になる場合は何も表示しないようにします。

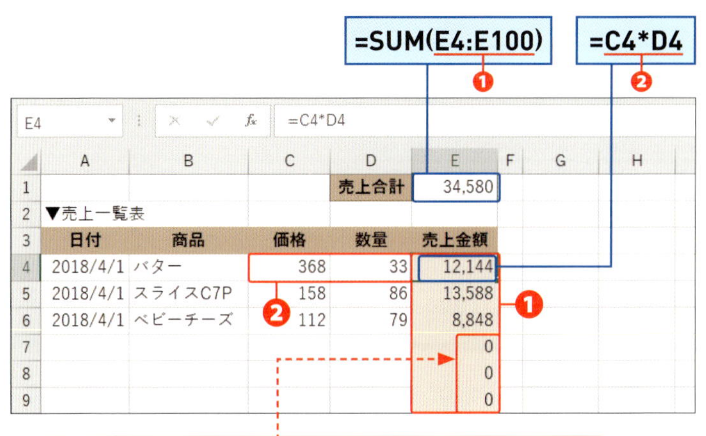

価格と数量の空欄は0と見なされ、金額に0と表示されています。

❶［数値1］に金額のセル範囲［E4:E100］を指定し、売上金額の合計を求めています。

❷「価格×数量」を計算し、1件ごとの売上金額を求めています。

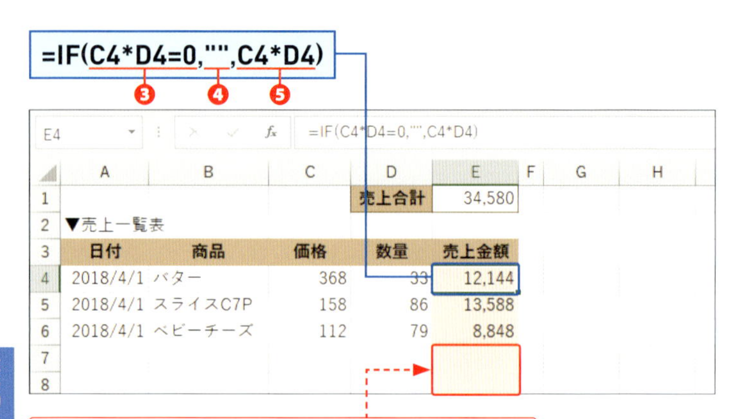

❸［論理式］に「C4*D4=0」を指定し、計算結果が0になるかどうかを判定します。

❹［値が真の場合］に「""」（長さ0の文字列）を指定します。

❺［値が偽の場合］に「C4*D4」を指定し、価格×数量を計算するようにします。

利用例 3　IF/VLOOKUP

エラー値が表示されないようにする

品番が入力されていない場合は、何も表示しないようにします。

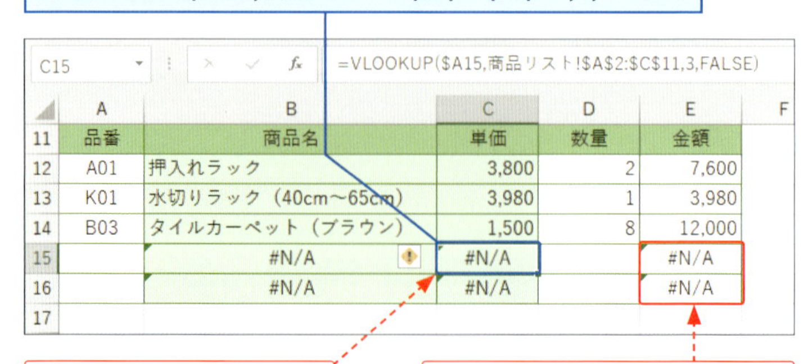

```
=IF($A12="",0,VLOOKUP($A12,商品リスト!
                    $A$2:$C$11,2,FALSE))
```

❶ ❷ ❸

	A	B	C	D	E	F
11	品番	商品名	単価	数量	金額	
12	A01	押入れラック	3,800	2	7,600	
13	K01	水切りラック（40cm～65cm）	3,980	1	3,980	
14	B03	タイルカーペット（ブラウン）	1,500	8	12,000	
15						
16						

❶ 関数入力元のセル[B12]の数式バーをクリックし、VLOOKUP関数は消さずに「=」のすぐ後ろにカーソルを合わせ、キーボードから「IF($A12="",」と入力します。品番のセル[A12]が空白かどうか判定しています。

❷ [値が真の場合]に「0」を指定し、続けて「,」を入力します。

❸ [値が偽の場合]は、VLOOKUP関数を指定します。式の末尾にIF関数の閉じカッコを入力してEnterで関数を決定し、オートフィルで数式をコピーします。

Keyword

長さ0の文字列

「"（ダブルクォーテーション）」は、「"補習"」のように引数に文字列を指定する際に利用します。「補習」の文字数は2文字ですが、これを「長さ2」と表現します。したがって、「""」は、文字数が0なので、「長さ0の文字列」となります。長さ0の文字列は、見た目上、セルには何も表示されません。

Memo

数値を扱うセルへの文字列の入力について

利用例2は、IF関数の結果しだいで、金額に「長さ0の文字列」が入力されます。数値を扱うセルに文字列が入るため、文字列の入ったセルを別の計算に使うと、エラーが発生する場合があるので注意が必要です。利用例2では、売上金額をSUM関数の引数に指定して売上合計を求めていますが、SUM関数はセル範囲内の文字列を無視するので、エラーにならずに済んでいます（セル[E1]）。

Memo

[値が真の場合]に「0」を指定する理由

利用例3では、[値が真の場合]に「""（長さ0の文字列）」を指定しても、エラーを非表示にできますが、「単価×数量」の計算に支障をきたします。「単価」に長さ0の文字列が入力されると、金額欄で「文字列×数値」を計算することになり、[#VALUE!]エラーが発生します。[#VALUE!]エラーを防ぐために[値が真の場合]に「0」を指定し、セルの表示形式を「#,###」に変更して、「0」を非表示にします。なお、商品名に数値「0」が入力されても、文字列が入れば、文字列を表示するので問題ありません。

条件によって処理を3つに分ける

IF関数とIF関数を組み合わせるか、IFS関数を使うと、条件による処理を３つ以上に分けることができます。たとえば、優、良、可といった３段階の評価などを付けることができます。

書式　分類　論理

IF	2010	2013	2016	2019
IFS				2019

IF(論理式1,値が真の場合1,IF(論理式2,値が真の場合2,値が偽の場合2)
IFS(論理式1,値が真の場合1[,論理式2,値が真の場合2]･･･)

引数

[論理式]　論理式を指定します。

[値が真の場合]　[論理式] の結果が「TRUE」になるときの処理を、値や数式、セルで指定します。「TRUE」は、[論理式] で指定した条件が満たされた場合に返される論理値です。

[値が偽の場合]　[論理式] の結果が「FALSE」になるときの処理を、値や数式、セルで指定します。「FALSE」は、[論理式] で指定した条件が満たされない場合に返される論理値です。

利用例 1　IF+IF/IFS

契約金額に応じてランク分けをする

営業成績の契約金額が1千万円以上の場合は「優」、500万円以上は「良」、それ以外は「要研修」と表示します。

=IF(B3>=10000,"優",IF(B3>=5000,"良","要研修"))

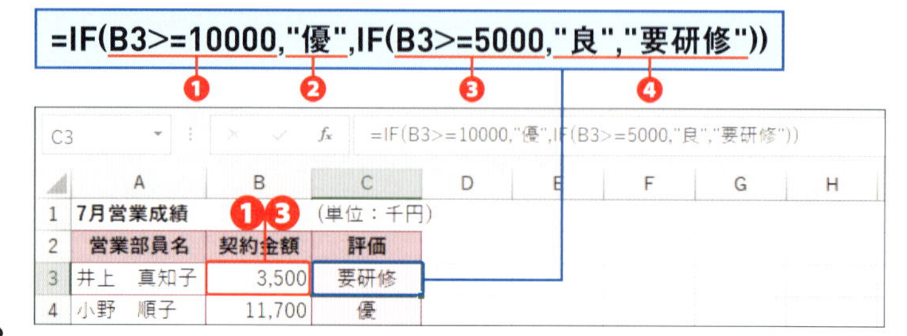

❶ 外側のIF関数の[論理式1]に「B3>=10000」と指定し、「契約金額」が1千万円以上かどうかを判定します。

❷ [値が真の場合1]に「"優"」を指定します。「契約金額」が1千万円以上の処理はここで終了です。

❸ 外側の[値が偽の場合]にIF関数を組み合わせます。[論理式2]に「B3>=5000」と指定し、「契約金額」が500万円以上かどうかを判定します。

❹ 値が[真の場合2]に「"良"」と指定し、[値が偽の場合2]に「"要研修"」と指定します。

IF関数の組み合わせと同じ処理をIFS関数で行います。

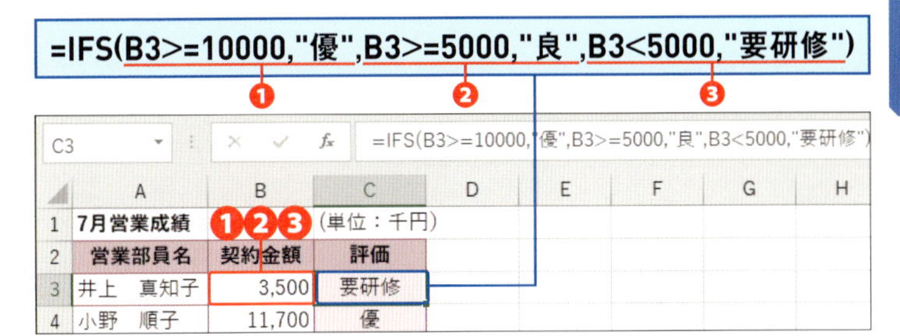

❶ [論理式1]に「B3>=10000」と指定して、「契約金額」が1千万円以上かどうかを判定し、[値が真の場合1]に「"優"」を指定します。「契約金額」が1千万円以上の処理はここで終了です。

❷ [論理式2]に「B3>=5000」と指定して、「契約金額」が500万円以上かどうかを判定し、[値が真の場合2]に「"良"」と指定します。500万以上、1千万未満の判定はここで終了です。

❸ [論理式3]に「B3<5000」と指定し、[値が真の場合3]に「"要研修"」と指定します。

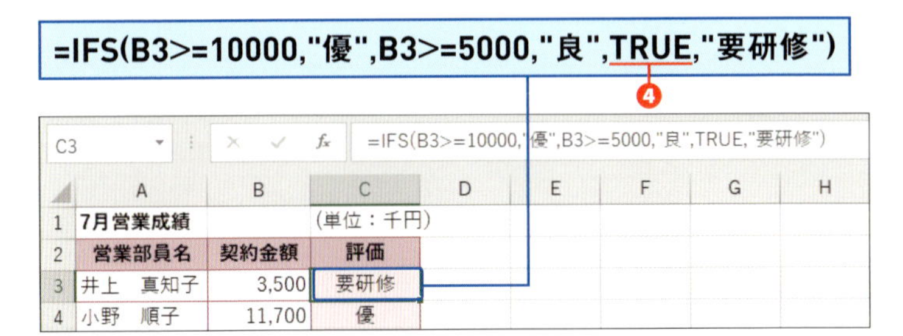

❹ [論理式3]に、[論理式1][論理式2]が成立していないことが真である場合という意味で、「TRUE」を指定することもできます。

複数の条件を判定する

データに複数の条件を付ける場合、すべての条件を満たすAND条件といずれか1つの条件を満たすOR条件の2通りの条件の付け方があります。ここでは、2つの条件判定の関数を紹介します。

書式　分類　論理　2010 2013 2016 2019

AND(論理式1[,論理式2]･･･)
OR(論理式1[,論理式2]･･･)

引数

[論理式]　条件式を指定します。条件式は、比較演算子を使った比較式や比較式の入ったセル、または、論理値を返す数式や関数を指定します。

■AND関数とOR関数の戻り値

AND関数とOR関数の結果は、論理値「TRUE」、または、「FALSE」のいずれかです。以下の図のように、AND関数はすべての条件を満たすかどうか、OR関数はいずれかの条件を満たすかどうかでの判定となります。なお、論理値「TRUE」は「真」、「条件が成立している」、論理値「FALSE」は「偽」、「条件が成立しない」という言い方もします。

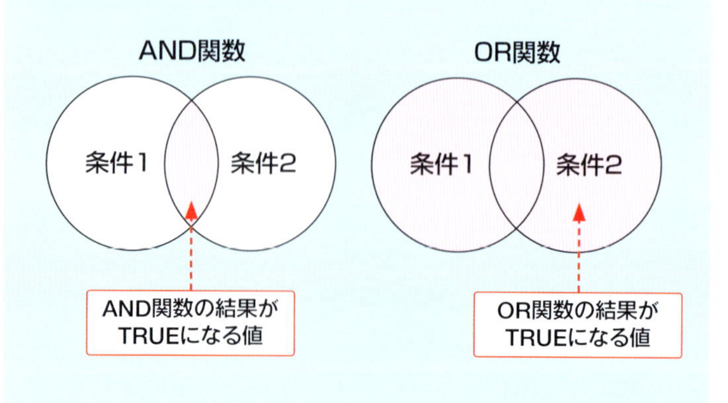

利用例 1　AND

すべての評価が平均以上かどうか判定する

すべての評価が、全店舗の平均評価以上かどうかを店舗別に判定します。

```
=AND(B3>=$B$10,C3>=$C$10,D3>=$D$10)
```

❶ ❷ ❸

	A	B	C	D	E	F	G	H	I
1	店舗別評価一覧								
2	店舗名	接客	レジ待ち	品揃え	判定				
3	中野駅前	1	3	3	FALSE				
4	阿佐ヶ谷南	5	5	4	TRUE				
5	三鷹	3	1	4	FALSE				
6	武蔵境	2	2	3	FALSE				
7	小金井	1	3	1	FALSE				
8	立川北口	4	5	4	TRUE				
9	拝島南	4	1	5	FALSE				
10	平均評価	2.9	2.9	3.4					

❶ 店舗の接客評価と接客の平均評価を比較する「B3>=$B$10」を［論理式1］に指定し、接客が平均評価以上かどうかを判定します。

❷ ［論理式2］に「C3>=$C$10」と指定し、「レジ待ち」の評価を判定します。

❸ ［論理式3］に「D3>=$D$10」と指定し、「品揃え」の評価を判定します。

利用例 2　OR

1つでも平均以上があるかどうか判定する

各評価のうち、1つでも平均評価以上があるかどうか判定します。

```
=OR(B3>=$B$10,C3>=$C$10,D3>=$D$10)
```

❶ ❷

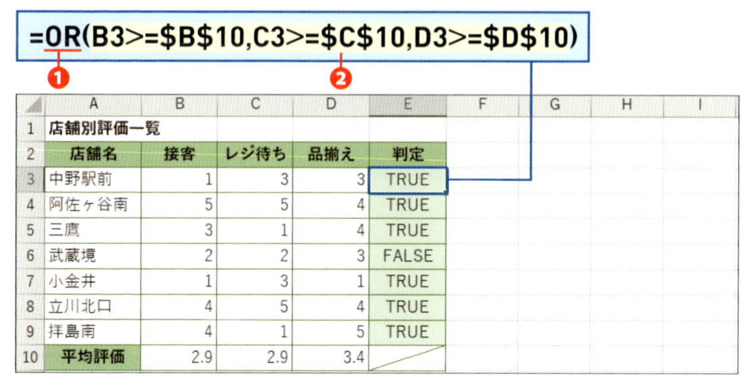

	A	B	C	D	E	F	G	H	I
1	店舗別評価一覧								
2	店舗名	接客	レジ待ち	品揃え	判定				
3	中野駅前	1	3	3	TRUE				
4	阿佐ヶ谷南	5	5	4	TRUE				
5	三鷹	3	1	4	TRUE				
6	武蔵境	2	2	3	FALSE				
7	小金井	1	3	1	TRUE				
8	立川北口	4	5	4	TRUE				
9	拝島南	4	1	5	TRUE				
10	平均評価	2.9	2.9	3.4					

❶ 利用例 1 の関数名を「AND」から「OR」に変更します。

❷ 引数はAND関数と同じです。

複数の条件によって処理を2つに分ける

複数の条件を設定し、条件判定の結果に応じて処理を変えるには、IF関数とAND 関数、IF関数とOR 関数など、同時に複数の関数を利用します。

書式　分類　論理　　2010 2013 2016 2019

IF(論理式,値が真の場合,値が偽の場合)
AND(論理式1[,論理式2]・・・)
OR(論理式1[,論理式2]・・・)

引数

IF関数はSec.39、AND関数とOR関数はSec.41を参照してください。

利用例 1　AND/IF

すべての評価が平均以上の場合は表彰と表示する

AND関数ですべての評価が平均以上かどうか判定し、すべての評価が平均以上のときは、IF関数を使って表彰と表示します。

=AND(B3>=$B$10,C3>=$C$10,D3>=$D$10) ❶

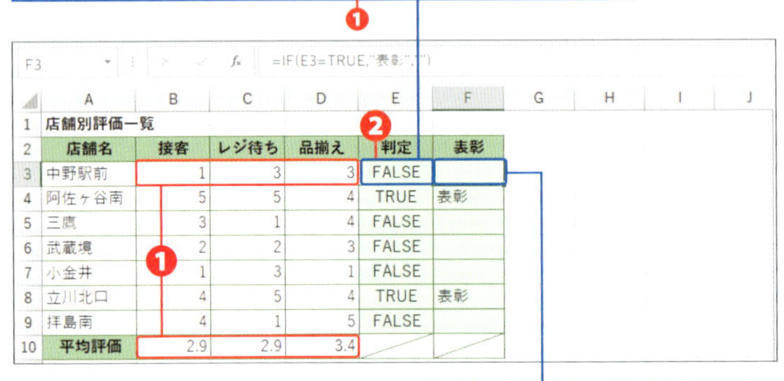

F3　=IF(E3=TRUE,"表彰","")

	A	B	C	D	E	F
1	店舗別評価一覧					
2	店舗名	接客	レジ待ち	品揃え	判定	表彰
3	中野駅前	1	3	3	FALSE	
4	阿佐ヶ谷南	5	5	4	TRUE	表彰
5	三鷹	3	1	4	FALSE	
6	武蔵境	2	2	3	FALSE	
7	小金井	1	3	1	FALSE	
8	立川北口	4	5	4	TRUE	表彰
9	拝島南	4	1	5	FALSE	
10	平均評価	2.9	2.9	3.4		

=IF(E3=TRUE,"表彰","") ❷ ❸

❶ 接客、レジ待ち、品揃えの評価について、各平均評価と比較し、すべての評価が平均以上かどうかをAND関数で判定しています。

❷ IF関数の［論理式］に「E3=TRUE」と指定し、❶の判定結果が「TRUE」かどうかを判定します。

❸ ［値が真の場合］に「"表彰"」を指定します。［値が偽の場合］には「""」を指定し、何も表示しないようにします。

IF関数にAND関数を組み合わせて数式を1つにまとめます。

=IF(AND(B3>=$B$10,C3>=$C$10,D3>=$D$10),"表彰","")

❶

F3　=IF(AND(B3>=$B$10,C3>=$C$10,D3>=$D$10),"表彰","")

	A	B	C	D	E	F	G	H	I
1	店舗別評価一覧								
2	店舗名	接客	レジ待ち	品揃え	判定	表彰			
3	中野駅前	1	3	3	FALSE				
4	阿佐ヶ谷南	5	5	4	TRUE	表彰			
5	三鷹	3	1	4	FALSE				
6	武蔵境	2	2	3	FALSE				

❶ セル［E3］の代わりに、セル［E3］に入力されているAND関数をIF関数の［論理式］に指定します。AND関数は論理値を返すので、「=TRUE」は必要ありません。

Memo

IF関数の［論理式］に「=TRUE」は不要

IF関数の［論理式］には、条件の判定結果が論理値になる式を指定します。結果が論理値になる主な式は、比較演算子を使った比較式ですが、結果が論理値であれば比較式にする必要はありません。AND関数とOR関数の戻り値は論理値のため、わざわざ「AND関数の戻り値=TRUE」と比較式にする必要はなく、IF関数の［論理式］に直接指定できます。

Memo

IF関数とAND/OR関数の組み合わせ

AND関数、OR関数とも、複数の条件を同時に判定し、AND条件として成立するか、OR条件として成立するかを調べます。つまり、複数の条件があっても、AND関数やOR関数を使うことで、条件の結論は1つになり、IF関数は、1つにまとまった結論に対して処理を2つに分けることになります。

Section 43

セルのエラーを判定する

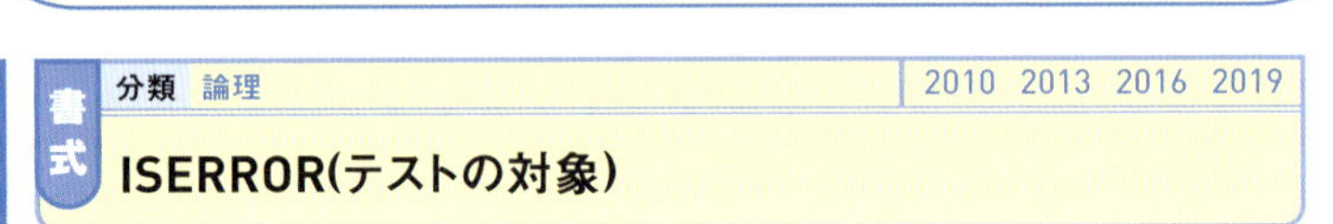

書式　分類　論理　2010　2013　2016　2019

ISERROR(テストの対象)

引数

[テストの対象]　エラーになるかどうかを判定したい値や数式を指定します。

利用例 1　ISERROR
前期比がエラーかどうか判定する

計算結果がエラーになる場合は、「TRUE」を表示します。

=ISERROR(C3/B3)

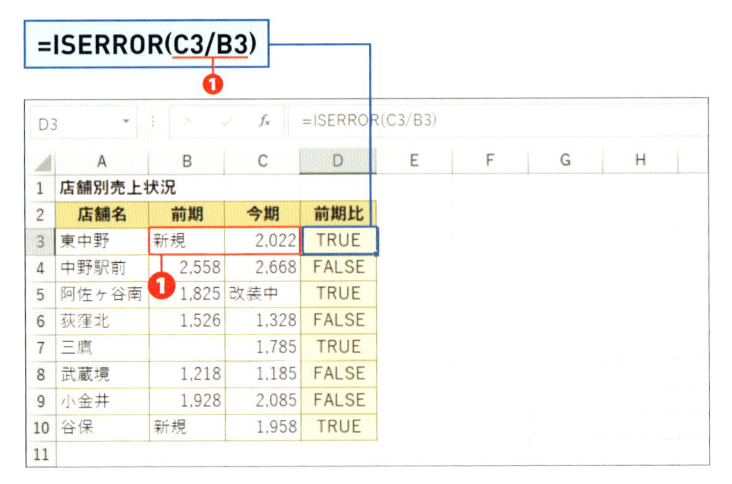

D3　=ISERROR(C3/B3)

	A	B	C	D
1	店舗別売上状況			
2	店舗名	前期	今期	前期比
3	東中野	新規	2,022	TRUE
4	中野駅前	2,558	2,668	FALSE
5	阿佐ヶ谷南	1,825	改装中	TRUE
6	荻窪北	1,526	1,328	FALSE
7	三鷹		1,785	TRUE
8	武蔵境	1,218	1,185	FALSE
9	小金井	1,928	2,085	FALSE
10	谷保	新規	1,958	TRUE
11				

❶ 今期の売上のセル[C3]と前期の売上のセル[B3]を使って、「C3/B3」を計算し、[テストの対象]に指定します。

利用例 2 IF/ISERROR

前期比がエラーになる場合は「--」と表示する

計算結果がエラーになる場合は、「--」を表示します。

=IF(ISERROR(C3/B3),"--",C3/B3)

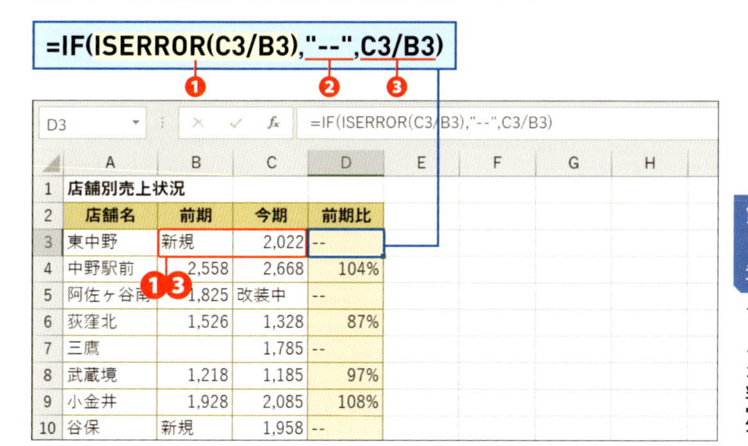

	A	B	C	D
1	店舗別売上状況			
2	店舗名	前期	今期	前期比
3	東中野	新規	2,022	--
4	中野駅前	2,558	2,668	104%
5	阿佐ヶ谷南	1,825	改装中	--
6	荻窪北	1,526	1,328	87%
7	三鷹		1,785	--
8	武蔵境	1,218	1,185	97%
9	小金井	1,928	2,085	108%
10	谷保	新規	1,958	--

❶ 利用例1のISERROR関数を、IF関数の［論理式］に指定します。

❷［値が真の場合］に「"--"」を指定し、エラー値の代わりに表示するようにします。

❸［値が偽の場合］に「C3/B3」と指定します。「C3/B3」は、ISERROR関数でテストした計算式です。

Memo

ISERROR関数が判定するエラー値

ISERROR関数は、[#VALUE!]、[#DIV/0!]、[#REF!]、[#N/A]、[#NUM!]、[#NAME?]、[#NULL!] を判定できます。ただし、[#####] は回避できません（下図参照）。[#####] は時刻の引き算がマイナスになる場合に表示されます。

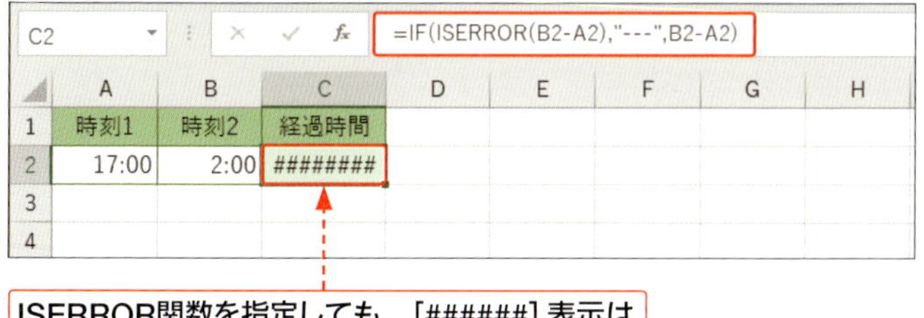

	A	B	C
1	時刻1	時刻2	経過時間
2	17:00	2:00	########
3			
4			

ISERROR関数を指定しても、[######] 表示はエラーと判定できません。

エラー表示を回避する

データは完璧に揃うことは少なく、値が欠けているほうが普通ですが、これが原因でエラーが発生すると見栄えが悪くなります。ここでは、エラーの代わりにメッセージを表示する関数を紹介します。

書式 分類 論理

IFERROR 2010 2013 2016 2019
IFNA 2013 2016 2019

IFNA(値,エラーの場合の値)
IFERROR(値,エラーの場合の値)

引数

[値] エラーになるかどうかを判定したい値や数式を指定します。

[エラーの場合の値] [値] の結果がエラーになる場合、エラーの代わりに表示する値やセルを指定します。文字列を直接指定する場合は、文字列の前後を「"(ダブルクォーテーション)」で囲みます。

利用例 1 IFERROR/IFNA

[#N/A] エラーを回避する

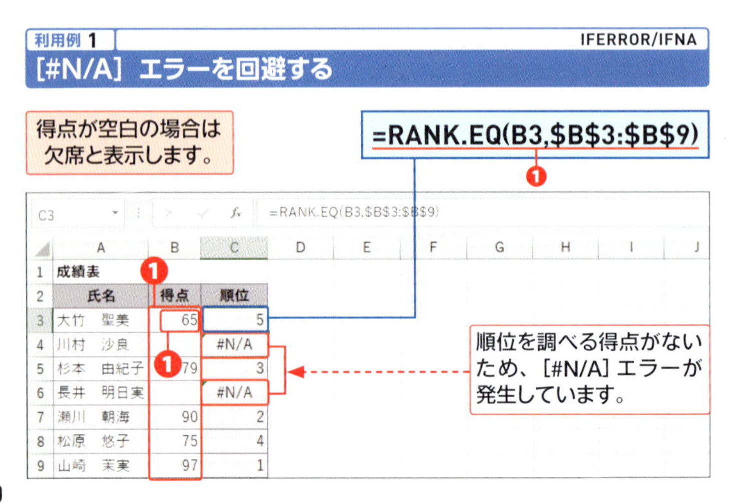

	A	B	C
1	成績表		
2	氏名	得点	順位
3	大竹 聖美	65	5
4	川村 沙良		#N/A
5	杉本 由紀子	79	3
6	長井 明日実		#N/A
7	瀬川 朝海	90	2
8	松原 悠子	75	4
9	山崎 茉実	97	1

❶ RANK.EQ関数を利用して、得点の入ったセル範囲 [B3:B9] の中で、個人の得点と比較し、得点の高い順に順位を求めています。

=IFERROR(RANK.EQ(B3,$B$3:$B$9),"欠席")

❷ ❸ ❹

	A	B	C	D	E	F	G	H
1	成績表							
2	氏名	得点	順位					
3	大竹　聖美	65	5					
4	川村　沙良		欠席					
5	杉本　由紀子	79	3					
6	長井　明日実		欠席					
7	瀬川　朝海	90	2					
8	松原　悠子	75	4					
9	山崎　茉実	97	1					

[#N/A] エラーの代わりに「欠席」と表示されます。

❷ RANK.EQ関数を入力した先頭のセル [C3] をダブルクリックして編集状態にし、「=」の後ろから「IFERROR(」と入力します。

❸ IFERRROR関数の [値] にRANK.EQ関数を指定します。

❹ [エラーの場合の値] に「"欠席"」と指定するため、RANK.EQ関数のあとに「,"欠席")」と入力して Enter を押し、オートフィルで数式をコピーします。

IFNA関数に置き換えます。

=IFNA(RANK.EQ(B3,$B$3:$B$9),"欠席")

❶

	A	B	C	D	E	F	G	H
1	成績表							
2	氏名	得点	順位					
3	大竹　聖美	65	5					
4	川村　沙良		欠席					
5	杉本　由紀子	79	3					
6	長井　明日実		欠席					
7	瀬川　朝海	90	2					
8	松原　悠子	75	4					
9	山崎　茉実	97	1					

❶ エラーの種類が [#N/A] の場合は、IFERROR関数をIFNA関数に置き換えられます。関数名のみ「IFERROR」から「IFNA」に変更します。

2つの値が等しいかどうか判定する

データ入力では、入力精度を上げるために同じデータを2度入力し、入力データを比較して整合性をチェックします。データの整合性をチェックするには、EXACT関数とDELTA関数を利用します。

書式 分類 EXACT:文字列操作／DELTA:エンジニアリング　2010 2013 2016 2019

EXACT(文字列1,文字列2)
DELTA(数値1[,数値2])

引数

[文字列1] [文字列2]　値や値の入ったセルを指定します。引数に文字列を直接指定する場合は、文字列の前後を「"(ダブルクォーテーション)」で囲みます。

[数値1] [数値2]　数値や数値のセルを指定します。[数値2] を省略すると「0」と比較します。

利用例 1　EXACT

入力データと確認データが一致するかどうか判定する

メールアドレスが正しく入力されたかどうか判定します。

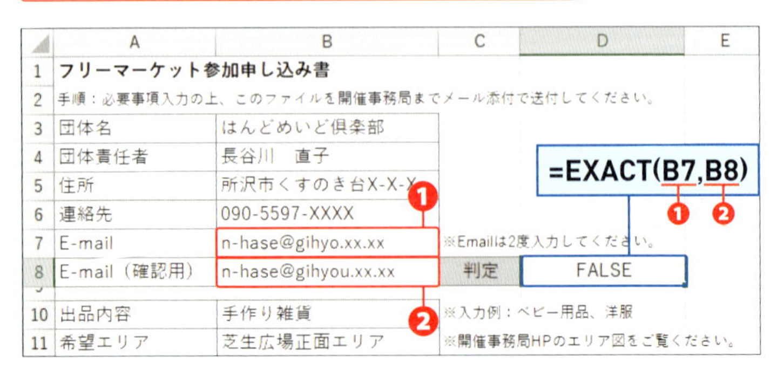

	A	B	C	D	E
1	フリーマーケット参加申し込み書				
2	手順：必要事項入力の上、このファイルを開催事務局までメール添付で送付してください。				
3	団体名	はんどめいど倶楽部			
4	団体責任者	長谷川　直子			
5	住所	所沢市くすのき台X-X-X			
6	連絡先	090-5597-XXXX			
7	E-mail	n-hase@gihyo.xx.xx	※Emailは2度入力してください。		
8	E-mail（確認用）	n-hase@gihyou.xx.xx	判定	FALSE	
10	出品内容	手作り雑貨	※入力例：ベビー用品、洋服		
11	希望エリア	芝生広場正面エリア	※開催事務局HPのエリア図をご覧ください。		

❶ E-mailを入力するセル [B7] を [文字列1] に指定します。

❷ E-mail（確認用）を入力するセル [B8] を [文字列2] に指定します。

利用例 2 IF/EXACT

入力と確認が異なる場合はメッセージを表示する

2つの値が等しくない場合はメッセージを表示します。

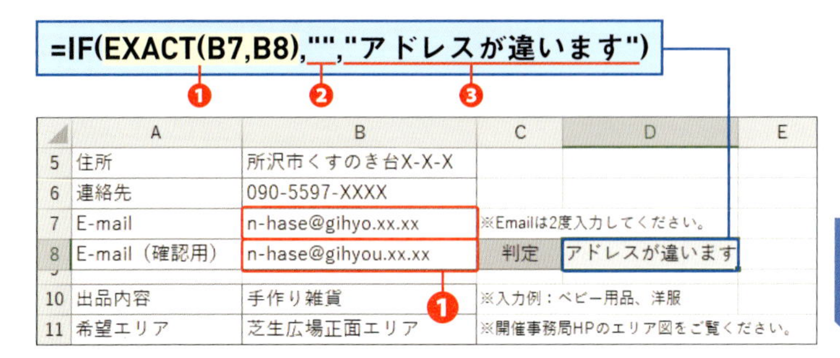

❶ IF関数の［論理式］に、利用例1のEXACT関数を指定します。

❷ ［値が真の場合］に「""」を指定し、EXACT関数の戻り値が「TRUE」で、2つのデータが等しい場合は何も表示しないようにします。

❸ ［値が偽の場合］に「"アドレスが違います"」と指定し、EXACT関数の戻り値が「FALSE」の場合はメッセージを表示します。

利用例 3 DELTA

くじに当選したかどうか判定する

各等の当選番号と購入したくじを比較します。

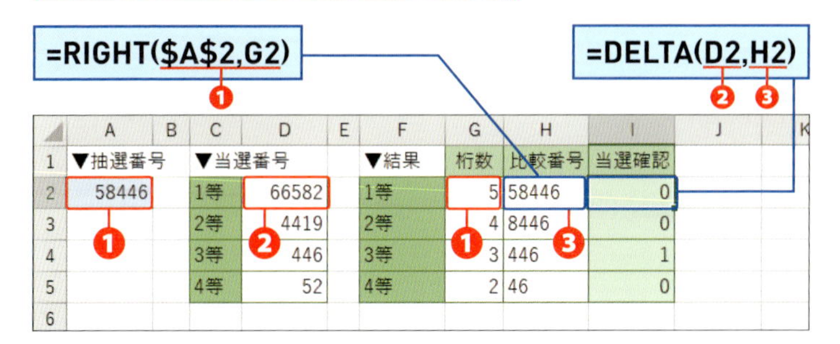

❶ RIGHT関数を利用し、購入したくじの抽選番号のセル［A2］の下5桁〜下2桁を取り出し、当選番号の比較番号を作成しています。

❷ ［数値1］に、1等の当選番号のセル［D2］を指定します。

❸ ［数値2］に、1等の比較番号のセル［H2］を指定します。

くじに当たった場合は「当選」と表示します。

=IF(DELTA(D2,H2),"当選","")

❶ ❷

	A	B	C	D	E	F	G	H	I	J	K
1	▼抽選番号		▼当選番号			▼結果	桁数	比較番号	当選確認		
2	58446		1等	66582		1等	5	58446			
3			2等	4419		2等	4	8446			
4			3等	446		3等	3	446	当選		
5			4等	52		4等	2	46			
6											

❶ IF関数の[論理式]に上記のDELTA関数を指定します。

❷ [値が真の場合]に「"当選"」、[値が偽の場合]に「""」を指定します。

Memo

IF関数の[論理式]とDELTA関数の戻り値

IF関数の[論理式]の戻り値が論理値であるのに対し、DELTA関数の戻り値は1、0です。IF関数では、DELTA関数の1を「TRUE」、0を「FALSE」と認識するため、DELTA関数を[論理式]に指定することができます。

Memo

値を判定する関数

ISで始まる関数は、値を判定します。判定結果はいずれも論理値です。総称してIS関数と呼ばれています。

IS関数	判定内容	IS関数	判定内容
ISBLANK	セルが空白セルか	ISNA	セルや値が[#N/A]か
ISERR	セルや値が[#N/A]以外のエラー値か	ISNONTEXT	セルや値が文字列でないか
ISERROR	セルや値が[#####]除くエラー値か	ISNUMBER	セルや値が数値か
ISEVEN	セルや値が偶数か	ISODD	セルや値が奇数か
ISFORMURA	セルに数式が入力されているか	ISREF	セルや値が範囲名か
ISLOGICAL	セルや値が論理値か	ISTEXT	セルや値が文字列か

第6章

日付や時刻データを操作する

Section

本日の日付や時刻を表示する

Excel のTODAY 関数、NOW関数を利用すると、パソコンの内部時計から日付や時刻を取得し、指定したセルに本日の日付や時刻を表示することができます。

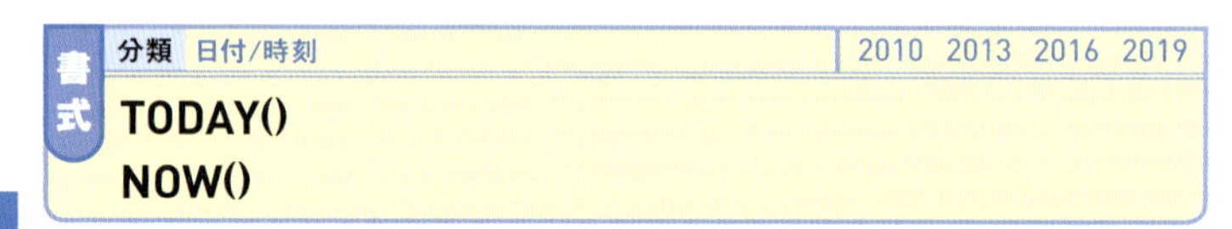
書式 分類 日付/時刻 2010 2013 2016 2019

TODAY()
NOW()

引数

なし 引数は指定しませんが、「()」の省略はできません。また、引数内に何らかの値やセルを指定するとエラーになるので、引数内に何も入力しないようにします。

利用例 1 TODAY

発行日を表示する

請求書の発行日に本日の日付を表示します。

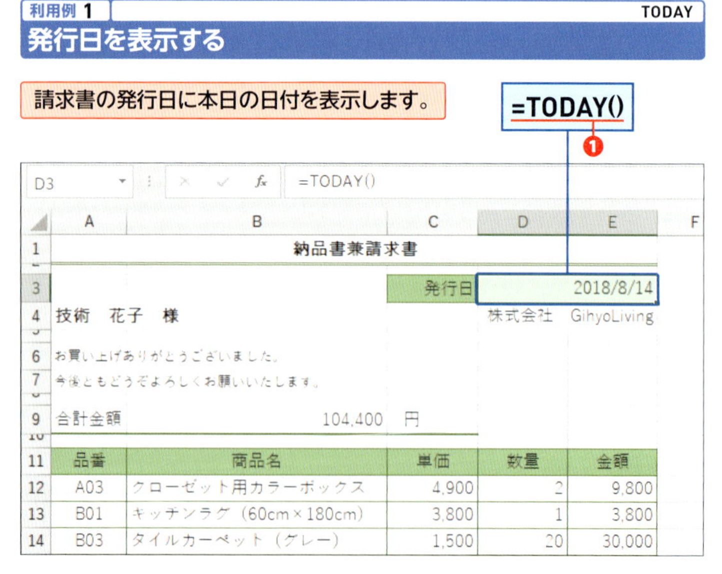

品番	商品名	単価	数量	金額
A03	クローゼット用カラーボックス	4,900	2	9,800
B01	キッチンラグ（60cm×180cm）	3,800	1	3,800
B03	タイルカーペット（グレー）	1,500	20	30,000

❶ 発行日のセル[D3]に「=TODAY( )」と入力します。

利用例 2　NOW

目標日までの日数を求める

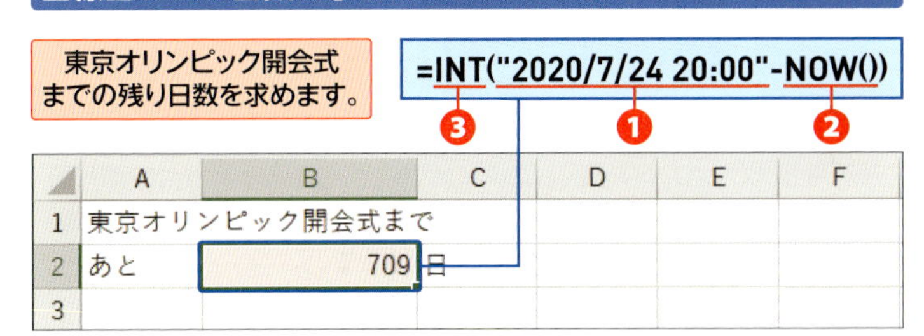

1. 目標日の日付/時刻を直接入力しています。日付/時刻を引数に直接入力する場合は、「"（ダブルクォーテーション）」で囲みます。
2. 本日の日付と時刻を求めています。
3. INT関数の［数値］に、1から2を引く式を指定しています。1から2を引いた値は、目標日から本日までの時刻を含めた期間です。INT関数により、小数点以下、つまり、時刻部分を切り捨てることで、残り日数を求めています。
4. 関数入力後は、日付/時刻形式で表示されるので、セルの表示形式を「標準」に設定します（Sec.11参照）。

Memo　日付や時刻の更新と保存の確認

TODAY関数とNOW関数は、関数を入力した時点の日付や時刻が表示されます。日付と時刻を更新するには、F9を押すか、ファイルを開き直します。また、ファイルを閉じる際に、メッセージが表示されるのはパソコンの内部時計から常に日付／時刻を取得しているためです。ファイル内容を変更していない場合は、<保存しない>をクリックしてかまいません。

TODAY関数やNOW関数を含むファイルを閉じるときは、ファイル内容に変更がなくても確認メッセージが出ます。

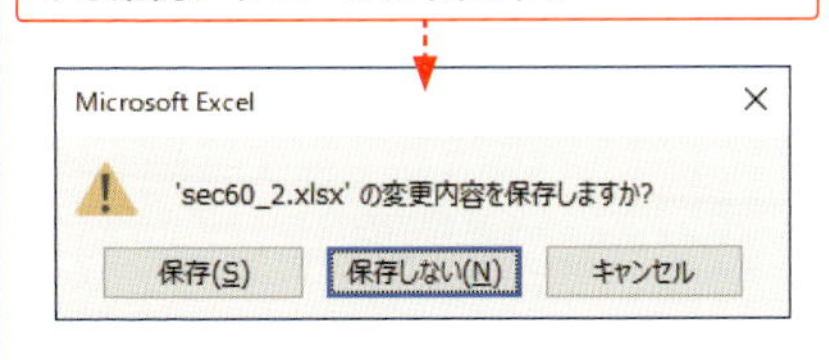

Hint　本日の日付や時刻を値で入力する

TODAY関数やNOW関数は、関数を入力した時点の日付や時刻を表示しますが、翌日にファイルを開くと、翌日の日付と時刻に更新されています。日付や時刻の表示を更新したくない場合は、Ctrlを押しながら;（セミコロン）を押すと本日の日付を直接入力できます。時刻は、Ctrlを押しながら:（コロン）を押します。

日付から年／月／日の数値を取り出す

YEAR関数、MONTH関数、DAY関数を利用すると、日付の年、月、日をそれぞれ数値で取り出すことができます。たとえば、今月の月数を表示するには、MONTH関数を使います。

書式 分類 日付/時刻　2010 2013 2016 2019

YEAR(シリアル値)
MONTH(シリアル値)
DAY(シリアル値)

引数

[シリアル値] 日付のセルや日付を直接指定します。日付を直接指定するには、日付の前後を「"(ダブルクォーテーション)」で囲みます。たとえば、「"2018/7/16"」のように入力します。「"」で囲まれた日付は日付文字列といいます。

利用例 1　YEAR/MONTH/TODAY

今年と今月を求める

スケジュール表の今年と今月を求めます。

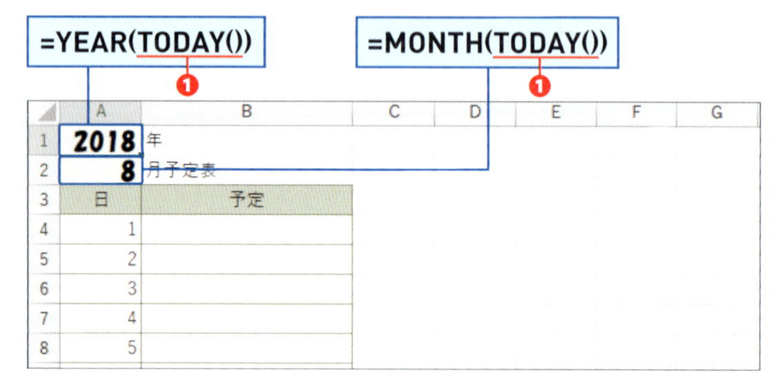

❶ 本日の日付を求めるTODAY関数を、YEAR関数の[シリアル値]とMONTH関数の[シリアル値]に指定し、今年と今月を求めています。

利用例 2　YEAR
入会年を求める

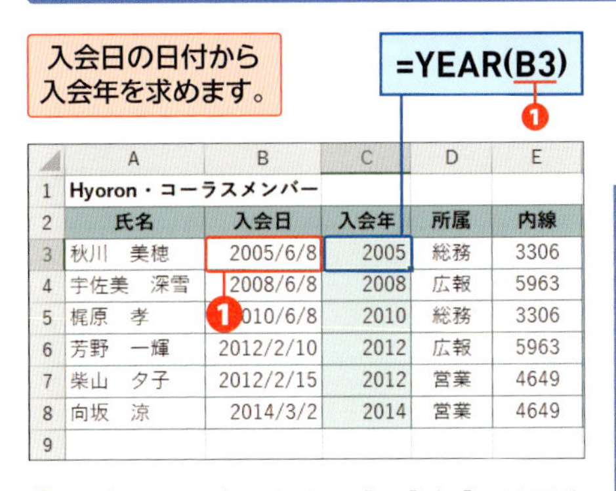

	A	B	C	D	E
1	Hyoron・コーラスメンバー				
2	氏名	入会日	入会年	所属	内線
3	秋川　美穂	2005/6/8	2005	総務	3306
4	宇佐美　深雪	2008/6/8	2008	広報	5963
5	梶原　孝	2010/6/8	2010	総務	3306
6	芳野　一輝	2012/2/10	2012	広報	5963
7	柴山　夕子	2012/2/15	2012	営業	4649
8	向坂　涼	2014/3/2	2014	営業	4649
9					

❶ 入会日を入力したセル[B3]を[シリアル値]に指定します。

Memo　シリアル値から数値への変換

YEAR関数、MONTH関数、DAY関数はいずれも、シリアル値を引数に指定し、結果は数値で返します。言い換えると、シリアル値を数値に変換する関数ということです。

利用例 3　DAY/MONTH/IF
購入日が締日を過ぎているかどうか判定する

購入日が20日を過ぎていた場合は請求月を翌月にします。

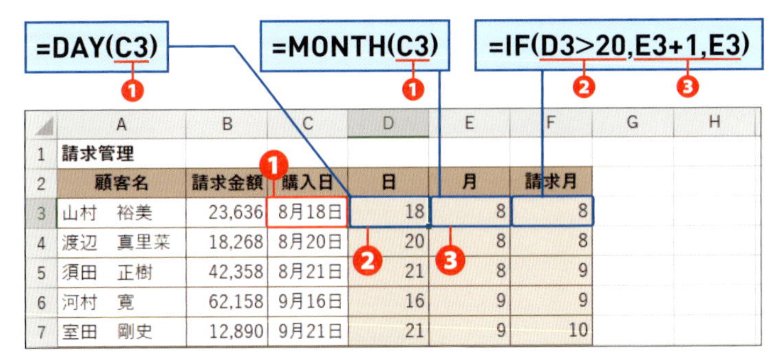

	A	B	C	D	E	F	G	H
1	請求管理							
2	顧客名	請求金額	購入日	日	月	請求月		
3	山村　裕美	23,636	8月18日	18	8	8		
4	渡辺　真里菜	18,268	8月20日	20	8	8		
5	須田　正樹	42,358	8月21日	21	8	9		
6	河村　寛	62,158	9月16日	16	9	9		
7	室田　剛史	12,890	9月21日	21	9	10		

❶「購入日」を入力したセル[C3]をDAY関数とMONTH関数の[シリアル値]に指定し、購入日の「日」と「月」を求めています。

❷ IF関数の[論理式]に「D3>20」と入力し、DAY関数で求めた日にちが20日を過ぎているかどうか判定しています。

❸ [値が真の場合]に「E3+1」と指定し、日にちが20日を過ぎていた場合は翌月に調整します。[値が偽の場合]にセル[E3]を指定し、日にちが20日を過ぎていない場合はMONTH関数で求めた月数をそのまま表示します。

時刻から時／分／秒の数値を取り出す

時刻のシリアル値は24時間を「1.0」とするので、時給あたりの給料などを計算するには、時刻を数値に変換する必要があります。ここでは、時刻の時、分、秒を数値で取り出します。

書式 分類 日付/時刻 2010 2013 2016 2019

HOUR(シリアル値)
MINUTE(シリアル値)
SECOND(シリアル値)

引数

[シリアル値] 時刻のセルや時刻を直接指定します。時刻を直接指定するには、時刻の前後を「"(ダブルクォーテーション)」で囲みます。たとえば、「"1:00:00"」のように入力します。「"」で囲まれた時刻は、時刻文字列といいます。

■時刻の繰り上がり

時刻の分と秒は、0～59まで刻み、60になる時点で「分」から「時」に、「秒」から「分」に繰り上がり、分と秒の表示は0に戻ります。同様に、時刻の「時」は、0時～23時まで刻み、24時になる時点で1日に繰り上がり、「時」の表示は0に戻ります。HOUR関数、MINUTE関数、SECOND関数の動作も同様です。下の図の「26:50:35」の場合、HOUR関数は26時間のうち1日に繰り上がった24時間を差し引いて、残りの2時間を整数で取り出します。1日に繰り上がった分は、DAY関数で取り出せます(Sec.47)。他の経過時間と関数の結果も同様です。

▼時刻の繰り上がり

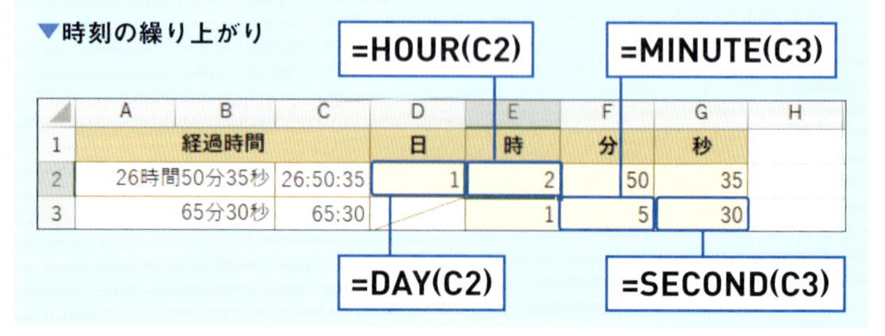

	A	B	C	D	E	F	G	H
1	経過時間			日	時	分	秒	
2		26時間50分35秒	26:50:35	1	2	50	35	
3		65分30秒	65:30		1	5	30	

利用例 1　HOUR/MINUTE

勤務時間と支払額を求める

勤務時間から時と分を取り出します。

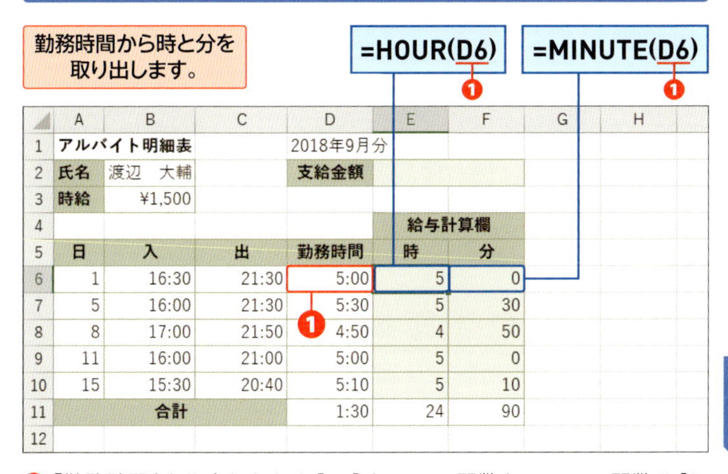

	A	B	C	D	E	F	G	H
1	アルバイト明細表			2018年9月分				
2	氏名	渡辺　大輔		支給金額				
3	時給	¥1,500						
4					給与計算欄			
5	日	入	出	勤務時間	時	分		
6	1	16:30	21:30	5:00	5	0		
7	5	16:00	21:30	5:30	5	30		
8	8	17:00	21:50	4:50	4	50		
9	11	16:00	21:00	5:00	5	0		
10	15	15:30	20:40	5:10	5	10		
11		合計		1:30	24	90		
12								

❶「勤務時間」を入力したセル [D6] をHOUR関数とMINUTE関数の [シリアル値] に指定し、それぞれ、勤務時間の「時」と「分」を数値で取り出しています。

合計時間から支給金額を求めます。

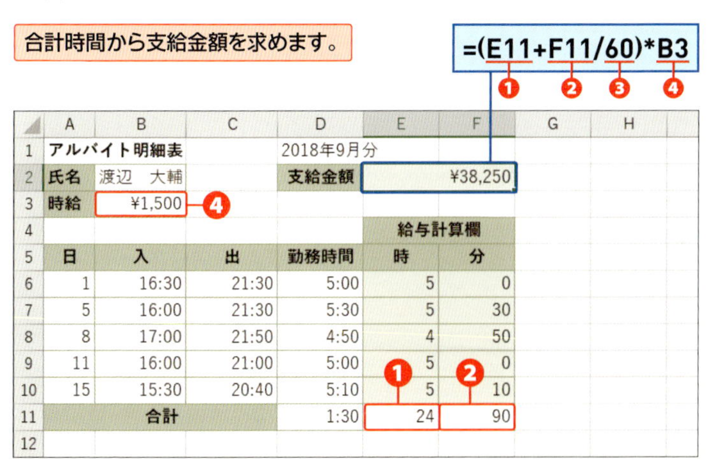

	A	B	C	D	E	F	G	H
1	アルバイト明細表			2018年9月分				
2	氏名	渡辺　大輔		支給金額	¥38,250			
3	時給	¥1,500						
4					給与計算欄			
5	日	入	出	勤務時間	時	分		
6	1	16:30	21:30	5:00	5	0		
7	5	16:00	21:30	5:30	5	30		
8	8	17:00	21:50	4:50	4	50		
9	11	16:00	21:00	5:00	5	0		
10	15	15:30	20:40	5:10	5	10		
11		合計		1:30	24	90		
12								

❶ 各勤務時間から取り出した「時」を合計した値です。

❷ 各勤務時間から取り出した「分」を合計した値です。

❸ 分を60で割って、時に変換しています。

❹ 時給を掛け算して金額を求めています。

日付から曜日を表わす番号を求める

日付の曜日番号を求めるには、WEEKDAY関数を使います。WEEKDAY関数は月曜日を1、火曜日を2というように、曜日ごとに1～7、もしくは0～6の連続番号を割り当てます。

書式　分類　日付/時刻　2010 2013 2016 2019

WEEKDAY(シリアル値[,種類])

引数

[シリアル値]　日付のセルや日付を直接指定します。日付を直接指定するには、日付の前後を「"(ダブルクォーテーション)」で囲みます。たとえば、「"2018/7/16"」のように入力します。「"」で囲まれた日付は日付文字列といいます。

[種類]　週明けの曜日によって、1,2,3と11～17の数値を指定できます(下図参照)。

=WEEKDAY(B$2,$A5)

B5　=WEEKDAY(B$2,$A5)

	A	B	C	D	E	F	G	H
1	2019年							
2	日付	7/1	7/2	7/3	7/4	7/5	7/6	7/7
3	曜日	日	月	火	水	木	金	土
4	種類	曜日番号						
5	1	**1**	2	3	4	5	6	7
6	2	7	**1**	2	3	4	5	6
7	3	6	0	**1**	2	3	4	5
8	11	7	**1**	2	3	4	5	6
9	12	6	7	**1**	2	3	4	5
10	13	5	6	7	**1**	2	3	4
11	14	4	5	6	7	**1**	2	3
12	15	3	4	5	6	7	**1**	2
13	16	2	3	4	5	6	7	**1**
14	17	**1**	2	3	4	5	6	7
15								

利用例 1　　WEEKDAY

日付に対応する曜日を番号で表示する

売上表の日付に対応する曜日番号を求めます。

=WEEKDAY(A3,2)
❶ A3　❷ 2

=SUMIF(B:B,H3,E:E)
B列の曜日番号から「<=5」を検索し、E列の売上金額を合計しています。

	A	B	C	D	E	F	G	H	I
1	▼商品A売上表						▼売上分析		
2	日付	曜日番号	販売価格	数量	売上金額		曜日	曜日番号	売上金額
3	2018/4/1	7	198	30	5,940		月-金	<=5	757,552
4	2018/4/2	1	224	10	2,240		土日	>5	377,320
5	2018/4/5	4	198	49	9,702				

❶ 日付の入ったセル[A3]を[シリアル値]に指定します。

❷ 月曜日から始まる曜日番号にするため、[種類]に「2」を指定します。

Memo

平日と土日を分ける

WEEKDAY関数の［種類］を「2」にすると、月曜～金曜の曜日番号は1～5になり、土日は6,7になります。「<=5」（5以下）と「>5」（5より大きい）または「>=6」（6以上）とすることで、平日と土日に分けられます。利用例1では、SUMIF関数で合計を求める条件に曜日番号を利用しています。

利用例 2　　WEEKDAY/IF

平日と土日で異なる時給を表示する

平日は時給950円、土日は1200円と表示します。

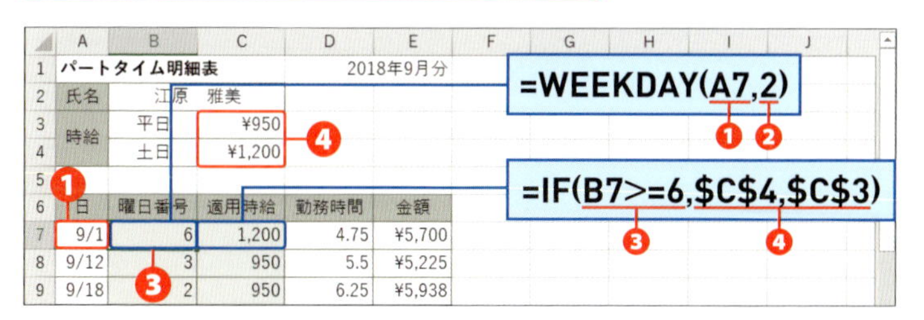

	A	B	C	D	E
1	パートタイム明細表			2018年9月分	
2	氏名	江原　雅美			
3	時給	平日	¥950		
4		土日	¥1,200		
5					
6	日	曜日番号	適用時給	勤務時間	金額
7	9/1	6	1,200	4.75	¥5,700
8	9/12	3	950	5.5	¥5,225
9	9/18	2	950	6.25	¥5,938

❶ 日付を入力したセル[A7]を[シリアル値]に指定します。

❷ 月曜日を1とする曜日番号を割り当てるため、[種類]に「2」を指定します。

❸ IF関数の[論理式]に「B7>=6」と指定し、曜日番号が6以上かどうか、つまり、土日かどうかを判定しています。

❹ 曜日番号が6以上の場合は土日の時給のセル[C4]を、6未満の場合は平日の時給のセル[C3]を絶対参照で指定します。

数値から日付を作成する

日付を入力するとき、年と月の間に「/」や「-」を入力するのが煩わしく感じることがあります。DATE 関数を利用すると、年、月、日の3つの数値から日付（シリアル値）を作成できます。

引数

[年] 日付の「年」を「1900」～「9999」の整数で入力します。

[月] 日付の「月」を「1」～「12」の整数で入力します。

[日] 日付の「日」を「1」～「月末日」の整数で入力します。

■日付の調整

DATE関数に指定する［年］、［月］、［日］は、上述した範囲の数値を指定しますが、それ以外の数値を指定しても（例:1ヵ月を超える日数など）日付が調整されます。下図は、2行目の「年」、「月」、「日」の数値をもとに、45日後、3ヵ月後、1年前の日付を作成した例です。45日後の場合、単純計算では「2018/10/46」ですが、31日で1ヵ月繰り上がり、11月に調整されて「2018/11/15」と表示されます。3ヵ月後も同様に「13（10+3）」月は翌年1月に調整されます。

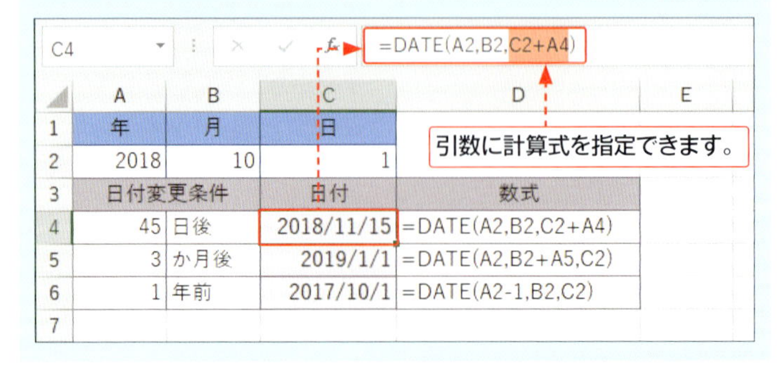

	A	B	C	D	E
1	年	月	日		
2	2018	10	1		
3	日付変更条件		日付	数式	
4	45	日後	2018/11/15	=DATE(A2,B2,C2+A4)	
5	3	か月後	2019/1/1	=DATE(A2,B2+A5,C2)	
6	1	年前	2017/10/1	=DATE(A2-1,B2,C2)	
7					

利用例 1　DATE

翌月末日を求める

請求受付日の年月日から翌月末日の支払日を求めます。

=DATE(B4,C4+2,1)-1
❶ B4　❷ C4+2　❸ 1　❹ -1

	A	B	C	D	E	F	G	H	I
1	支払管理								
2	氏名	請求受付日			請求金額	支払日	支払状況		
3		年	月	日					
4	能村　祐樹	2018	9	1	74,900	2018/10/31	済		
5	田崎　紀夫	2018	9	16	69,000	2018/10/31	済		
6	原田　芳子	2018	9	20	48,800	2018/10/31	済		
7	野原　裕一	2018	10	2	43,200	2018/11/30			

❶「請求受付日」の「年」のセル［B4］を［年］に指定します。

❷「請求受付日」の「月」のセル［C4］に、翌々月の「2」を足して［月］に指定します。

❸［日］に「1」と指定します。請求受付日の2ヵ月後の1日が求められます。

❹ 2ヵ月後の1日から1日を引くと、請求受付日の1ヵ月後の月末日になります。

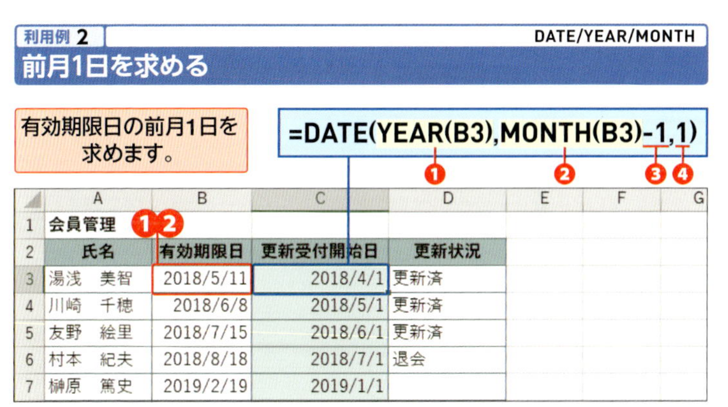

利用例 2　DATE/YEAR/MONTH

前月1日を求める

有効期限日の前月1日を求めます。

=DATE(YEAR(B3),MONTH(B3)-1,1)
❶ YEAR(B3)　❷ MONTH(B3)　❸ -1　❹ 1

	A	B	C	D	E	F	G
1	会員管理						
2	氏名	有効期限日	更新受付開始日	更新状況			
3	湯浅　美智	2018/5/11	2018/4/1	更新済			
4	川崎　千穂	2018/6/8	2018/5/1	更新済			
5	友野　絵里	2018/7/15	2018/6/1	更新済			
6	村本　紀夫	2018/8/18	2018/7/1	退会			
7	榊原　篤史	2019/2/19	2019/1/1				

❶「有効期限日」のセル［B3］をYEAR関数の［シリアル値］に指定し、日付から「年」の数値を求め、DATE関数の［年］に指定します。

❷「有効期限日」のセル［B3］をMONTH関数の［シリアル値］に指定し、日付から「月」の数値を求め、DATE関数の［月］に指定します。

❸ 前月にするため、❷の月数から1を引きます。

❹ DATE関数の［日］に「1」を指定します。

数値から時刻を作成する

時刻を入力するには、時、分、秒の間を「:」で区切ります。しかし、時、分、秒が個別のセルに入力されている場合は、TIME関数を利用すると、時、分、秒の数値から時刻を作成できます。

書式 分類 日付/時刻 2010 2013 2016 2019

TIME(時,分,秒)

引数

[時] 時刻の「時」を「0」～「23」の整数で入力します。

[分] 時刻の「分」を「0」～「59」の整数で入力します。

[秒] 時刻の「秒」を「0」～「59」の整数で入力します。

■時刻の調整

引数の[時]、[分]、[秒]には、60以上などを指定しても時刻が調整されます。下図は、2行目の「時」、「分」、「秒」の数値をもとに、5分後、50秒後、21時間後、および4時間前の時刻を作成した例です。5分後の場合、単純計算では「3:63:35」ですが、60分で1時間に繰り上がり、「4:03:35」と表示されます。その他も同様ですが、時刻がマイナスになる場合は「#NUM！」エラーになります。

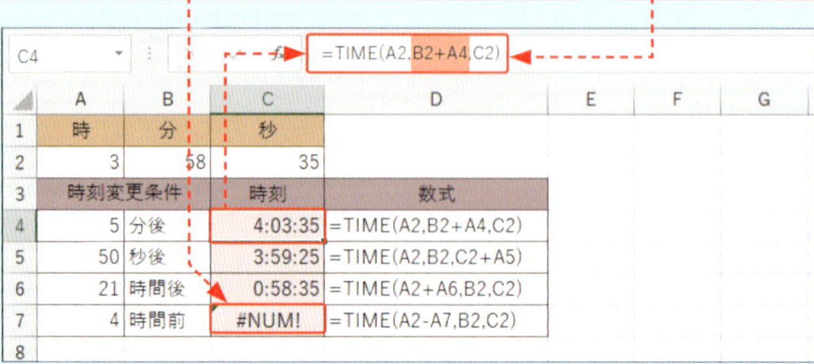

	A	B	C	D
1	時	分	秒	
2	3	58	35	
3	時刻変更条件		時刻	数式
4	5	分後	4:03:35	=TIME(A2,B2+A4,C2)
5	50	秒後	3:59:25	=TIME(A2,B2,C2+A5)
6	21	時間後	0:58:35	=TIME(A2+A6,B2,C2)
7	4	時間前	#NUM!	=TIME(A2-A7,B2,C2)
8				

利用例 1　TIME

休憩時間を引いた勤務時間を求める

1時間の休憩を引いた勤務時間を求めます。

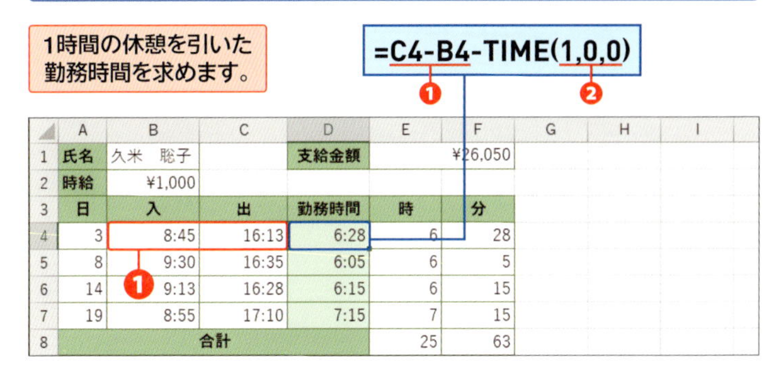

	A	B	C	D	E	F	G	H	I
1	氏名	久米　聡子		支給金額		¥26,050			
2	時給	¥1,000							
3	日	入	出	勤務時間	時	分			
4	3	8:45	16:13	6:28	6	28			
5	8	9:30	16:35	6:05	6	5			
6	14	9:13	16:28	6:15	6	15			
7	19	8:55	17:10	7:15	7	15			
8	合計				25	63			

❶「出」時刻から「入」時刻を引いて、出社から退社までの勤務時間を時刻形式で求めます。

❷ TIME関数の［時］に「1」、［分］と［秒］に「0」を指定し、時刻形式の1時間を作成し、❶の勤務時間から引いています。

利用例 2　TIME/CEILING.MATH/FLOOR.MATH

利用時間を調整する

入室時刻は15分単位に切り捨て、退室時刻は15分単位に切り上げます。

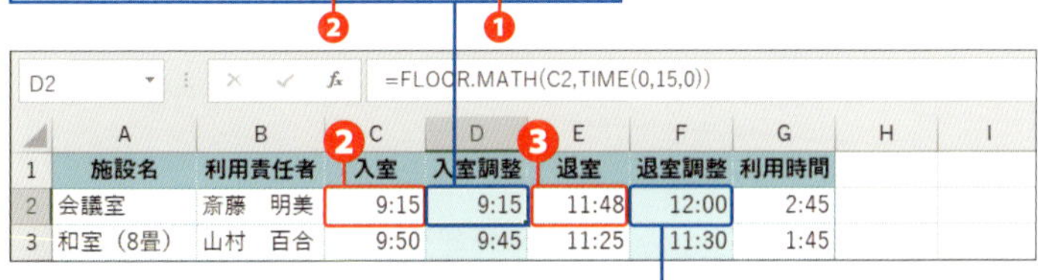

	A	B	C	D	E	F	G	H	I
1	施設名	利用責任者	入室	入室調整	退室	退室調整	利用時間		
2	会議室	斎藤　明美	9:15	9:15	11:48	12:00	2:45		
3	和室（8畳）	山村　百合	9:50	9:45	11:25	11:30	1:45		

❶ TIME関数の［時］［分］［秒］にそれぞれ、「0」「15」「0」を指定して、15分を作成しています。

❷ FLOOR.MATH関数の［数値］に「入室」時刻のセル［C2］を指定し、❶の15分を［基準値］に指定して、15分単位で時刻を切り捨てています。

❸ CEILING.MATH関数の［数値］に「退室」時刻のセル［E2］を指定し、❶の15分を［基準値］に指定して、15分単位で時刻を切り上げています。

営業日数を求める

NETWORKDAYS関数／NETWORKDAYS.INTL関数を使うと、指定した期間の営業日数が求められます。営業日数とは、祝日や独自の休日を除いた日数で、稼働日数ともいいます。

書式　分類　日付/時刻　2010　2013　2016　2019

NETWORKDAYS(開始日,終了日[,祭日])
NETWORKDAYS.INTL(開始日,終了日[,週末][,祭日])

引数

[開始日]　起算日の日付を指定します。引数に直接指定する場合は、「"2018/8/28"」のように日付の前後を「"（ダブルクォーテーション」で囲みます。

[終了日]　[開始日]と同様に、期間の最終日の日付を指定します。

[祭日]　NETWORKDAYS関数の[祭日]には、土日以外の休日や祝日を入力したセル範囲を指定します。

NETWORKDAYS.INTL関数の[祭日]には、稼働日にしない日付や祝日を入力したセル範囲を指定します。両関数とも、既定の休日以外、稼働日から外す日がなければ、[祭日]は省略します。

[週末]　NETWORKDAYS.INTL関数で指定する引数です。稼働日から外す曜日を番号で指定します。また、7桁の曜日文字列を使うと、独自の除外曜日を作成することができます(→P.155)。[祭日]を省略すると、土曜日と日曜日が稼働日から外れます。

■NETWORKDAYS関数の戻り値

右の図は、開始日から終了日までの稼働日数を求めています。8/1～8/2は平日のため、稼働日数は2日間です。8/2～8/5は4日間ですが、土日を挟むため、稼働日数は2日間になります。

利用例 1　NETWORKDAYS

指定した期間の営業日数を求める

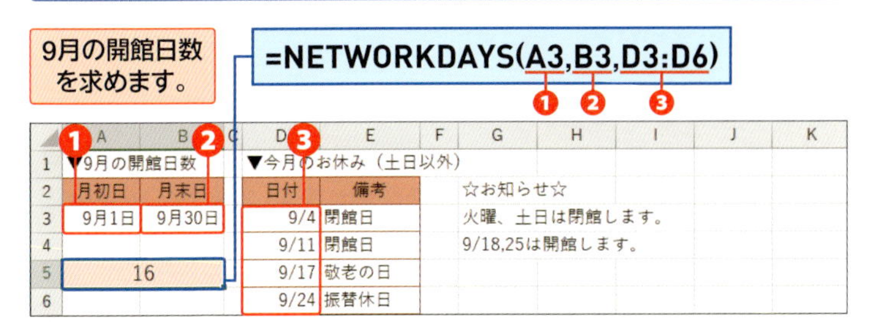

❶「月初日」のセル［A3］を［開始日］に指定します。

❷「月末日」のセル［B3］を［終了日］に指定します。

❸ 土日以外の休日を入力したセル範囲［D3:D6］を［祭日］に指定します。

利用例 2　NETWORKDAYS.INTL

週休2日の勤務日数を求める

欠勤日を除く週休2日の勤務日数を求めます。

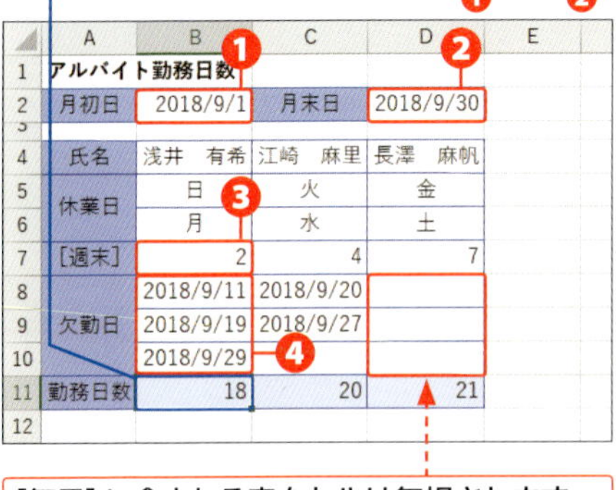

［祭日］に含まれる空白セルは無視されます。

Memo

［祭日］は稼働日から除く休業日を指定する

引数名は［祭日］という公休をイメージする表現ですが、欠勤を含め、定休日以外で稼働日から除く休業日を指定します。

❶「月初日」のセル［C2］を絶対参照で［開始日］に指定します。

❷「月末日」のセル［D2］を絶対参照で［終了日］に指定します。

❸ 休業日に相当するセル［B7］を［週末］に指定します。

❹ 欠勤日を入力したセル範囲［B8:B10］を［祭日］に指定します。

期間を求める

在籍年数や加入期間など、2つの日付を指定して期間を求めるにはDATEDIF関数またはDAYS関数を利用します。DATEDIF関数については、キーボードから直接入力して使います。

書式

分類 日付/時刻

DATEDIF	2010	2013	2016	2019
DAYS		2013	2016	2019

DATEDIF(開始日,終了日,単位)
DAYS(終了日,開始日)

引数

[開始日] 日付（シリアル値）が入ったセル、または日付の前後を「"（ダブルクォーテーション）」で囲んだ日付文字列を指定します。

[終了日] [開始日]と同じです。ただし、[開始日]以降の日付を指定します。

[単位] 期間を表わす英字（Y, M, D, YM, MD, YDのいずれか）を指定します。大文字、小文字は問いません。引数に直接指定する場合は、単位の前後を「"（ダブルクォーテーション）」で囲みます。

利用例 1 DATEDIF/DAYS

目標日までの満日数を求める

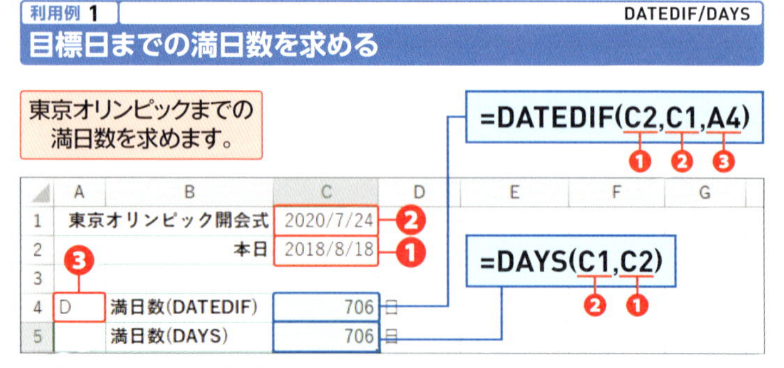

❶ [開始日] にセル [C2] を指定します。セル [C2] は「=TODAY()」と入力しています。

❷ [終了日] にセル [C1] を指定します。

❸ [単位] にセル [A4] を指定し、満日数を求めています。

利用例 2　DATEDIF

目標日までの年数／月数／日数を求める

東京オリンピックまでの年数、月数、日数を求めます。

=DATEDIF($C$2,$C$1,A3)
❶ ❷ ❸

	A	B	C	D	E	F	G
1		東京オリンピック開会式	2020/7/24				
2		本日	2018/8/18				
3	Y	満年数	1	年			
4	M	満月数	23	か月			
5	D	満日数	706	日			
6	YM	1年未満の月数	11	か月			
7	YD	1年未満の日数	340	日			
8	MD	1か月未満の日数	6	日			

❶ 本日の日付が入ったセル [C2] を絶対参照で [開始日] に指定します。
❷ 目標の日付が入ったセル [C1] を絶対参照で [終了日] に指定します。
❸ セル [A3] を [単位] に指定します。

利用例 3　DATEDIF/TODAY/YEAR

今年の誕生日までの残日数を求める

本日から誕生日までの残日数を求めます。

=DATE(YEAR(TODAY()),C2,D2)

=DATEDIF(TODAY(),E2,"YD")
❶ ❷ ❸

	A	B	C	D	E	F	G
1	名前	生年月日	月	日	今年の誕生日	残日数	
2	原口　倉之助	昭和8年10月23日	10	23	2018/10/23	66	
3	波多野　良子	昭和13年6月18日	6	18	2018/6/18	#NUM!	
4	野中　美代	昭和26年11月15日	11	15	2018/11/15	89	
5	原口　大輔	昭和38年12月10日	12	10	2018/12/10	114	
6	波多野　泉	平成8年7月16日	7	16	2018/7/16	#NUM!	

❶ 本日の日付を求めるTODAY関数を [開始日] に指定します。
❷ 今年の誕生日を入力したセル [E2] を [終了日] に指定します。
❸ 残日数を求めるため、[単位] に ["YD"] を指定します。

Memo

誕生日が過ぎた場合の表示

本日の日付がすでに今年の誕生日を過ぎている場合は、[終了日] が [開始日] より早くなるので、[#NUM!] エラーになります。

指定した月数後の日付や月末日を求める

1ヵ月の期間は、28日～31日と異なるため、起算日から数ヵ月前後の同日や翌月末日を計算で求めるのは案外難しいです。ここでは、指定した月数後の同日や月末日を求める関数を紹介します。

書式 分類 日付/時刻　2010 2013 2016 2019

EDATE(開始日,月)
EOMONTH(開始日,月)

引数

[開始日]　開始日の日付を指定します。引数に直接指定するには、日付の前後を「"(ダブルクォーテーション)」で囲みます。

[月]　月数にあたる整数や整数の入ったセルを指定します。[開始日]の月は「0」です。正の整数を指定すると[開始日]より後の月数、負の整数を指定すると[開始日]より前の月数になります。

■ EDATE関数とEOMONTH関数の戻り値

EDATE関数とEOMONTH関数を入力すると、セルの表示形式が自動的に日付にならずにシリアル値で表示されるため、適宜、セルの表示形式を日付に変更します（左下図）。右下図は、開始日からさまざまな月数を指定したときの戻り値です。当月の0を基準に、マイナスは開始日前の日付、プラスは開始日後の日付になります。EOMONTH関数では、1ヵ月の日数によって月末日が正しく調整されていることがわかります。

▼関数入力直後の戻り値

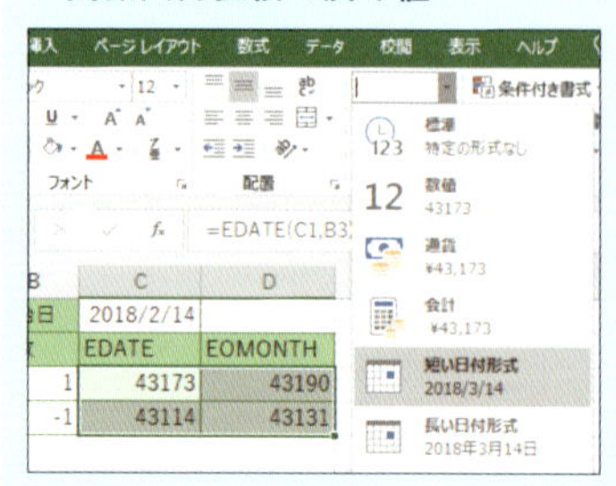

▼さまざまな月数に対する戻り値

C3 =EDATE($B$1,B3)

	A	B	C	D
1	開始日	2018/2/14		
2	月数		EDATE	EOMONTH
3	24ヵ月前	-24	2016/2/14	2016/2/29
4	12ヵ月前	-12	2017/2/14	2017/2/28
5	1ヵ月前	-1	2018/1/14	2018/1/31
6	当月	0	2018/2/14	2018/2/28
7	1ヵ月後	1	2018/3/14	2018/3/31
8	12ヵ月後	12	2019/2/14	2019/2/28
9	18ヵ月後	16	2019/6/14	2019/6/30
10				

利用例 1　EDATE

更新受付開始日を求める

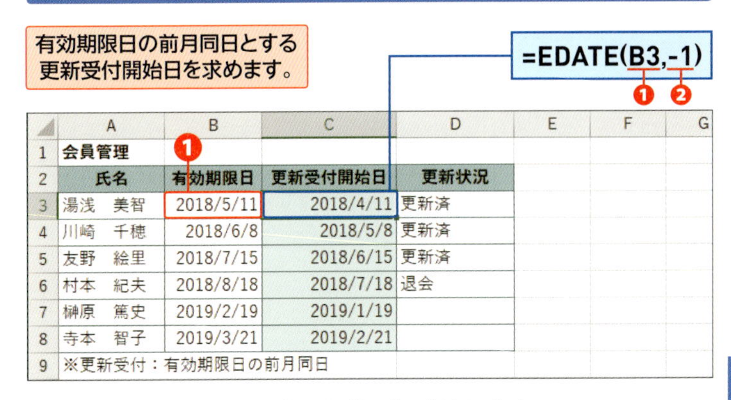

	A	B	C	D	E	F	G
1	会員管理						
2	氏名	有効期限日	更新受付開始日	更新状況			
3	湯浅　美智	2018/5/11	2018/4/11	更新済			
4	川崎　千穂	2018/6/8	2018/5/8	更新済			
5	友野　絵里	2018/7/15	2018/6/15	更新済			
6	村本　紀夫	2018/8/18	2018/7/18	退会			
7	榊原　篤史	2019/2/19	2019/1/19				
8	寺本　智子	2019/3/21	2019/2/21				
9	※更新受付：有効期限日の前月同日						

❶「有効期限日」のセル [B3] を [開始日] に指定します。

❷ 前月を表す「－1」を [月数] に指定します。

利用例 2　EOMONTH

今月1日を求める

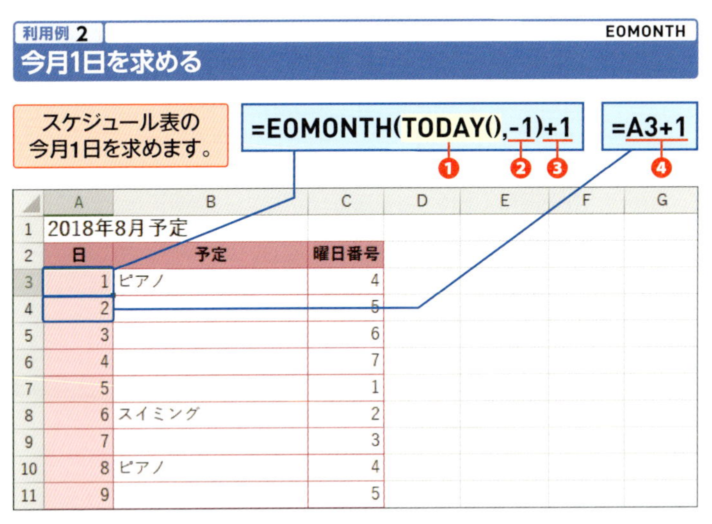

	A	B	C	D	E	F	G
1	2018年8月予定						
2	日	予定	曜日番号				
3	1	ピアノ	4				
4	2		5				
5	3		6				
6	4		7				
7	5		1				
8	6	スイミング	2				
9	7		3				
10	8	ピアノ	4				
11	9		5				

❶ 本日の日付を求めるTODAY関数を [開始日] に指定します。

❷ [月] に「－1」を指定し、前月末日を求めます。

❸ 前月末日に1日を加えて今月1日に調整しています。

❹ 今月1日のセル [A3] に1日を足し、オートフィルでコピーして2日以降を求めています。

指定した営業日後の日付を求める

営業日とは、祝日や独自の定休日などを除いた日付で、稼働日ともいいます。WORKDAY関数やWORKDAY.INTL関数を使うと、指定した営業日後の日付を求めることができます。

書式　分類　日付/時刻　2010　2013　2016　2019

WORKDAY(開始日,日数[,祭日])

WORKDAY.INTL(開始日,日数[,週末][,祭日])

引数

[開始日]　起算日の日付を指定します。引数に直接指定する場合は、「"2018/8/28"」のように日付の前後を「"（ダブルクォーテーション」で囲みます。

[日数]　日数にあたる整数や整数の入ったセルを指定します。正の整数は［開始日］より後の日数、負の整数は［開始日］より前の日数になります。

[祭日]　WORKDAY関数の［祭日］には、土日を除いた休日や祝日を入力したセル範囲を指定します。

WORKDAY.INTL関数の［祭日］には、稼働日にしない日付や祝日を入力したセル範囲を指定します。両関数とも既定の休日以外除外しない場合は［祭日］を省略します。

[週末]　WORKDAY.INTL関数で指定する引数です。稼働日から外す曜日を番号で指定します。また、曜日文字列を使って独自の曜日パターンを稼働日から除外することができます。

■WORKDAY関数の戻り値

右の図は、開始日の翌営業日を求めている例です。8/1（木）を開始日にした場合は翌日がそのまま翌営業日になりますが、8/2（金）を開始日にした場合は土日を挟んで8/5（月）が翌営業日になります。

	A	B	C	D	E
1	日付	曜日		開始日	翌営業日
2	2019/8/1	木		2019/8/1	2019/8/2
3	2019/8/2	金		2019/8/2	2019/8/5
4	2019/8/3	土 ×			
5	2019/8/4	日 ×			
6	2019/8/5	月			

開始日が金曜にあたる場合は土日を挟んだ翌月曜日の日付が翌営業日になります。

■［週末］の指定方法

［週末］に指定する数値は以下のとおりです。また、曜日文字列を利用すると、独自の除外曜日を設定することができます。曜日文字列は先頭桁を月曜日とする7桁で構成されます。0を指定すると稼働日、1を指定すると稼働日から除外する曜日となります。なお、曜日文字列を指定する場合は、前後を「"」で囲みます。

▼WORKDAY.INTL関数の［週末］に対応する稼働日から除外する曜日

［週末］	除外曜日	［週末］	除外曜日
1 または省略	土曜日と日曜日	11	日曜日
2	日曜日と月曜日	12	月曜日
3	月曜日と火曜日	13	火曜日
4	火曜日と水曜日	14	水曜日
5	水曜日と木曜日	15	木曜日
6	木曜日と金曜日	16	金曜日
7	金曜日と土曜日	17	土曜日

▼WORKDAY.INTL関数の［週末］に指定する曜日文字列の例

稼働日から除外する曜日	月	火	水	木	金	土	日
火と木	0	1	0	1	0	0	0
水と金	0	0	1	0	1	0	0

利用例 1　WORKDAY

指定営業日後の日付を求める

出荷までに要する営業日数に応じた出荷予定日を求めます。休日は土日とします。

=WORKDAY($E$1,E3)

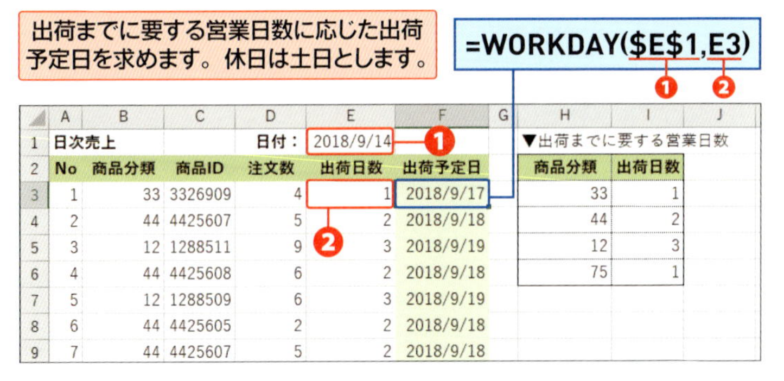

	A	B	C	D	E	F
1	日次売上			日付：	2018/9/14	
2	No	商品分類	商品ID	注文数	出荷日数	出荷予定日
3	1	33	3326909	4	1	2018/9/17
4	2	44	4425607	5	2	2018/9/18
5	3	12	1288511	9	3	2018/9/19
6	4	44	4425608	6	2	2018/9/18
7	5	12	1288509	6	3	2018/9/19
8	6	44	4425605	2	2	2018/9/18
9	7	44	4425607	5	2	2018/9/18

▼出荷までに要する営業日数

商品分類	出荷日数
33	1
44	2
12	3
75	1

❶「日付」のセル［E1］を絶対参照で［開始日］に指定します。

❷「出荷日数」のセル［E3］を［日数］に指定します。土日のみの休日とするため、［祭日］は省略しています。

利用例 2　WORKDAY.INTL

平日が定休日の場合の発送日を求める①

出荷までに要する営業日数に応じた出荷予定日を求めます。
休日は水曜日とします。

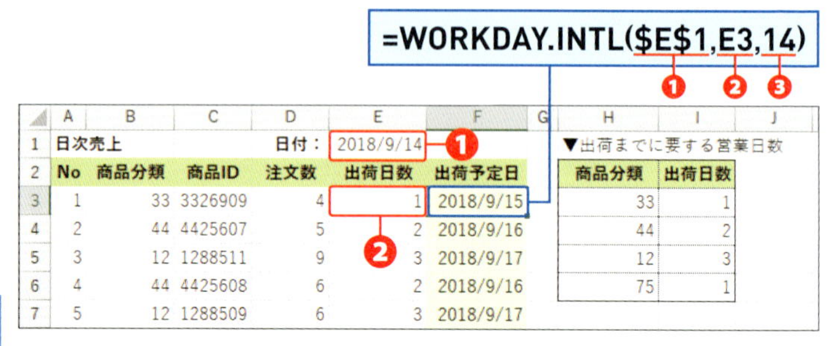

	A	B	C	D	E	F	G	H	I
1	日次売上			日付：	2018/9/14			▼出荷までに要する営業日数	
2	No	商品分類	商品ID	注文数	出荷日数	出荷予定日		商品分類	出荷日数
3	1	33	3326909	4	1	2018/9/15		33	1
4	2	44	4425607	5	2	2018/9/16		44	2
5	3	12	1288511	9	3	2018/9/17		12	3
6	4	44	4425608	6	2	2018/9/16		75	1
7	5	12	1288509	6	3	2018/9/17			

❶「日付」のセル[E1]を絶対参照で[開始日]に指定します。

❷「出荷日数」のセル[E3]を[日数]に指定します。

❸ 水曜日を休日とするため、[週末]に「14」を指定します。水曜以外の休みはないため、[祭日]は省略しています。

利用例 3　WORKDAY.INTL

平日が定休日の場合の発送日を求める②

出荷までに要する営業日数に応じた出荷予定日を求めます。
休日は水、土とします。

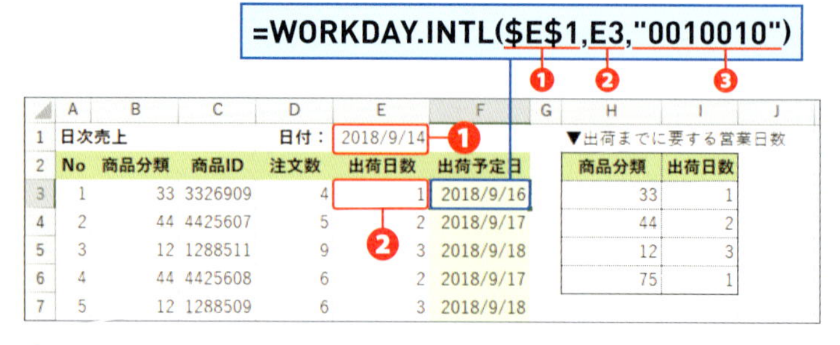

	A	B	C	D	E	F	G	H	I
1	日次売上			日付：	2018/9/14			▼出荷までに要する営業日数	
2	No	商品分類	商品ID	注文数	出荷日数	出荷予定日		商品分類	出荷日数
3	1	33	3326909	4	1	2018/9/16		33	1
4	2	44	4425607	5	2	2018/9/17		44	2
5	3	12	1288511	9	3	2018/9/18		12	3
6	4	44	4425608	6	2	2018/9/17		75	1
7	5	12	1288509	6	3	2018/9/18			

❶「日付」のセル[E1]を絶対参照で[開始日]に指定します。

❷ 出荷日数のセル[E3]を[日数]に指定します。

❸ 水曜日と土曜日を休日とするため、[週末]には曜日文字列「"0010010"」を指定します。水曜日と土曜日以外の休日はないので[祭日]は省略します。

第7章

表の値を検索する

値リストの中から値を取り出す

「1は悪い、2は普通、3は良い」といった番号と値の対応付けは、各種書類やアンケートでよく目にします。ここでは、番号と値を対応付け、番号に対応する値を表示できる関数を紹介します。

書式

分類							
CHOOSE	検索/行列	CHOOSE	2010	2013	2016	2019
SWITCH	論理	SWITCH				2019

CHOOSE(インデックス,値1[,値2]・・・)

SWITCH(式,値1,結果1[,値2,結果2]・・・[,既定])

引数

▼CHOOSE関数

[インデックス] 値リストから値を取り出すための通し番号を指定します。通し番号は、1以上の整数です。整数の入ったセルや整数になる数式や関数を指定します。

[値] [インデックス]に対応する値を指定します。値と値の間は「,(カンマ)」で区切ります。先頭に指定した値が[インデックス]の「1」、2番目の値が「2」のように、[値]に指定した順に[インデックス]の通し番号が対応します。

▼SWITCH関数

[式] 値の入ったセル、または、値を求める数式や関数を指定します。[式]の値は[値]と比較されます。

[値] [式]と比較する値や値の入ったセルを指定します。[式]の値=[値]となったときに、[値]とペアで指定した[結果]を表示します。

[結果] [値]とペアで指定します。[値]に対応する値や値の入ったセルを指定します。

[既定] [式]の値=[値]が成立しなかったときに表示する値や値の入ったセルを指定します。

利用例 1　CHOOSE/SWITCH

0から始まる番号に対応する値を表示する

回答コードの1を「はい」、0を「いいえ」で表示します。

=CHOOSE(B2+1,"いいえ","はい")

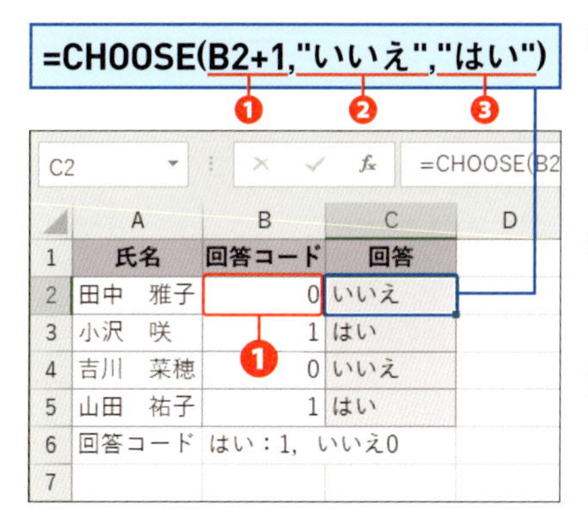

❶「回答コード」のセル[B2]を[インデックス]に指定しますが、[インデックス]の値が「1」から始まるように、「1」を足しています。

❷[値1]に、[インデックス]の「1」に対応する「"いいえ"」を指定します。

❸[値2]に[インデックス]の「2」に対応する「"はい"」を指定します。

SWITCH関数で回答コードの1を「はい」、0を「いいえ」で表示します。

=SWITCH(B2,1,"はい",0,"いいえ")

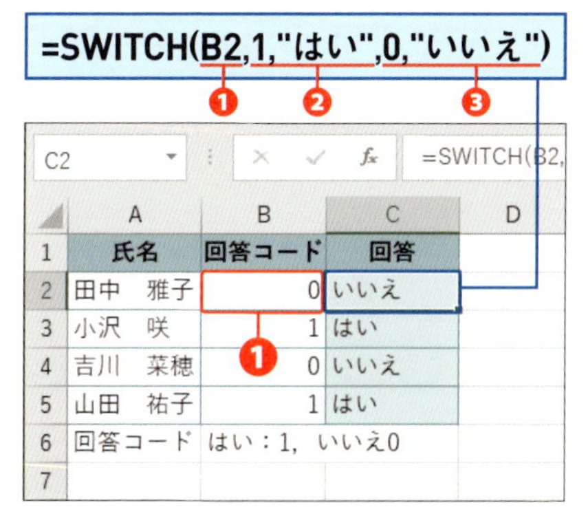

❶「回答コード」のセル[B2]を[式]に指定します。

❷[値1]に「1」、[結果1]に「"はい"」をペアで指定します。[式]の値が「1」の場合は、「はい」が表示されます。

❸[値2]に「0」、[結果2]に「"いいえ"」をペアで指定します。[式]の値が「0」の場合は、「いいえ」が表示されます。

Memo

SWITCH関数とCHOOSE関数の比較

SWITCH関数は、[式]の値と一致する[値]を検索しているので、1始まりの縛りはありません。また、[値]と[結果]が[値,結果]のようにペアで指定されていれば、第2引数以降の指定順序も自由です。ここでは、第2,3引数に「1,"はい"」、第4,5引数に「0,"いいえ"」を指定しています。

表の値を検索する

キーワード検索は、表をたどってキーワードを検索し、キーワードに該当する情報を得るしくみです。VLOOKUP関数を使うと、キーワード検索と同様のしくみで、表の値を検索できます。

書式 分類 検索/行列 2010 2013 2016 2019

VLOOKUP(検索値,範囲,列番号[,検索方法])

引数

[検索値]	検索用のキーワードが入ったセルを指定します。
[範囲]	検索に使う表のセル範囲や、セル範囲に付けた名前(Sec.06)やテーブル名(右ページ)を指定します。
[列番号]	[範囲]の左端を1列目と数え、得たい情報がある列を数値で指定します。
[検索方法]	[検索値]に一致する値を得るには「FALSE」、[検索値]に近い値を得るには省略、または、「TRUE」を指定します。

Memo

関数利用上のルール

VLOOKUP関数の利用にあたっては、ルールがあります。

① 検索に使う表は、項目別に、縦に値が並ぶ1枚の表にします。
② 検索に使う表として指定するセル範囲に表の項目名は含めません。
③ キーワード検索用の値は検索に使う表の左端列に入力します。
④ 近似検索用の表は、表の左端列を基準に、昇順に並べておきます。

■検索用の表にテーブルを利用する

VLOOKUP関数の[範囲]に指定する検索用の表にテーブルを利用すると、表のデータの追加/削除に応じてテーブルの範囲が自動修正されます。データが増減するたびにVLOOKUP関数の[範囲]を修正する必要がなくなります。[範囲]にはテーブル名を指定します。通常の表をテーブルに変換する方法はP.102を参照してください。

テーブル名の設定

テーブル内の任意のセルをクリックすると表示される<デザイン>タブの<テーブル名>に任意のテーブル名を入力します。

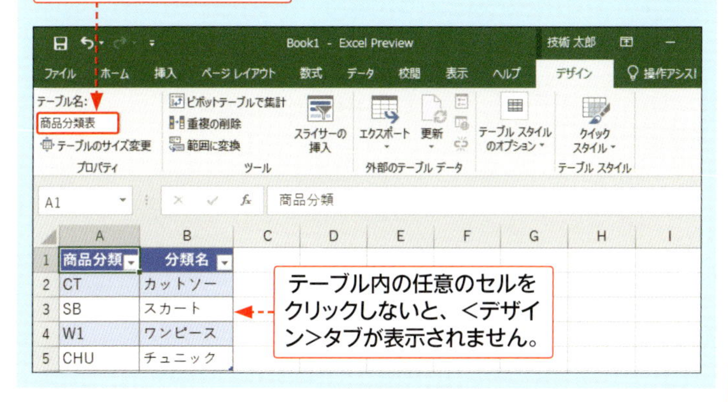

利用例 1 VLOOKUP

商品分類から分類名を検索する

商品分類に該当する分類名を表示します。

=VLOOKUP(B2,商品分類表,2,FALSE)

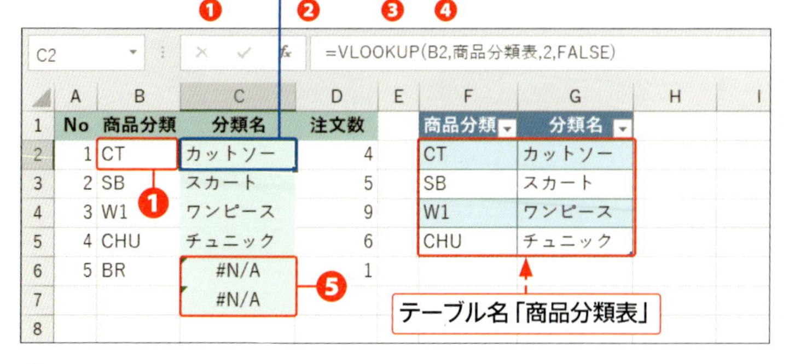

❶「商品分類」のセル[B2]を[検索値]に指定します。

❷[範囲]に「商品分類表」と入力します。または、セル範囲[F2:G5]をドラッグすると、「商品分類表」と表示されます。

❸ 分類名は「商品分類表」の2列目にあるので、[列番号]に「2」を指定します。

❹ 商品分類に一致する分類名を検索するので、[検索方法]には「FALSE」を指定します。

❺ [検索値]が空白、または商品分類表にない場合は、「#N/A」エラーになります。

テーブルにデータ行を追加します。

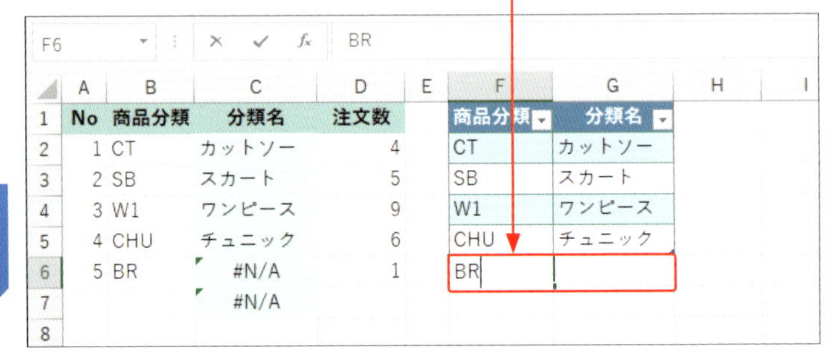

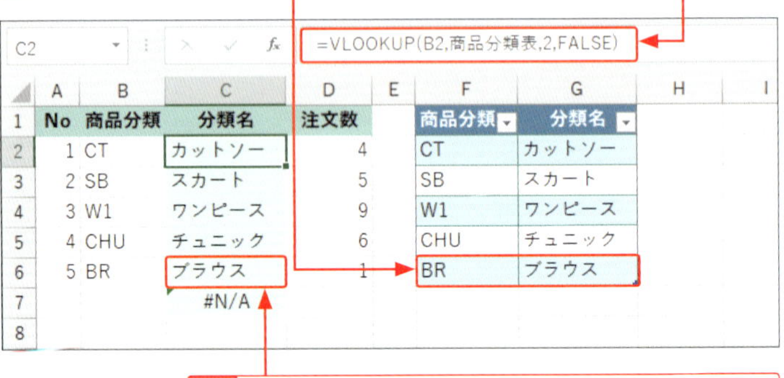

得点に応じてランク分けする

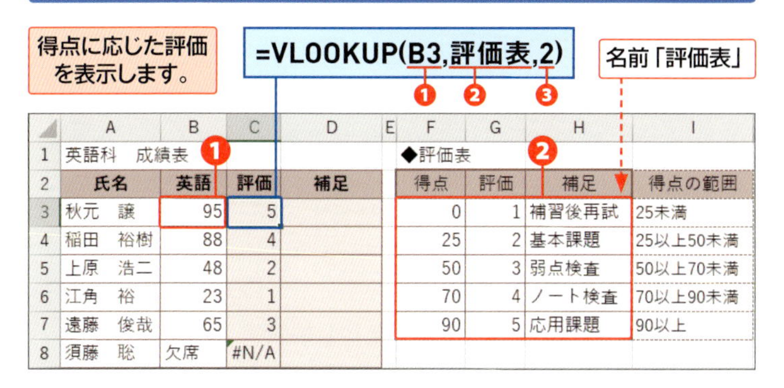

	A	B	C	D	E	F	G	H	I
1	英語科　成績表					◆評価表			
2	氏名	英語	評価	補足		得点	評価	補足	得点の範囲
3	秋元　譲	95	5			0	1	補習後再試	25未満
4	稲田　裕樹	88	4			25	2	基本課題	25以上50未満
5	上原　浩二	48	2			50	3	弱点検査	50以上70未満
6	江角　裕	23	1			70	4	ノート検査	70以上90未満
7	遠藤　俊哉	65	3			90	5	応用課題	90以上
8	須藤　聡	欠席	#N/A						

❶「英語」の得点のセル [B3] を [検索値] に指定します。

❷ 名前「評価表」を [範囲] に指定します。

❸「評価」は評価表の2列目にあるので、[列番号] に「2」を指定します。近似検索のため、[検索方法] の指定は省略します。

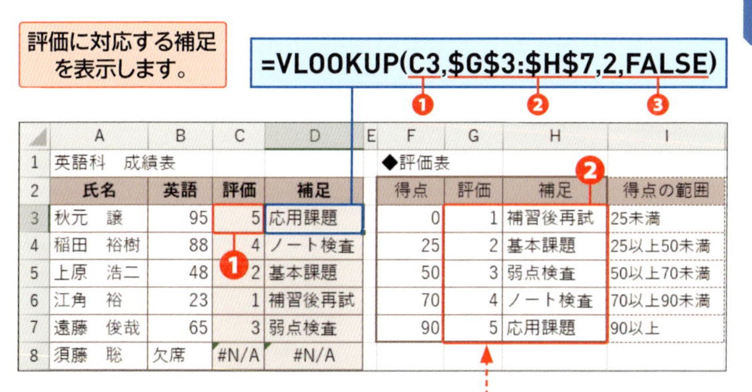

	A	B	C	D	E	F	G	H	I
1	英語科　成績表					◆評価表			
2	氏名	英語	評価	補足		得点	評価	補足	得点の範囲
3	秋元　譲	95	5	応用課題		0	1	補習後再試	25未満
4	稲田　裕樹	88	4	ノート検査		25	2	基本課題	25以上50未満
5	上原　浩二	48	2	基本課題		50	3	弱点検査	50以上70未満
6	江角　裕	23	1	補習後再試		70	4	ノート検査	70以上90未満
7	遠藤　俊哉	65	3	弱点検査		90	5	応用課題	90以上
8	須藤　聡	欠席	#N/A	#N/A					

補足は「評価」を検索値にしているので、名前「評価表」は使えません。
「評価」が左端列になるように [範囲] を指定します。

❶「評価」のセル [C3] を [検索値] に指定します。

❷「評価」を左端列とするため、セル範囲 [G3:H7] を絶対参照で [範囲] に指定します。

❸「補足」は、「評価」から数えて2列目のため、[列番号] に「2」を指定し、一致検索を行うので [検索方法] は「FALSE」を指定します。

表を切り替えて値を検索する

VLOOKUP 関数では、検索に指定できる表は1つだけです(Sec.57)。VLOOKUP関数にINDIRECT関数を組み合わせると、複数の表を切り替えて値の検索ができます。

書式　分類　検索/行列　2010 2013 2016 2019

VLOOKUP(検索値,範囲,列番号[,検索方法])
INDIRECT(参照文字列[,参照方式])

引数

▼INDIRECT関数

[参照文字列]　文字列扱いのセル、セル範囲、名前(Sec.06)やテーブル名(Sec.57)を指定します。

[参照方式]　通常は省略します。[参照文字列] で指定した文字列扱いのセル参照がA1方式の場合は省略か「TRUE」、R1C1方式の場合は「FALSE」を指定します。

VLOOKUP関数はSec.57をご覧ください。

■ INDIRECT関数

図のように、VLOOKUP関数の [範囲] に名前を入力したセル [B2] を指定するとエラーになります。セルに入力された「野菜」は名前やテーブル名ではなく、文字列と判断されたためです。セル [B2] の「野菜」をセル範囲に付けた名前、または、テーブル名として認識させるには、INDIRECT関数を使い、セル [B2] の文字列をセル範囲に変換します。

VLOOKUP関数内では、たんなる文字列とみなされています。

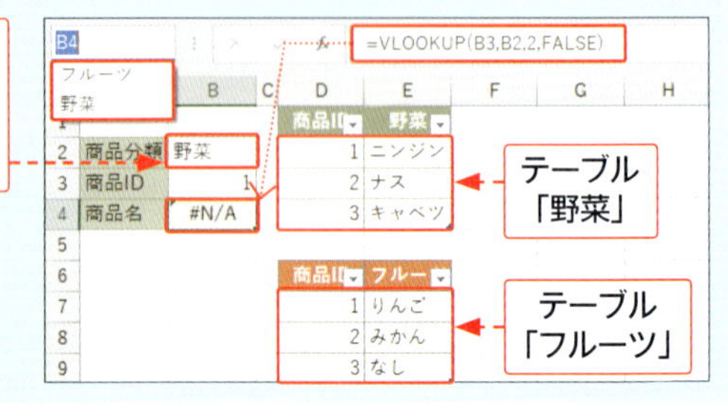

VLOOKUP関数の［範囲］に「INDIRECT(B2)」と指定すると、セル［B2］の「野菜」が、テーブル「野菜」と認識され、商品ID「1」に対応する商品名「ニンジン」が検索されます。また、セル［B2］を「フルーツ」に変更すると、テーブル「フルーツ」から検索されます。このように、INDIRECT関数を使うと、複数の表を切り替えて検索することができます。

=VLOOKUP(B3,INDIRECT(B2),2,FALSE)

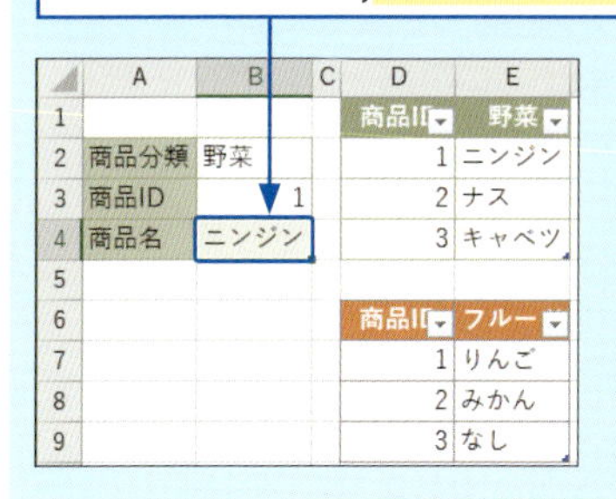

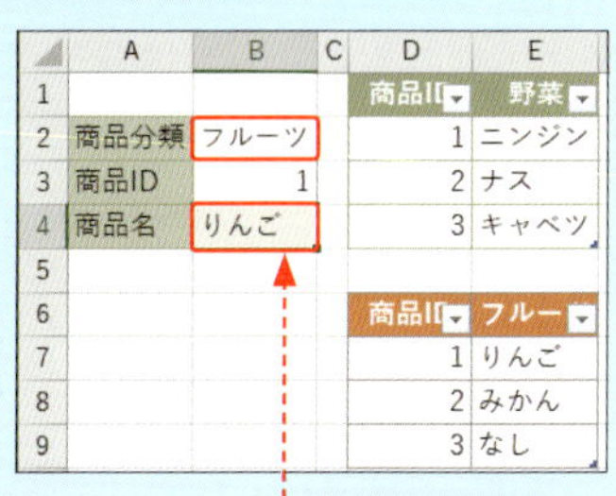

「フルーツ」に変更すると、「りんご」が検索されます。

利用例 1　VLOOKUP/INDIRECT

シート別の表を1シートにまとめる

クラスごとに分けた名簿を1シートにまとめます。

=VLOOKUP(B2,INDIRECT(A2),2,FALSE)

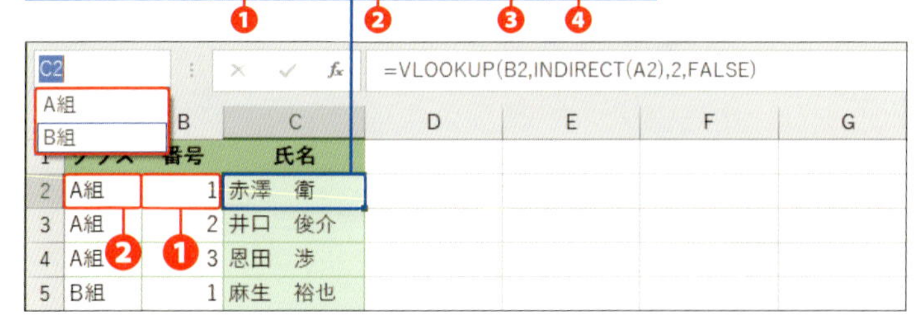

❶「番号」のセル［B2］を［検索値］に指定します。

❷「クラス」のセル［A2］の「A組」がテーブル名と認識できるように、「INDRECT(A2)」を［範囲］に指定します。

❸［列番号］に「2」を指定し、「氏名」を検索します。

❹ 番号と一致する「氏名」を検索するため、［検索方法］は「FALSE」を指定します。

表の行または列項目の位置を検索する

行と列に見出しのある表の検索では、あらかじめ行見出しや列見出しが行／列項目内のどこにあるのかを調べておく必要があります。MATCH関数を使うと、指定した見出しの位置を検索できます。

書式 分類 検索/行列 2010 2013 2016 2019

MATCH(検査値,検査範囲 [,照合の種類])

引数

[検査値] [検査範囲] で調べる値やセルを指定します。

[検査範囲] [検査値] を探すセル範囲を指定します。

[照合の種類] 「1」「0」「－1」のいずれかを指定します。「1」と「－1」で検索する場合は、[検査範囲] を昇順／降順に並べておく必要があります。

照合の種類	検査値の探し方	並べ替え
0または省略	検査値と完全一致する値で位置検索	制約なし
1	検査値以下の最大値（近似値）で位置検索	昇順
－1	検査値以上の最小値（近似値）で位置検索	降順

利用例 1 MATCH

指定した値が表の何行目にあるかを求める

指定した桁数を取り出した各抽選番号が番号の何行目にあるかを調べます。

=MATCH(B5,$F$2:$F$9,0)

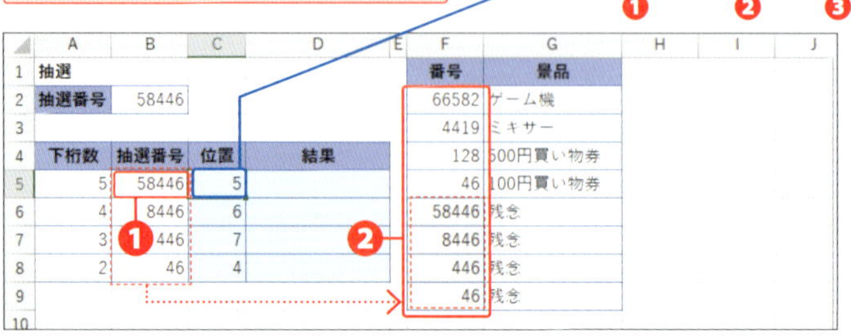

第7章 表の値を検索する

❶「抽選番号」のセル [B5] を [検査値] に指定します。
❷ 当選番号と抽選番号を入力したセル範囲 [F2:F9] を、絶対参照で [検査範囲] に指定します。
❸ [検査値] に一致する位置を検索するため、[照合方法] は「0」を指定します。

利用例 2　MATCH/VLOOKUP

位置検索を使って送料を求める

6kgの荷物を関東に送るときの送料を求めます。

=MATCH(H2,A2:E2,-1)

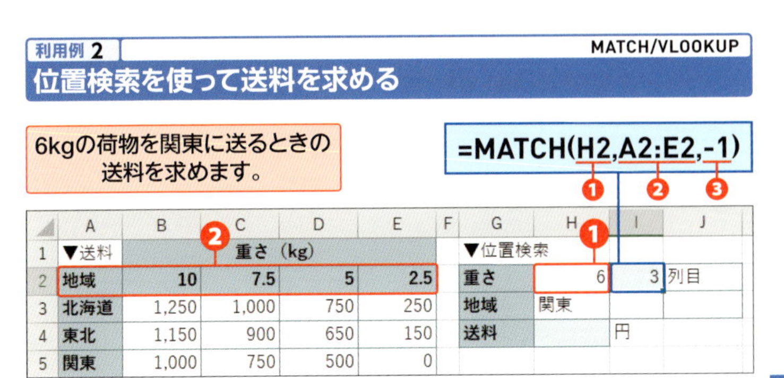

❶ 調べたい重さの入ったセル [H2] を [検査値] に指定します。
❷ 重さを入力したセル範囲 [A2:E2] を [検査範囲] に指定します。ここでは、先頭をセル [A2] とし、項目名も含めます。
❸ 指定した重さ以上の最小値を求めるので、照合方法には「－1」を指定します。

=VLOOKUP(H3,A3:E9,I2,FALSE)

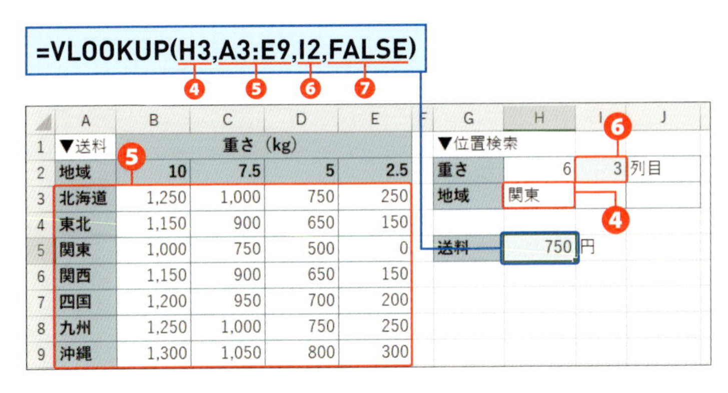

❹「地域」のセル [H3] を [検索値] に指定します。
❺ 表のセル範囲 [A3:E9] を [範囲] に指定します。
❻ MATCH関数で求めた列位置のセル [I2] を [列番号] に指定します。
❼ [検索値] に一致する値を検索するので「FALSE」を指定します。

表の行と列の交点の値を検索する

INDEX関数を使うと、表の行見出しの位置と列見出しの位置を指定して、行／列の交点にある値を検索することができます。INDEX関数は、しばしばMATCH 関数と一緒に利用されます。

書式

分類 検索/行列　2010 2013 2016 2019

INDEX(配列,行番号,列番号)

引数

[配列]　検索に使う表のセル範囲を指定します。

[行番号]　表の行見出しの位置を、数値や数値の入ったセルで指定します。[配列] が1行の場合は省略可能です。

[列番号]　表の列見出しの位置を、数値や数値の入ったセルで指定します。[配列] が1列の場合は省略可能です。

■ INDEX関数の戻り値

INDEX関数は、[配列] に指定するセル範囲の先頭を1行1列とします。指定するセル範囲によって、同じ1行1列目の検索でも戻り値が異なります。INDEX関数では、検索対象のセル範囲を確認することが重要です。

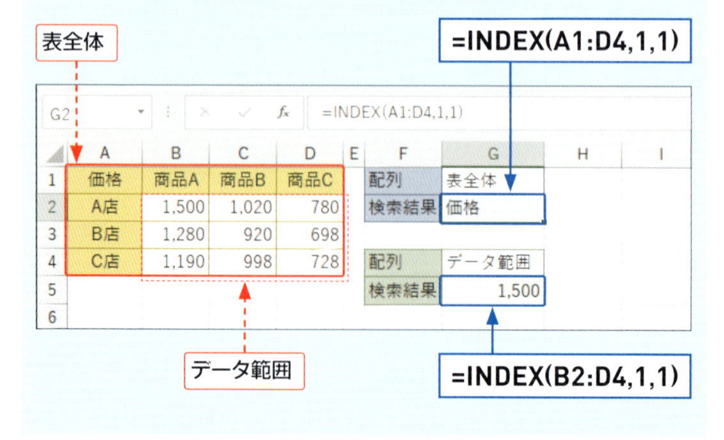

	A	B	C	D	E	F	G
1	価格	商品A	商品B	商品C		配列	表全体
2	A店	1,500	1,020	780		検索結果	価格
3	B店	1,280	920	698			
4	C店	1,190	998	728		配列	データ範囲
5						検索結果	1,500
6							

利用例 1　INDEX

指定した行番号と列番号の交点の値を求める

2年3組の担任名を表示します。

=INDEX(B3:E5,G2,H2)

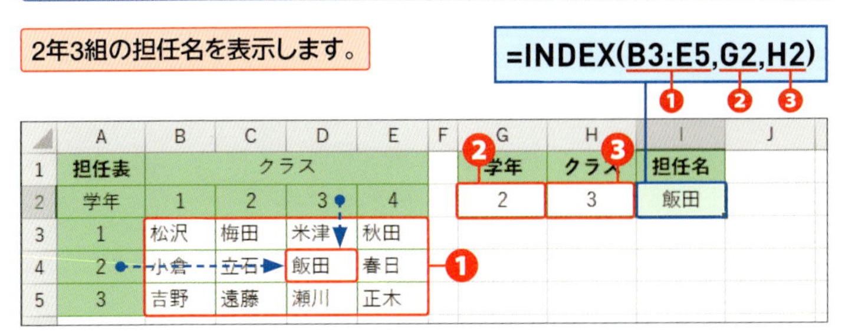

	A	B	C	D	E	F	G	H	I	J
1	担任表	クラス					学年	クラス	担任名	
2	学年	1	2	3	4		2	3	飯田	
3	1	松沢	梅田	米津	秋田					
4	2	小倉	立石	飯田	春日					
5	3	吉野	遠藤	瀬川	正木					

❶ 担任表のセル範囲 [B3:E5] を [配列] に指定します。

❷ 学年のセル [G2] を [行番号] に指定します。

❸ クラスのセル [H2] を [列番号] に指定します。

利用例 2　INDEX/MATCH

抽選結果を表示する

MATCH関数で調べた行位置に対応する抽選結果を表示します。

=INDEX($F$2:$G$9,C5,2)

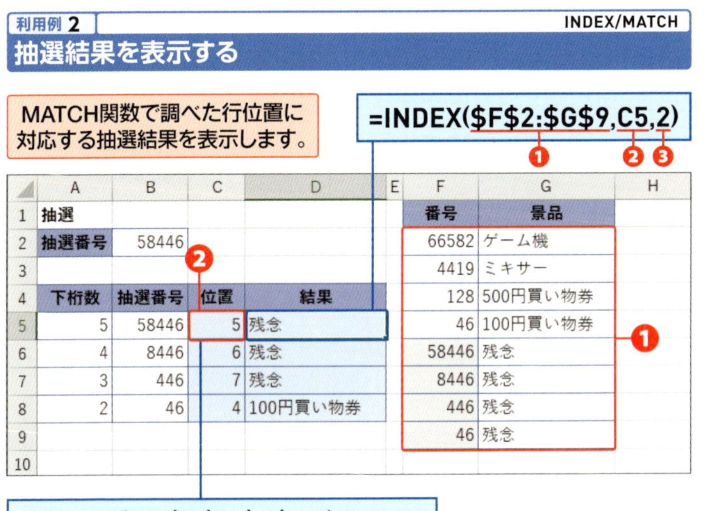

	A	B	C	D	E	F	G	H
1	抽選					番号	景品	
2	抽選番号	58446				66582	ゲーム機	
3						4419	ミキサー	
4	下桁数	抽選番号	位置	結果		128	500円買い物券	
5	5	58446	5	残念		46	100円買い物券	
6	4	8446	6	残念		58446	残念	
7	3	446	7	残念		8446	残念	
8	2	46	4	100円買い物券		446	残念	
9						46	残念	
10								

=MATCH(B5,$F$2:$F$9,0) (Sec.59)

❶ 「景品」のセル範囲 [F2:G9] を、絶対参照で [配列] に指定します。セル [F2] は [配列] の1行1列目です。

❷ MATCH関数で求めた抽選結果の行位置を、INDEX関数の [行番号] に指定します。

❸ 「景品」を表示するため、[列番号] は「2」を指定します。

検索したデータ行を表示する

VLOOKUP関数では、検索列の左側は検索できないのが難点です。検索の列位置を気にせずに値を検索するには、MATCH関数とOFFSET 関数、MATCH関数とINDEX関数を利用します。

書式　分類　検索/行列　　2010　2013　2016　2019

OFFSET(参照,行数,列数[,高さ][,幅])
MATCH(検査値,検査範囲[,照合の種類])
INDEX(配列,行番号,列番号)

引数

▼OFFSET関数

[参照]　0行0列目となる始点のセルを指定します。

[行数]　[参照] を0行目とする行数を整数で指定します。1以上は [参照] から下方向のセル、-1以下は上方向のセルに移動します。

[列数]　[参照] を0列目とする列数を整数で指定します。1以上は [参照] から右方向のセル、-1以下は左方向のセルに移動します。

MATCH関数はSec.59、INDEX関数はSec.60をご覧ください。

■ OFFSET関数とINDEX関数の始点

OFFSET関数では [参照] に指定したセルを0行0列目とするのに対して、INDEX関数では [配列] に指定したセル範囲の先頭を1行1列目とします。下の図のように、0から始まるOFFSET関数と、1から始まるINDEX関数の違いを考慮する必要があります。

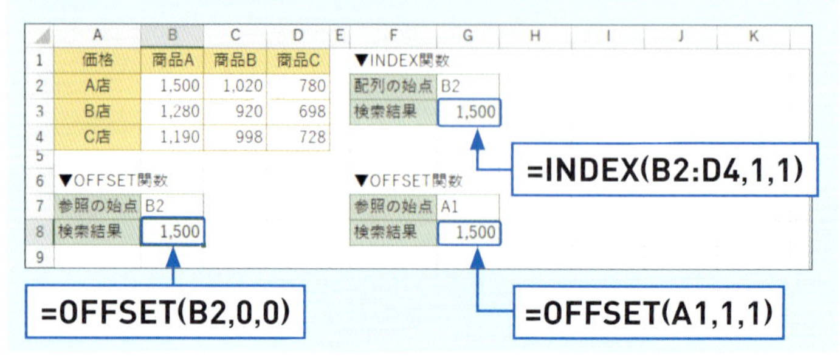

	A	B	C	D	E	F	G	H	I	J	K
1	価格	商品A	商品B	商品C		▼INDEX関数					
2	A店	1,500	1,020	780		配列の始点	B2				
3	B店	1,280	920	698		検索結果	1,500				
4	C店	1,190	998	728							
5											
6	▼OFFSET関数					▼OFFSET関数					
7	参照の始点	B2				参照の始点	A1				
8	検索結果	1,500				検索結果	1,500				
9											

利用例 1　OFFSET/MATCH

氏名に一致するデータ行を検索する①

MATCH関数で調べた行位置に対応するデータ行をOFFSET関数で検索します。

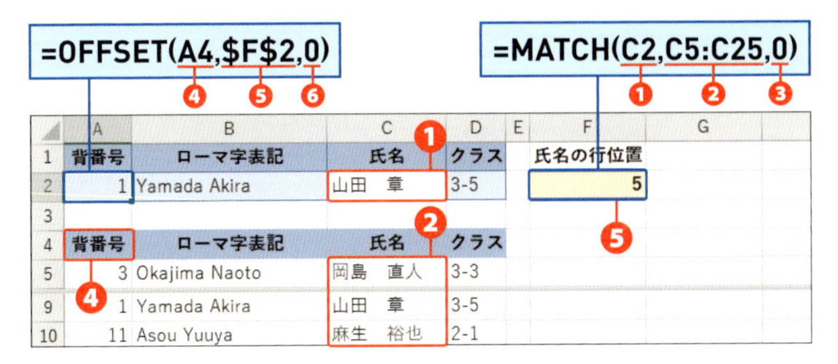

❶ 氏名のセル [C2] をMATCH関数の [検査値] に指定します。

❷ 氏名を入力したセル範囲 [C5:C25] を [検査範囲] に指定します。検査範囲の先頭のセル [C5] は1行1列目です。

❸ [検査値] に一致する位置を検索するため、[照合方法] は「0」を指定します。

❹ 背番号を検索するため、セル [A4] をOFFSET関数の [参照] に指定します。セル[A4]は0行0列目です。MATCH関数の1行1列目のセル[C5]よりも、1行上に始点を置いています。

❺ [行数] にMATCH関数で検索した行位置のセル [F2] を絶対参照で指定します。

❻ [列数] は、背番号の列を検索するため、[参照] と同じ列の「0」を指定します。

利用例 2　INDEX/MATCH

氏名に一致するデータ行を検索する②

MATCH関数で調べた行位置に対応するデータ行をINDEX関数で検索します。

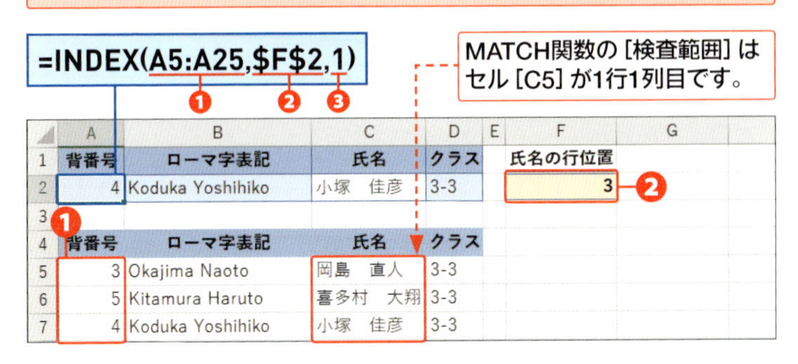

❶ 背番号のセル範囲 [A5:A25] を [配列] に指定します。[配列] の先頭のセル [A5] は1行1列目です。

❷ MATCH関数で求めた行位置 [F2] を絶対参照で [行番号] に指定します。

❸ 同じ列を検索するので [列番号] は「1」を指定します。

配列数式を使ってデータ行をまとめて検索します。

❶ セル範囲 [A5:D25] を [配列] に指定します。

❷ MATCH関数で求めた行位置のセル [G2] を [行番号] に指定します。

❸ データ行を検索するため、[列番号] に「0」を指定し、Ctrl と Shift を押しながら Enter を押して、配列数式で入力します。

Memo

[列番号] に「0」を指定した場合

INDEX関数の [列番号] に「0」を指定すると、指定した [配列] の行データ全体が検索されます。その場合、データ行を一度に表示できるように、検索結果を表示する範囲をドラッグで選択し、配列数式で入力します。

Keyword

配列と配列数式

配列とは、同種のデータを連続的に入力したときのセル範囲を1つのまとまりとして扱ったものをいいます。配列数式は、配列を参照する数式です。配列数式では、セル範囲をひと塊として扱うため、式の入力や修正も指定した塊ごとに行う必要があります。利用例2では、セル範囲 [A2:D2] をひと塊としています。

第8章

文字データを操作する

文字データを操作する関数を利用するときの注意

Excelには、表づくりに重宝する関数が多くあります。このうち、表の体裁を整える目的で関数を利用した場合は、必要に応じてコピー／値の貼り付けが必要です。

■コピー／値の貼り付けが必要になる場合

コピー／値の貼り付けが必要になる場合とは、関数を使って表の体裁を整えたので、もとの値は必要なくなったというときです。むやみにもとの値を削除すると、「#REF!」エラーになります（Sec.09のP.45）。表面的には整った文字列に見えても、関数の戻り値に過ぎないためです。

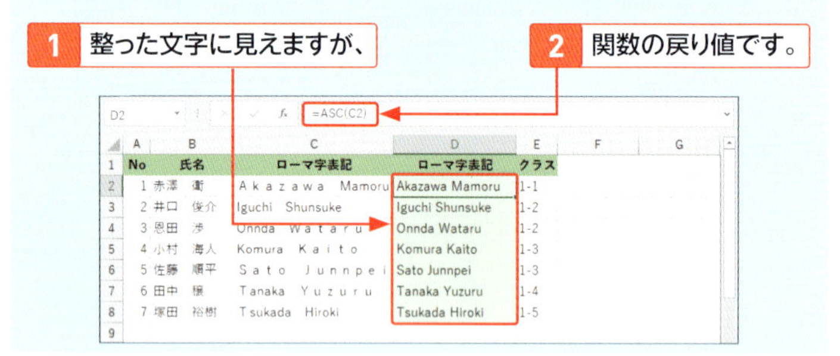

	A	B	C	D	E	F	G
1	No	氏名	ローマ字表記	ローマ字表記	クラス		
2	1	赤澤　衛	Ａｋａｚａｗａ　Ｍａｍｏｒｕ	Akazawa Mamoru	1-1		
3	2	井口　俊介	Iguchi　Shunsuke	Iguchi Shunsuke	1-2		
4	3	恩田　渉	Ｏｎｎｄａ　Ｗａｔａｒｕ	Onnda Wataru	1-2		
5	4	小村　海人	Ｋｏｍｕｒａ　Ｋａｉｔｏ	Komura Kaito	1-3		
6	5	佐藤　順平	Ｓａｔｏ　Ｊｕｎｎｐｅｉ	Sato Junnpei	1-3		
7	6	田中　楪	Ｔａｎａｋａ　Ｙｕｚｕｒｕ	Tanaka Yuzuru	1-4		
8	7	塚田　裕樹	Ｔｓｕｋａｄａ　Ｈｉｒｏｋｉ	Tsukada Hiroki	1-5		
9							

1 コピー／値の貼り付けを行う

関数の入ったセルをコピーし、値として貼り付けます。

1 関数を入力したセル範囲[D2:D8]をドラッグし、

	A	B	C	D	E	F	G
1	No	氏名	ローマ字表記	ローマ字表記	クラス		
2	1	赤澤　衛	Ａｋａｚａｗａ　Ｍａｍｏｒｕ	Akazawa Mamoru	1-1		
3	2	井口　俊介	Iguchi　Shunsuke	Iguchi Shunsuke	1-2		
4	3	恩田　渉	Ｏｎｎｄａ　Ｗａｔａｒｕ	Onnda Wataru	1-2		
5	4	小村　海人	Ｋｏｍｕｒａ　Ｋａｉｔｏ	Komura Kaito	1-3		
6	5	佐藤　順平	Ｓａｔｏ　Ｊｕｎｎｐｅｉ	Sato Junnpei	1-3		
7	6	田中　楪	Ｔａｎａｋａ　Ｙｕｚｕｒｕ	Tanaka Yuzuru	1-4		
8	7	塚田　裕樹	Ｔｓｕｋａｄａ　Ｈｉｒｏｋｉ	Tsukada Hiroki	1-5		

2 Ctrlを押しながらCを押してコピーします。

3 貼り付け先のセル[C2]を右クリックし、

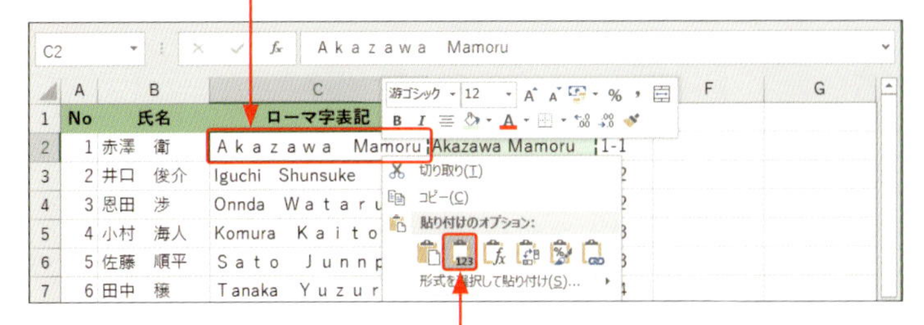

4 ＜貼り付けのオプション＞の＜値＞をクリックします。

5 関数の戻り値が値として貼り付けられたことを確認したら、

6 関数を入力したD列を右クリックして、＜削除＞をクリックします。

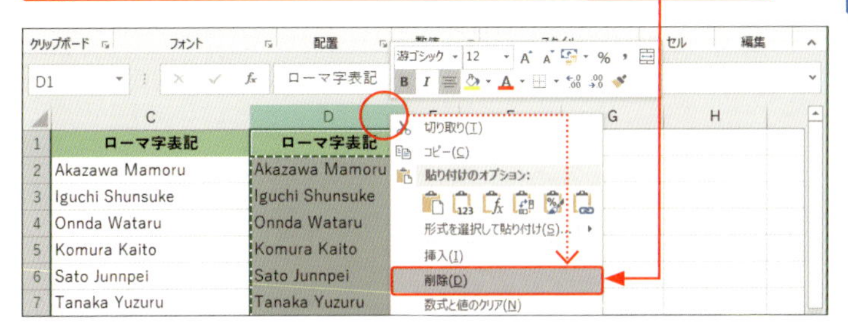

7 半角英数字に整った文字列になります。

フリガナを自動で入力する

PHONETIC関数を使うと、セルに入力されている文字列の、変換前の読みの情報を取り出せます。これにより、漢字に変換する前の氏名の読みを取り出して、フリガナを自動的に入力できます。

書式　分類　情報　2010 2013 2016 2019

PHONETIC（参照）

引数

[参照]　文字列の入ったセルやセル範囲を指定します。セル範囲を指定した場合は、各セルの読みの情報を1つのセルにまとめて表示します。

利用例 1　PHONETIC

氏名をもとにフリガナを自動入力する

セルに入力された氏名のフリガナを表示します。

=PHONETIC(C3)　❶

D3　=PHONETIC(C3)

	A	B	C	D	E	F	G	H
1	学校案内資料請求状況							
2	No	受付日	氏名	フリガナ	学年	面接希望		
3	1	2018/9/1	江戸川　未来	エドガワ　ミキ	中3	○		
4	2	2018/9/1	角田　裕翔	カクタ　ユウト	中1	○		
5	3	2018/9/1	秋野　聡史	アキノ　サトシ	中2	○		
6	4	2018/9/2	杉本　亜美	スギモト　アミ	中3			
7	5	2018/9/2	北川　美野里	キタガワ　ミノリ	中3	○		
8	6	2018/9/3	榎本　勇樹	エノモト　ユウキ	中3			
9	7	2018/9/3	佐藤　美穂	サトウ　ミホ	中3			
10	8	2018/9/3	塚本　孝	ツカモト　タカシ	高1	○		
11	9	2018/9/3	吉川　優奈	ヨシカワ　ユウナ	中2			
12	10	2018/9/7	海老沢 一樹	エビサワ カズキ	高1	○		

❶「氏名」のセル[C3]を[参照]に指定します。

利用例 2　PHONETIC/TRIM/JIS

フリガナの表記を整える

フリガナに含まれる余分な空白を削除し、全角文字に統一します。

=TRIM(PHONETIC(C3))

	A	B	C	D	E	F	G	H	I
1	学校案内資料請求状況								
2	No	受付日	氏名	フリガナ	学年	面接希望			
3	1	2018/9/1	江戸川　未来	エドガワ　ミキ	中3	○			
4	2	2018/9/1	角田　裕翔	カクタ　ユウト	中1	○			
5	3	2018/9/1	秋野 聡史	アキノ サトシ	中2	○			

❶ TRIM関数の［文字列］に利用例1で取り出したフリガナを指定し、余分な空白を削除しています。

=JIS(TRIM(PHONETIC(C3)))

	A	B	C	D	E	F	G	H	I
1	学校案内資料請求状況								
2	No	受付日	氏名	フリガナ	学年	面接希望			
3	1	2018/9/1	江戸川　未来	エドガワ　ミキ	中3	○			
4	2	2018/9/1	角田　裕翔	カクタ　ユウト	中1	○			
5	3	2018/9/1	秋野 聡史	アキノ　サトシ	中2	○			

❷ JIS関数の［文字列］に❶で余分な空白を削除したフリガナを指定し、全角カタカナに統一しています。

Memo

関数で整形した文字は指定できない

PHONETIC関数はセルの入力情報を取り出します。関数で整形した文字は入力情報ではないのでフリガナは取り出せません。右の図のように、TRIM関数で整形したセルをPHONETIC関数の［参照］に指定しても、何も表示されません。

曜日を自動で入力する

TEXT関数は、計算に利用できる数値を、指定した書式の文字列に変換する機能を持ちます。たとえば、日付データを、日付に対応する曜日の書式に変換できます。

書式 分類 文字列操作 2010 2013 2016 2019

TEXT（値,表示形式）

引数

[値] 数値や日付、時刻などの数値や数値の入ったセルを指定します。

[表示形式] 表示形式を「"（ダブルクォーテーション）」で囲んで指定します。表示形式は英数字や記号で定義されている書式記号を使います。

利用例 1 TEXT

日付をもとに曜日を自動的に入力する

申込受付日を使って、日付に対応する曜日を入力します。

=TEXT(C3,"aaa")

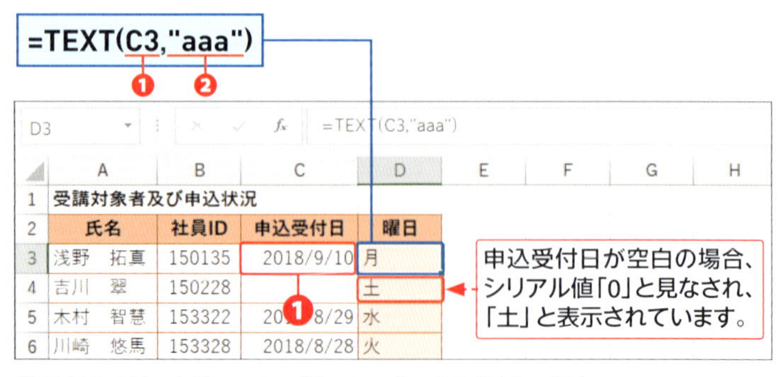

	A	B	C	D
1	受講対象者及び申込状況			
2	氏名	社員ID	申込受付日	曜日
3	浅野　拓真	150135	2018/9/10	月
4	吉川　翠	150228		土
5	木村　智慧	153322	2018/8/29	水
6	川崎　悠馬	153328	2018/8/28	火

❶「申込受付日」が入った日付のセル［C3］を［値］に指定します。

❷［表示形式］に「"aaa"」と指定し、1文字の曜日形式で表示されるようにします。

利用例 2　TEXT/IF

日付が空白の場合は曜日も空白にする

申込受付日が未入力の場合は、曜日に何も表示しないようにします。

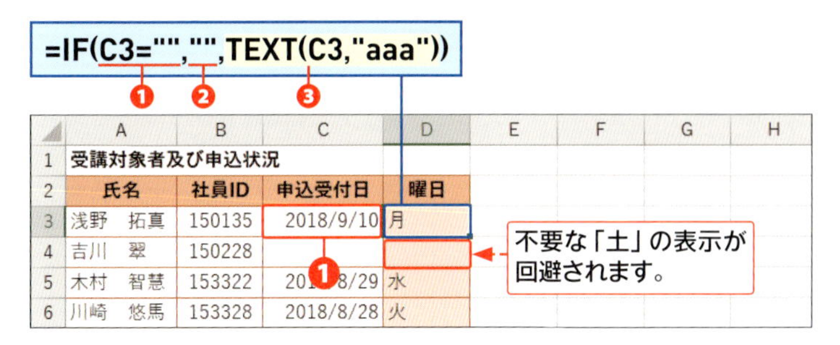

	A	B	C	D
1	受講対象者及び申込状況			
2	氏名	社員ID	申込受付日	曜日
3	浅野　拓真	150135	2018/9/10	月
4	吉川　翠	150228		
5	木村　智慧	153322	2018/8/29	水
6	川崎　悠馬	153328	2018/8/28	火

❶ IF関数の［論理式］に「C3=""」と入力し、申込受付日が空白かどうか判定しています。

❷ IF関数の［真の場合］に「""」を指定し、申込受付日が空白の場合は何も表示しないようにしています。

❸ IF関数の［偽の場合］にTEXT関数を指定し、申込受付日を1文字の曜日形式に変換しています。

Hint

TEXT関数とセルの表示形式の違い

TEXT関数による曜日と、セルの表示形式で設定した曜日は、どちらも見た目は同じですが、大きく異なります。TEXT関数の戻り値は文字列であり、日付の表示形式は数値です。セル内の配置を変更しない限り、文字列は左詰めで表示されますし、日付の表示形式を曜日に変更した場合は、右詰めで表示されます。

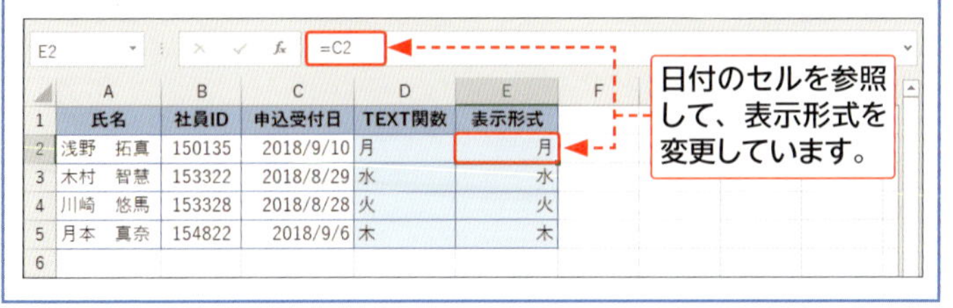

	A	B	C	D	E
1	氏名	社員ID	申込受付日	TEXT関数	表示形式
2	浅野　拓真	150135	2018/9/10	月	月
3	木村　智慧	153322	2018/8/29	水	水
4	川崎　悠馬	153328	2018/8/28	火	火
5	月本　真奈	154822	2018/9/6	木	木
6					

Memo

曜日を表す書式記号

利用例1の「aaa」以外の曜日を表す書式記号は右のとおりです。

書式記号	表示例
aaaa	月曜日
ddd	Mon
dddd	Monday

文字を半角または全角文字に整える

表内に全角文字と半角文字が混ざると、表の見栄えが悪くなったり、正しい集計ができなくなったりします。ASC関数やJIS関数を利用すると、文字列を半角文字や全角文字に統一できます。

書式　分類　文字列操作　2010　2013　2016　2019

ASC（文字列）
JIS（文字列）

引数

［文字列］　文字列や文字列の入ったセルを指定します。文字列を直接引数に指定する場合は、文字列の前後を「"（ダブルクォーテーション）」で囲みます。また、指定できるセルは1つだけです。

■文字種の変換

さまざまな文字列に対するASC関数とJIS関数の戻り値は次のとおりです。ASC関数では、半角文字が存在しない漢字やひらがなを指定してもエラーにならず、全角文字のまま表示されます。また、両関数ともに、数値や論理値が指定された場合は、半角／全角の文字列に変換します。

=ASC(B2)　　=JIS(F2)

	A	B	C	D	E	F	G
1	文字種	文字列	ASC関数		文字種	文字列	JIS関数
2	全角数字	２０１９	2019		半角数字	2019	２０１９
3	全角英字	ＥＸＣＥＬ	EXCEL		半角英字	EXCEL	ＥＸＣＥＬ
4	全角カナ	エクセル	ｴｸｾﾙ		半角ｶﾅ	ｴｸｾﾙ	エクセル
5	ひらがな	えくせる	えくせる		ひらがな	えくせる	えくせる
6	漢字	関数	関数		漢字	関数	関数
7	数値	2019	2019		数値	2019	２０１９
8	論理値	TRUE	TRUE		論理値	TRUE	ＴＲＵＥ

数値や論理値はセル内で左揃えになり、文字列に変換されます。

利用例 1　ASC

メールアドレスを半角文字に揃える

全角文字が混在するユーザー名を使って半角のメールアドレスを作成します。

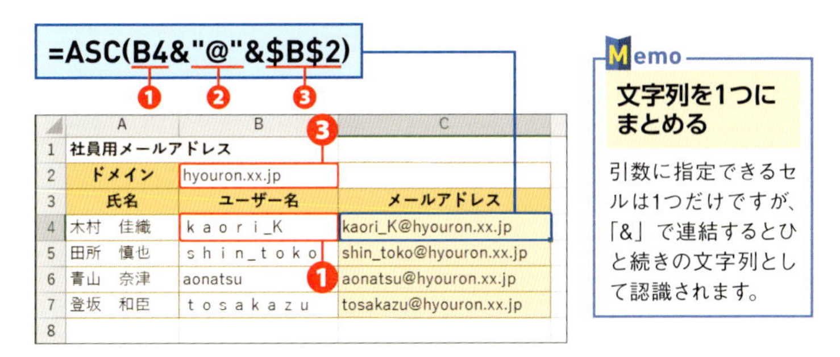

❶「ユーザー名」の入ったセル [B4] を指定します。

❷ メールアドレスの「@」を「"（ダブルクォーテーション）」で囲み、直接指定します。

❸「ドメイン」を入力したセル [B2] を絶対参照で指定します。

利用例 2　JIS

明細表の半角文字を全角文字に揃える

家計簿の「場所」に入力された文字を全角文字に揃えます。

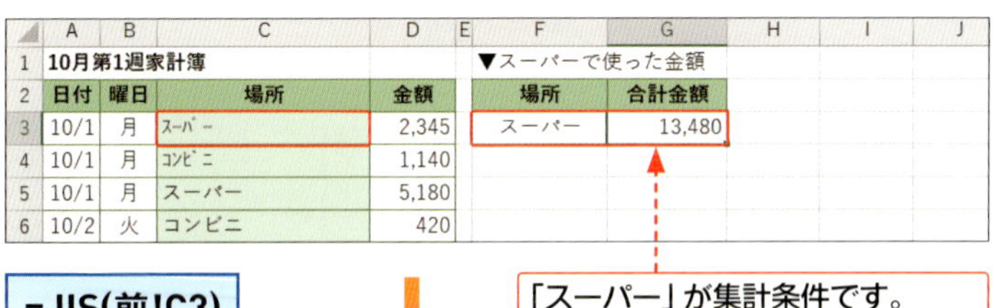

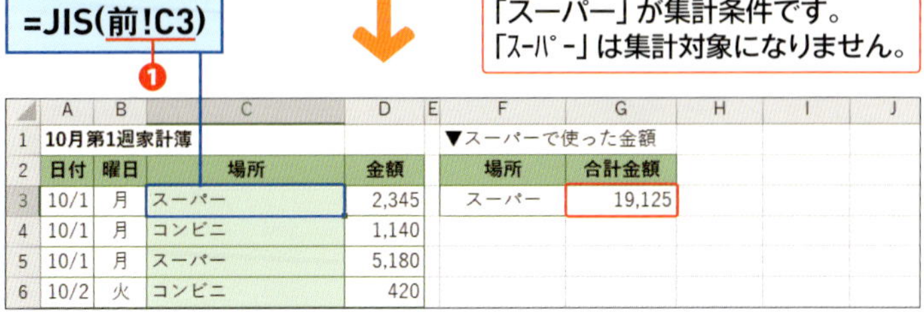

❶「前」シートのセル [C3] を [文字列] に指定します。

英字を整える

英字の大文字や小文字の混在は、集計や抽出を行う際のトラブルの原因になります。Excelでは大文字と小文字が異なるだけで別の値と認識するためです。関数を使って英字の体裁を整えましょう。

書式　分類　文字列操作　2010 2013 2016 2019

UPPER（文字列）
LOWER（文字列）
PROPER（文字列）

引数

［文字列］　文字列や文字列の入ったセルを指定します。文字列を直接引数に指定する場合は、文字列の前後を「"（ダブルクォーテーション）」で囲みます。なお、指定できるセルは1つだけです。

利用例 1　UPPER/LOWER

英字を小文字や大文字に整える

商品分類を小文字に、サイズを大文字に整えます。

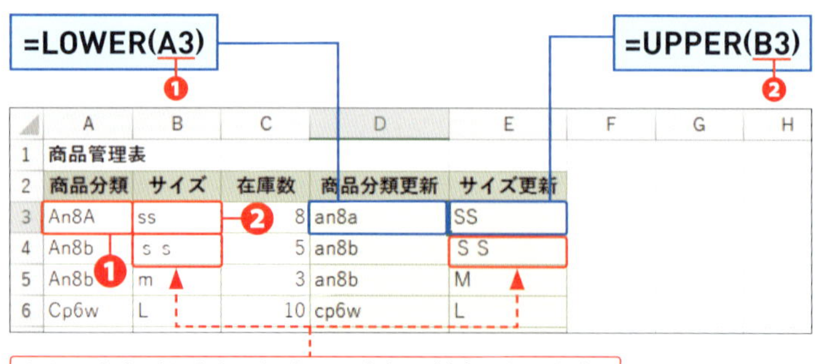

	A	B	C	D	E	F	G	H
1	商品管理表							
2	商品分類	サイズ	在庫数	商品分類更新	サイズ更新			
3	An8A	ss	8	an8a	SS			
4	An8b	ｓｓ	5	an8b	ＳＳ			
5	An8b	m	3	an8b	M			
6	Cp6w	L	10	cp6w	L			

もとの文字列が全角の場合は、全角の英字になります。

❶「商品分類」のセル［A3］をLOWER関数の［文字列］に指定します。

❷「サイズ」のセル［B3］をUPPER関数の［文字列］に指定します。

利用例 2　PROPER

ローマ字の氏名を先頭だけ大文字に揃える

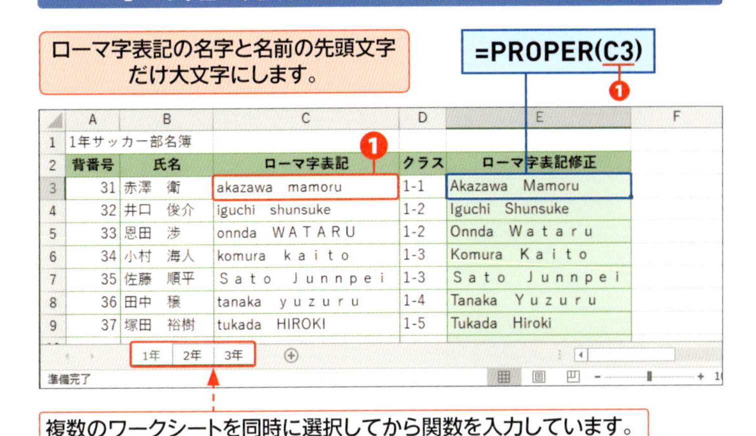

❶「ローマ字表記」のセル [C3] を [文字列] に指定します。

Memo

半角文字には揃わない

UPPER関数、LOWER関数、PROPER関数では、半角文字には揃えません。もとの文字列が全角の英字の場合は、全角文字のまま表示されます。

利用例 3　ASC/PROPER

英字を揃えてから半角文字に統一する

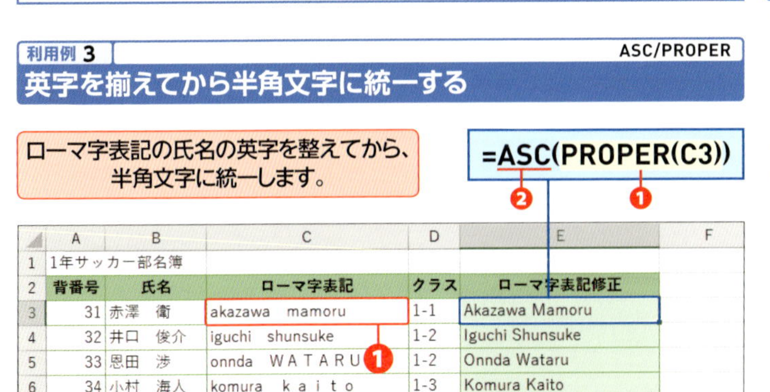

❶ 利用例2と同様です。「ローマ字表記」のセル [C3] の文字列を先頭だけ大文字に整えています。

❷ ❶で得られた文字列をASC関数の [文字列] に指定し、半角文字に整えています。

余分な空白を削除する

データ入力の際、空白文字で見栄えを調整しているケースがあります。余分な空白は、集計や抽出機能を使う際のトラブルの原因になります。TRIM関数で余分な空白を一掃しましょう。

書式　分類　文字列操作　2010 2013 2016 2019

TRIM(文字列)

引数

[文字列]　文字列や文字列の入ったセルを指定します。文字列を直接引数に指定する場合は、文字列の前後を「"(ダブルクォーテーション)」で囲みます。なお、指定できるセルは1つだけです。

利用例 1　TRIM

余分なスペースを削除する

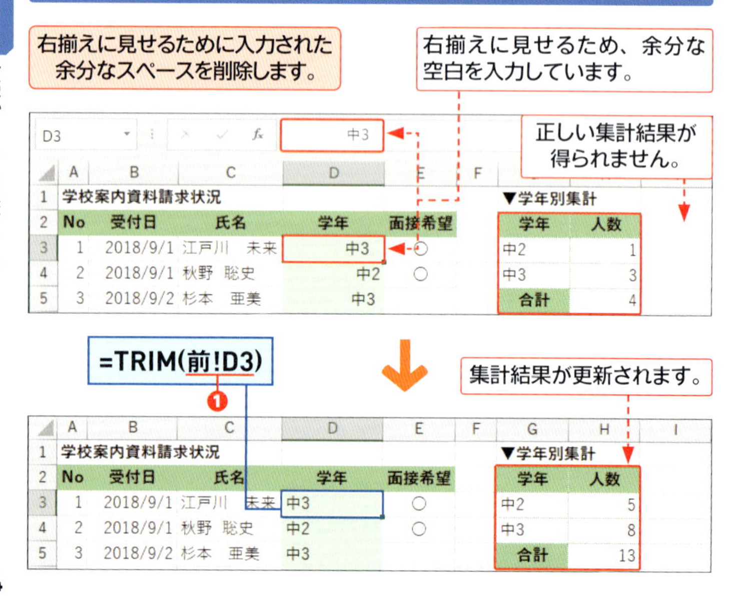

❶「前」シートの「学年」のセル［D3］を［文字列］に指定し、余分な空白文字を削除しています。

利用例 2 TRIM

文字間の余分なスペースを削除する

氏名の姓と名の間の空白文字を1文字に整えます。

	A	B	C	D	E	F	G
1	申し込み者名簿（中3）						
2	No	受付日	氏名	フリガナ	学年	面接希望	
3	3-1	2018/9/1	江戸川　　未来	エドガワ　ミキ	中3	○	
4	3-2	2018/9/2	杉本　亜美	スギモト　アミ	中3		
5	3-3	2018/9/2	北川　　美野里	キタガワ　ミ			
6	3-4	2018/9/3	榎本　　勇樹	エノモト　ユ			
7	3-5	2018/9/3	佐藤　　美穂	サトウ　ミホ	中3		

氏名の姓と名の間の空白がバラバラです。

=TRIM(前!C3)

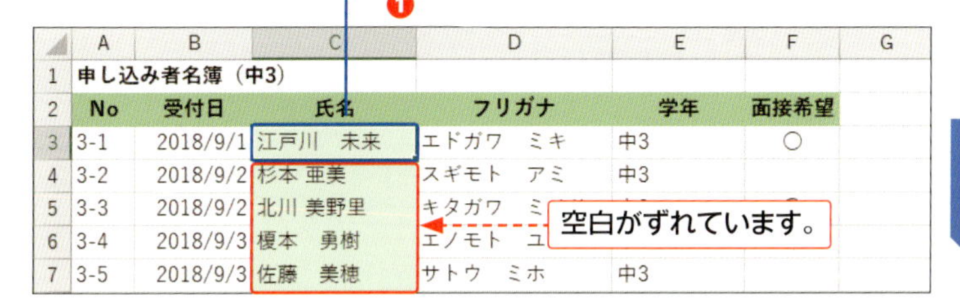

	A	B	C	D	E	F	G
1	申し込み者名簿（中3）						
2	No	受付日	氏名	フリガナ	学年	面接希望	
3	3-1	2018/9/1	江戸川　未来	エドガワ　ミキ	中3	○	
4	3-2	2018/9/2	杉本 亜美	スギモト　アミ	中3		
5	3-3	2018/9/2	北川 美野里	キタガワ　ミ			
6	3-4	2018/9/3	榎本　勇樹	エノモト　ユ			
7	3-5	2018/9/3	佐藤　美穂	サトウ　ミホ	中3		

❶「前」シートの「氏名」のセル［C3］を［文字列］に指定し、文字間に空白1文字を残して、余分な空白文字を削除しています。

氏名の姓と名の間の空白文字を1文字に揃え、全角文字に統一します。

=JIS(TRIM(前!C3))

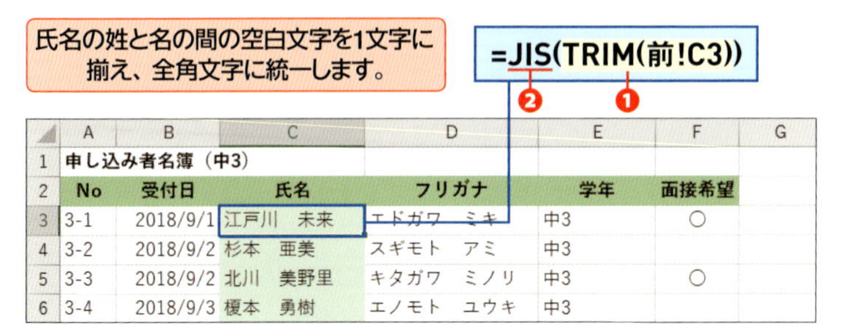

	A	B	C	D	E	F	G
1	申し込み者名簿（中3）						
2	No	受付日	氏名	フリガナ	学年	面接希望	
3	3-1	2018/9/1	江戸川　未来	エドガワ　ミキ	中3	○	
4	3-2	2018/9/2	杉本　亜美	スギモト　アミ	中3		
5	3-3	2018/9/2	北川　美野里	キタガワ　ミノリ	中3	○	
6	3-4	2018/9/3	榎本　勇樹	エノモト　ユウキ	中3		

❶ 文字間のスペースを1つ残して、残りの余分なスペースを削除します。

❷ ❶で得られた文字列をJIS関数の［文字列］に指定します。ここでは、半角スペースが全角に整えられます。

文字をつなげて新たな文字を作る

関数を使うと、個別に入力された文字列をつなげて1つにまとめたり、指定した文字列を挟みながらつなげたりできます。たとえば、都道府県と市町村を1つの住所にまとめられます。

書式

分類 文字列操作		2010	2013	2016	2019
	CONCATENATE	2010	2013	2016	2019
	CONCAT/TEXTJOIN				2019

CONCATENATE (文字列1,文字列2,･･･)
CONCAT (テキスト1, テキスト2,･･･)
TEXTJOIN (区切り記号,空のセルは無視,テキスト1,テキスト2,･･･)

引数

[文字列] 文字列や文字列の入ったセルを指定します。文字列を直接引数に指定する場合は、文字列の前後を「"(ダブルクォーテーション)」で囲みます。文字列や文字列の入ったセルは、連結したい順に1つずつ指定します。

[テキスト] CONCAT関数とTEXTJOIN関数で利用します。CONCATENATE関数の[文字列]と同様ですが、セル範囲の指定もできます。

[区切り記号] TEXTJOIN関数で利用します。[テキスト]に指定した文字列と文字列の間に挟みながらつなげる文字列を指定します。文字列を直接引数に指定する場合は、文字列の前後を「"(ダブルクォーテーション)」で囲みます。

[空のセルは無視] TEXTJOIN関数で利用します。空白セルがあった場合に[区切り記号]を入れて連結するかどうかを論理値で指定します。空白セルは無視して区切り文字を入れないときは「TRUE」、空白セルがあっても区切り文字を入れながらつなげるときは、「FALSE」を指定します。

Memo

CONCATENATE関数の分類

CONCATENATE関数の後継にあたるCONCAT関数が追加されたため、Excel2016の一部とExcel2019のCONCATENATE関数は、互換性関数に分類されています。

利用例 1　CONCATENATE/CONCAT

住所を1つのセルにまとめる

CONCATENATE関数を使って住所を1つのセルにまとめます。

=CONCATENATE(B2,C2,D2,E2)
　　　　　　　　❶ ❷ ❸ ❹

	B	C	D	E	F
1	都道府県	市町村	番地	建物名	住所統合
2	東京都	三鷹市上連雀	5-6-7		東京都三鷹市上連雀5-6-7
3	東京都	練馬区関町	4-5-6	ABCビル	東京都練馬区関町4-5-6ABCビル
4		杉並区松庵	7-8-9		杉並区松庵7-8-9

❶「都道府県」のセル[B2]を[文字列1]に指定します。
❷「市町村」のセル[C2]を[文字列2]に指定します。
❸「番地」のセル[D2]を[文字列3]に指定します。
❹「建物名」のセル[E2]を[文字列4]に指定します。

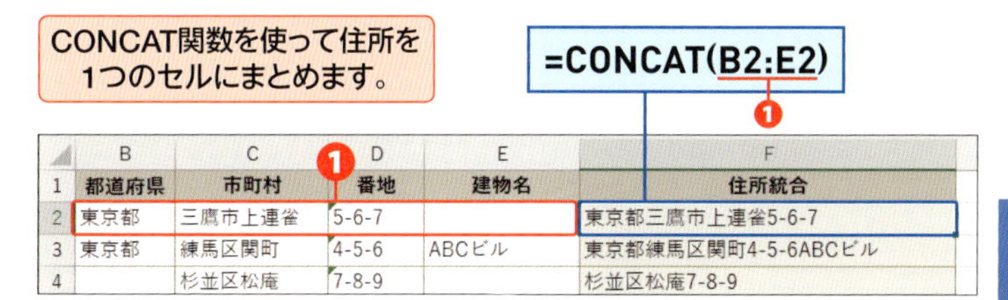
CONCAT関数を使って住所を1つのセルにまとめます。

=CONCAT(B2:E2)
　　　　❶

	B	C	D	E	F
1	都道府県	市町村	番地	建物名	住所統合
2	東京都	三鷹市上連雀	5-6-7		東京都三鷹市上連雀5-6-7
3	東京都	練馬区関町	4-5-6	ABCビル	東京都練馬区関町4-5-6ABCビル
4		杉並区松庵	7-8-9		杉並区松庵7-8-9

❶「都道府県」「市町村」「番地」「建物名」のセル範囲[B2:E2]を、[テキスト1]に指定しています。

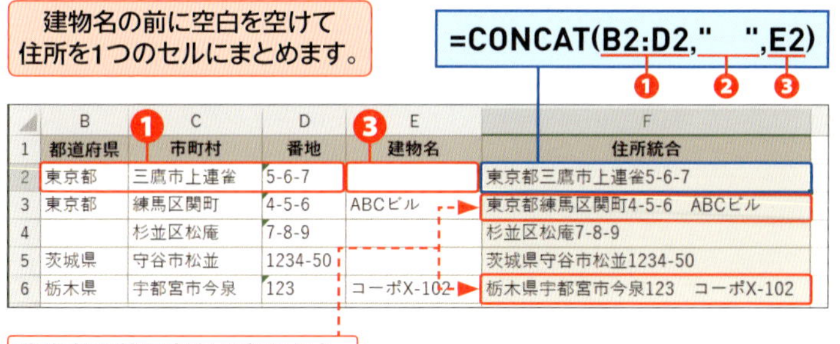
建物名の前に空白を空けて住所を1つのセルにまとめます。

=CONCAT(B2:D2,"　",E2)
　　　　❶　　❷　❸

	B	C	D	E	F
1	都道府県	市町村	番地	建物名	住所統合
2	東京都	三鷹市上連雀	5-6-7		東京都三鷹市上連雀5-6-7
3	東京都	練馬区関町	4-5-6	ABCビル	東京都練馬区関町4-5-6　ABCビル
4		杉並区松庵	7-8-9		杉並区松庵7-8-9
5	茨城県	守谷市松並	1234-50		茨城県守谷市松並1234-50
6	栃木県	宇都宮市今泉	123	コーポX-102	栃木県宇都宮市今泉123　コーポX-102

建物名の前に空白が空きます。

❶[テキスト1]に都道府県から番地までのセル範囲[B2:D2]を指定します。
❷[テキスト2]に「"　"」と指定し、建物名の前に空白文字をつなげています。
❸[テキスト3]に建物名のセル[E2]を指定します。

利用例 2　CONCATENATE/TEXTJOIN

姓と名から氏名を作成する

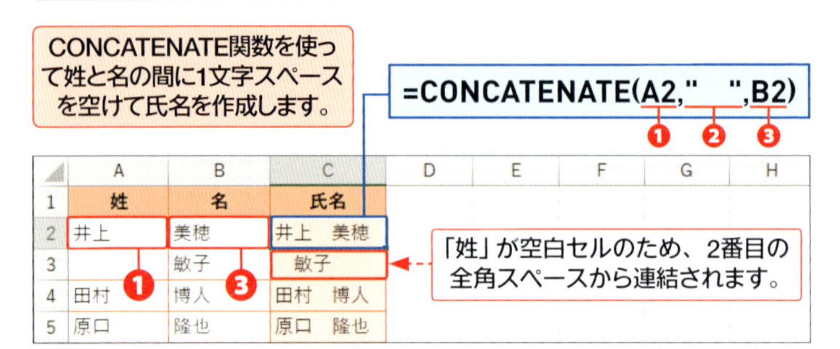

❶「姓」のセル[A2]を[文字列1]に指定します。

❷ 全角スペース「"　"」を[文字列2]に指定します。

❸「名」のセル[B2]を[文字列3]に指定します。

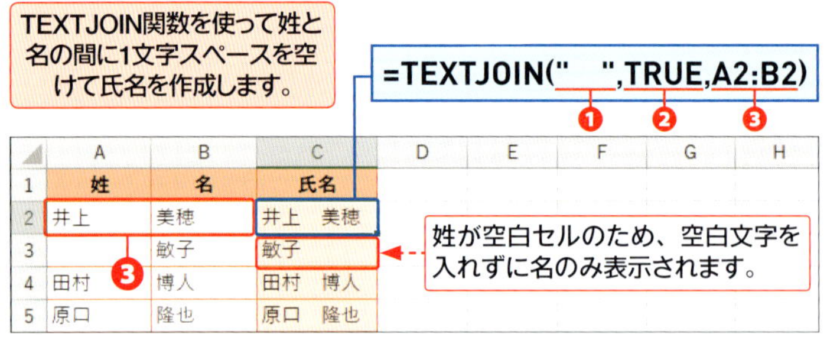

❶ [区切り記号]に「"　"」を指定します。

❷ [空のセルを無視]は「TRUE」を指定して、[テキスト]に指定したセルが空白の場合は、[区切り記号]を入れないようにします。

❸ [テキスト1]に姓と名のセル範囲[A2:B2]を指定します。

Hint
文字列演算子を利用して文字を連結する

CONCATENATE関数やCONCAT関数の代わりに文字列演算子「&(アンパササント)」を利用して、文字列を連結することもできます。ただし「&」は関数ではないので、セルや数式バーに直接入力します。

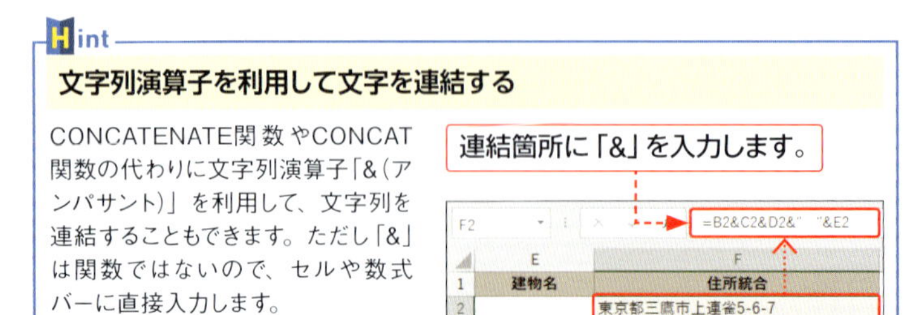

利用例 3　CONCAT/TEXTJOIN

ローマ字名と年齢を連結する

ローマ字表記の名と姓は半角の空白を空けて連結し、年齢の前に「 Age.」と入れて連結します。

=CONCAT(B2," ",C2," Age.",D2)

❶ ❷ ❸ ❹ ❺

	A	B	C	D	E
1	氏名	ローマ字名	ローマ字姓	年齢	ローマ字名（年齢）
2	山田　章	Akira	Yamada	13	Akira Yamada Age.13
3	津村　雄介	Yuusuke	Tumura	14	Yuusuke Tumura Age.14
4	岡島　直人	Naoto	Okajima	13	Naoto Okajima Age.13
5	小塚　佳彦	Yoshihiko	Koduka	15	Yoshihiko Koduka Age.15
6	喜多村　大翔	Haruto	Kitamura	13	Haruto Kitamura Age.13

❶「ローマ字名」のセル[B2]を[テキスト1]に指定します。

❷ 半角スペース「" "」を[テキスト2]に指定します。

❸「ローマ字姓」のセル[C2]を[テキスト3]に指定します。

❹「" Age."」を[テキスト4]に指定します。

❺ 年齢のセル[D2]を[テキスト5]に指定します。

TEXTJOIN関数を使ってローマ字名と年齢を連結します。

=TEXTJOIN($B$1:$C$1,TRUE,B3:D3)

❶ ❷ ❸

	A	B	C	D	E
1	区切り記号		Age.		
2	氏名	ローマ字名	ローマ字姓	年齢	ローマ字名（年齢）
3	山田　章	Akira	Yamada	13	Akira Yamada Age.13
4	津村　雄介	Yuusuke	Tumura	14	Yuusuke Tumura Age.14
5	岡島　直人	Naoto	Okajima	13	Naoto Okajima Age.13
6	小塚　佳彦	Yoshihiko	Koduka	15	Yoshihiko Koduka Age.15

❶ [区切り記号]にセル範囲[B1:C1]を絶対参照で指定します。セル[B1]には半角スペース、セル[C1]には、「 Age.」と入力しています。

❷ [空のセルを無視]は「TRUE」を指定します。

❸ ローマ字名、ローマ字姓、年齢のセル範囲[B3:D3]を[テキスト1]に指定します。ここでは、文字列と区切り文字を交互に挟みながら、セル[B3]、[B1]、[C3]、[C1]、[D3]の順に連結されます。

文字を数える

セル内の文字数を求めると、桁数の決まった番号が正しく入力できているかどうかを判定したり、入力された文字に全角と半角が混在しているかどうかを判定したりすることができます。

書式 分類 文字列操作 2010 2013 2016 2019

LEN(文字列)
LENB(文字列)

引数

[文字列] 文字列や文字列の入ったセルを指定します。文字列を直接引数に指定する場合は、文字列の前後を「"(ダブルクォーテーション)」で囲みます。なお、指定できるセルは1つだけです。

利用例 1 LENB

店舗IDの入力桁数を求める

店舗IDの入力桁数を求めます。

=LENB(A2) ❶

B2 =LENB(A2)

	A	B	C	D	E
1	店舗ID	IDチェック	店舗名	地域	出店形態
2	HR001	5	小樽	北海道	路面
3	HS002	5	札幌CS	北海道	ショッピングセンター

❶ 「店舗ID」のセル[A2]を[文字列]に指定します。

Hint

改行と半角カナの濁点と半濁点は1文字と数える

LEN関数では1文字、LENB関数では1バイトと数えます。たとえば、「ﾎﾟ」はLEN関数は2文字、LENB関数は2バイトになります。

- セル内での Alt + Enter による強制改行
- 半角カナの濁点(ﾛｰｽﾞの「ｽﾞ」の「ﾞ」)
- 半角カナの半濁点(ﾎﾟｲﾝﾄの「ﾎﾟ」の「ﾟ」)

利用例 2　LENB/IF
店舗IDの入力桁数をチェックする

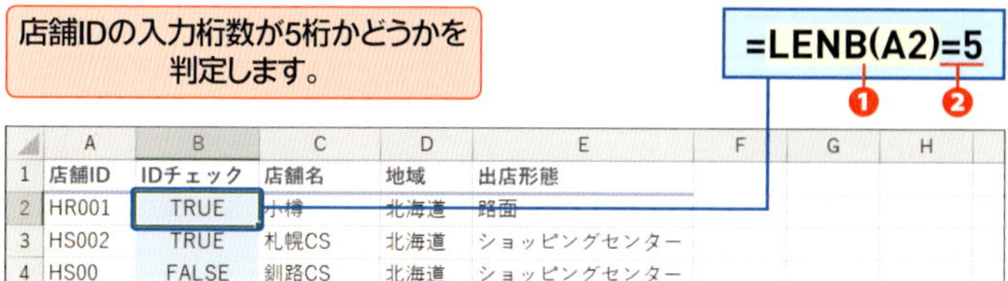

❶ 利用例1の式をそのまま利用します。店舗IDのセル [A2] の入力桁数を求めています。

❷ 店舗IDの入力桁数が5に等しいかどうか比較しています。

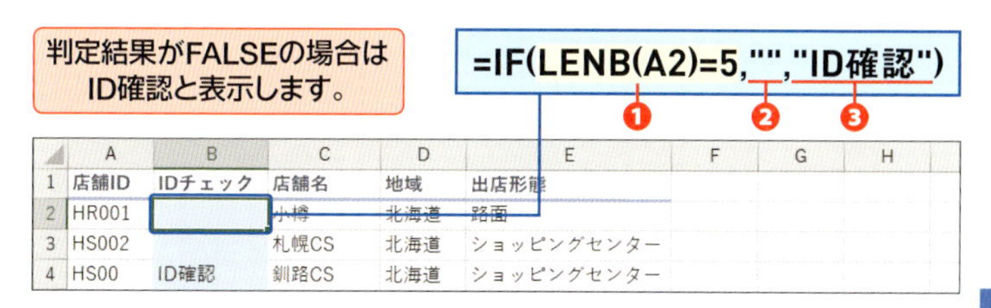

❶ 上図の比較式をそのままIF関数の [論理式] に指定します。

❷ [真の場合] は「""」を入力し、何も表示しないようにします。

❸ [偽の場合] は「"ID確認"」と指定します。

利用例 3　LEN/LENB
住所が全角で入力されているかどうかチェックする

❶ 全角／半角に関わらず1文字と数えるLEN関数の [文字列] に、「住所」のセル [B2] を指定して2倍します。

❷ 全角1文字を2バイトと数えるLENB関数の [文字列] にも、セル [B2] を指定します。

❸ ❶で求めた値と❷で求めた値が等しいかどうか判定しています。

指定した文字が何文字目にあるかを調べる

文字列内の特定の文字の位置をあらかじめ調べておくと、調べた場所にある文字を別の文字列に置き換えたり、文字列を分割するときの目印に利用したりすることができます。

書式

分類 文字列操作 2010 2013 2016 2019

FIND(検索文字列,対象[,開始位置])
FINDB(検索文字列,対象[,開始位置])
SEARCH(検索文字列,対象[,開始位置])
SEARCHB(検索文字列,対象[,開始位置])

引数

[検索文字列] 文字列や文字列の入ったセルを指定します。文字列を直接引数に指定する場合は、文字列の前後を「"(ダブルクォーテーション)」で囲みます。

[対象] [検索文字列]を探す対象となる文字列を、直接、または、セルで指定します。文字列を直接引数に指定する場合は、文字列の前後を「"(ダブルクォーテーション)」で囲みます。

[開始位置] [検索文字列]で指定した文字列を[対象]の何文字目から探し始めるのかを、数値や数値の入ったセルで指定します。省略すると、[対象]に指定した文字列の先頭から検索します。

Keyword

SEARCH/SEARCHB

SEARCH関数、SEARCHB関数ともに、FIND関数、FINDB関数と同様ですが、以下の点が異なります。

- SEARCH/SEARCHB関数では、[検索文字列]にワイルドカードを指定できる。
- SEARCH/SEARCHB関数では、英字の大文字/小文字を区別しない。

■開始位置の指定と省略

下図は、[開始位置] の指定によって結果が変わることを示しています。開始位置を省略した場合は、先頭の「東」が検索され、開始位置を「2」に指定した場合は、5文字目の「東」が検索されます。

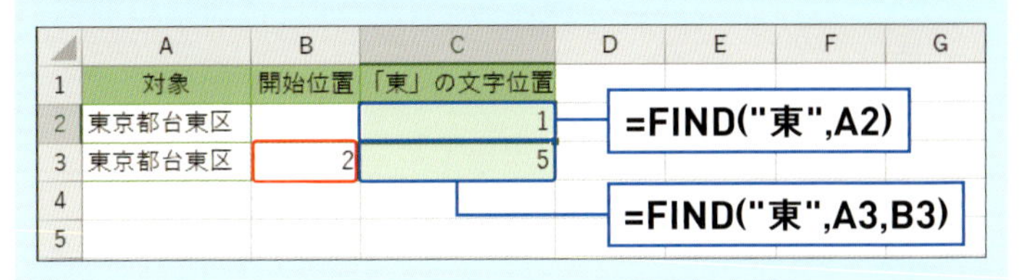

	A	B	C	D	E	F	G
1	対象	開始位置	「東」の文字位置				
2	東京都台東区		1				
3	東京都台東区	2	5				
4							
5							

利用例 1　FIND

住所の「県」の位置を検索する

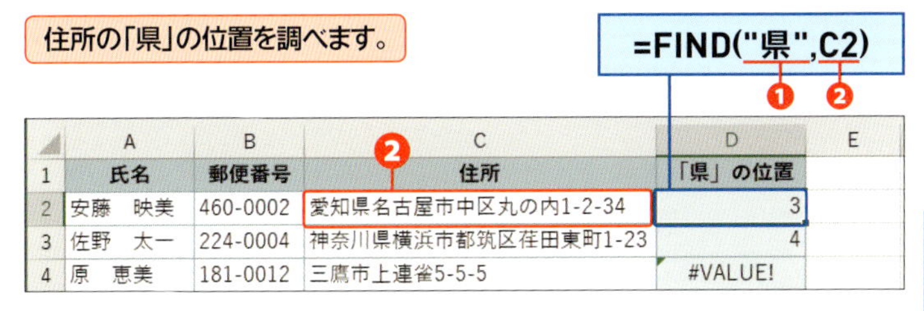

	A	B	C	D	E
1	氏名	郵便番号	住所	「県」の位置	
2	安藤　映美	460-0002	愛知県名古屋市中区丸の内1-2-34	3	
3	佐野　太一	224-0004	神奈川県横浜市都筑区荏田東町1-23	4	
4	原　恵美	181-0012	三鷹市上連雀5-5-5	#VALUE!	

❶ [検索文字列] に「"県"」と入力します。

❷ [対象] に「住所」のセル [C2] を指定します。住所の先頭から「県」を探すため、[開始位置] は省略します。

利用例 2　IFERROR/FIND

住所の「県」がない場合は「3」を表示する

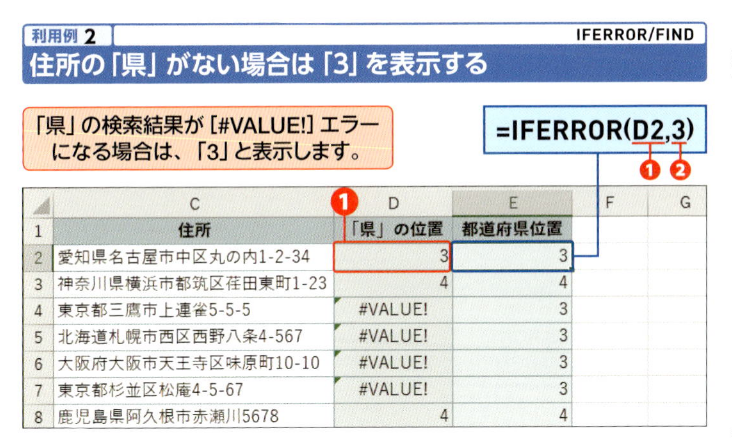

	C	D	E	F	G
1	住所	「県」の位置	都道府県位置		
2	愛知県名古屋市中区丸の内1-2-34	3	3		
3	神奈川県横浜市都筑区荏田東町1-23	4	4		
4	東京都三鷹市上連雀5-5-5	#VALUE!	3		
5	北海道札幌市西区西野八条4-567	#VALUE!	3		
6	大阪府大阪市天王寺区味原町10-10	#VALUE!	3		
7	東京都杉並区松庵4-5-67	#VALUE!	3		
8	鹿児島県阿久根市赤瀬川5678	4	4		

❶ IFERROR関数の[値]にFIND関数を入力したセル[D2]を指定し、エラーかどうかを判定します。

❷ [エラーの場合の値]に「3」を指定し、FIND関数の結果がエラーの場合は、「3」を表示するようにします。

利用例 3　FIND/SEARCH

全角スペースの位置を検索する

姓と名の間の全角スペースの位置を検索します。

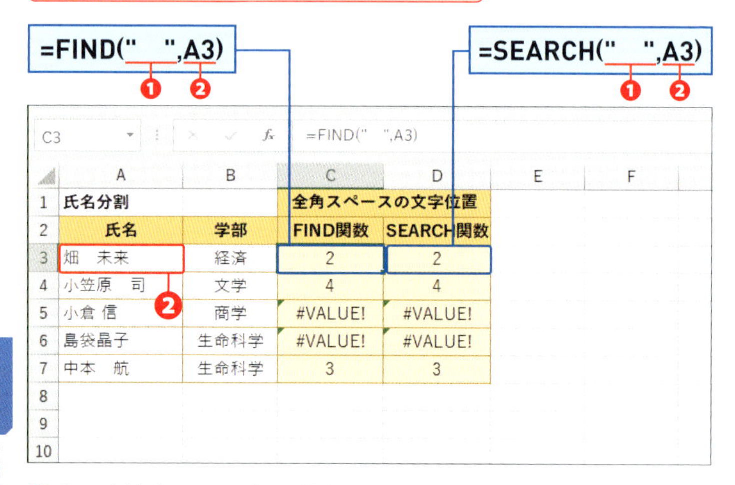

	A	B	C	D	E	F
1	氏名分割		全角スペースの文字位置			
2	氏名	学部	FIND関数	SEARCH関数		
3	畑　未来	経済	2	2		
4	小笠原　司	文学	4	4		
5	小倉 信	商学	#VALUE!	#VALUE!		
6	島袋晶子	生命科学	#VALUE!	#VALUE!		
7	中本　航	生命科学	3	3		
8						
9						
10						

❶ 「"　"」(全角スペース)を[検索文字列]に指定します。

❷ 「氏名」のセル[A3]を[対象]に指定します。氏名の先頭から探すため、[開始位置]は省略します。

Memo

FIND関数、SEARCH関数ともに全角／半角を区別する

FIND関数、SEARCH関数のどちらも、全角文字と半角文字を区別します。したがって、全角スペースがない場合は、[#VALUE!] エラーになります。

Memo

検索文字列には「"　"」を指定する

検索文字列に全角スペースを指定するには、半角の「"(ダブルクォーテーション)」の間をクリックして、日本語入力をオンにしてから Space を押して、全角スペースを入力します。「""」は長さ0の文字列になり、意味が異なるので注意します。

利用例 4 SEARCH

セルが空白かどうかチェックする

当日受付状況に余分な文字が入っていないかどうか事前にチェックします。

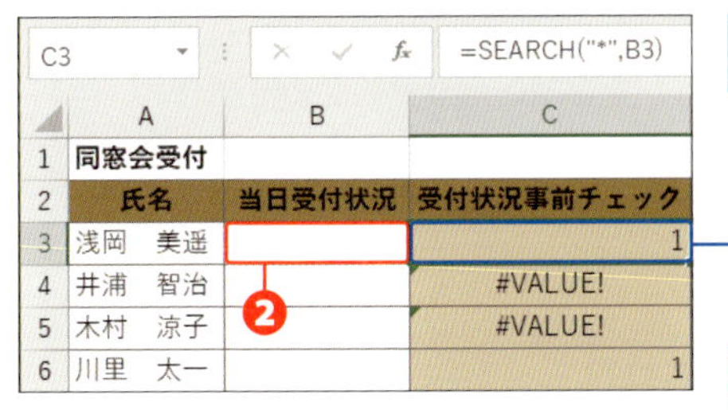

=SEARCH("*",B3)

❶ 何らかの文字列を表す「"*"」を［検索文字列］に指定します。

❷「当日受付状況」のセル［B3］を［対象］に指定します。値が入力されているかどうかを調べているため、開始位置は関係ありません。［開始位置］は省略します。

Memo

見つかった場合は必ず1文字目になる

利用例4の検索結果は、何かしらの値が入っていれば、1文字目から検索されるので、関数の戻り値は必ず「1」になります。

利用例 5 FIND

英字による評価を5段階評価に置き換える

A,B,C,D,Eの評価を5,4,3,2,1の5段階評価に置き換えます。

=FIND(C3,"EDCBA")

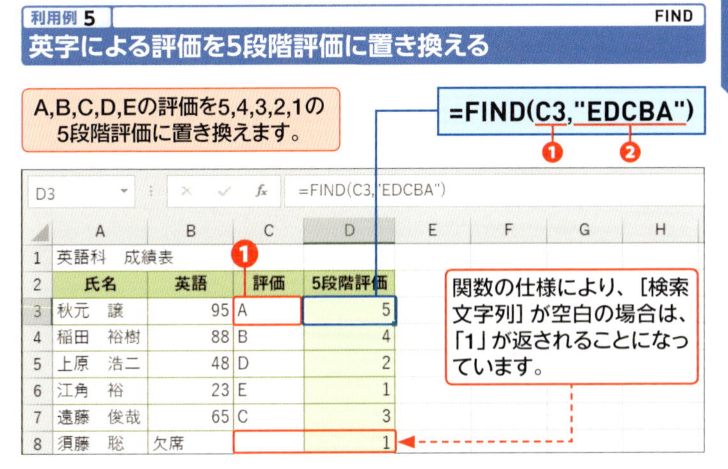

❶［検索文字列］に評価のセル［C3］を選択します。

❷［検索文字列］を探す［対象］に「"EDCBA"」と指定します。評価が「A」の場合は、5文字目、「B」の場合は4文字目のように、評価に応じた文字位置で5段階評価に置き換えています。

文字を先頭から取り出す

文字列の先頭から、指定した文字数を取り出す関数を使うと、住所から都道府県を取り出したり、氏名の姓を取り出したりすることができます。

書式 分類 文字列操作　2010 2013 2016 2019

LEFT（文字列［,文字数］）
LEFTB（文字列［,バイト数］）

引数

［文字列］　文字列や文字列の入ったセルを指定します。文字列を直接引数に指定する場合は、文字列の前後を「"（ダブルクォーテーション）」で囲みます。

［文字数］　［文字列］から取り出す文字数を数値や数値のセルで指定します。文字数は全角／半角を問わず、1文字と数えます。省略すると、1文字と見なされます。

［バイト数］　［文字列］から取り出すバイト数を数値や数値のセルで指定します。バイト数は、半角1字が1バイトです。省略すると1バイトと見なされます。

利用例 1　LEFT

住所から都道府県名を取り出す

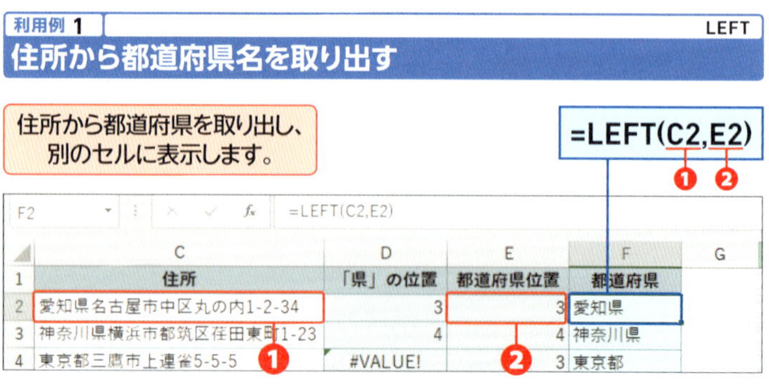

	C	D	E	F	G
1	住所	「県」の位置	都道府県位置	都道府県	
2	愛知県名古屋市中区丸の内1-2-34	3	3	愛知県	
3	神奈川県横浜市都筑区茬田東町1-23	4	4	神奈川県	
4	東京都三鷹市上連雀5-5-5	#VALUE!	3	東京都	

❶「住所」のセル［C2］を［文字列］に指定します。

❷「都道府県位置」のセル［E2］を［文字数］に指定します。

利用例 2　　LEFT

氏名の姓を取り出す

氏名から姓を取り出します。

=LEFT(A2,C2-1)

	A	B	C	D	E	F
1	氏名	学部	空白文字位置	姓		
2	畑　未来	経済	2	畑		
3	小笠原　司	文学	4	小笠原		

❶ 氏名のセル [A2] を [文字列] に指定します。

❷ 氏名の姓は、姓と名の間の空白文字を目印にしています。氏名の姓は、空白文字の1文字前までです。そこで、[文字数] には、空白文字位置のセル [C2] から1を引いて指定します。

利用例 3　　LEFT

番地を除く住所を取り出す

半角文字で入力された番地を除く住所を取り出します。

=LEN(C2)　=LENB(C2)　=LEFT(C2,E2-D2)

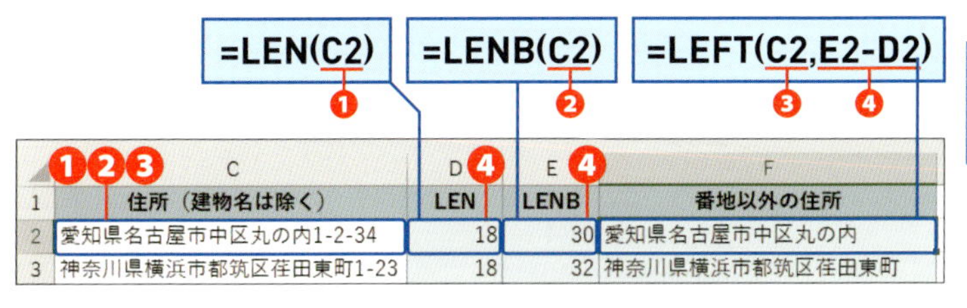

	C	D	E	F
1	住所（建物名は除く）	LEN	LENB	番地以外の住所
2	愛知県名古屋市中区丸の内1-2-34	18	30	愛知県名古屋市中区丸の内
3	神奈川県横浜市都筑区荏田東町1-23	18	32	神奈川県横浜市都筑区荏田東町

❶ 全角／半角を問わず1文字と数えるLEN関数の [文字列] に住所のセル [C2] を指定し、住所の文字数を求めています。

❷ 全角を2バイト、半角を1バイトと数えるLENB関数の [文字列] に住所のセル [C2] を指定し、住所のバイト数を求めています。

❸ LEFT関数の [文字列] に住所のセル [C2] を指定します。

❹ LEFT関数の[文字数]に❷と❶の差「E2-D2」を指定します（Memo参照）。

Memo

利用例3の前提条件

利用例3は、都道府県、市町村、番地までの住所であり、番地は半角文字で入力されていることを前提条件とします。住所に含まれる建物名は除きます。半角文字で入力した建物名や居室番号なども含めると、建物名の文字数の差も一緒に加算されてしまい、番地以前までの住所だけを取り出せないためです。

文字を途中から取り出す

ここでは、住所の市町村以降や氏名の名など、文字列の途中から指定した文字数を取り出す関数を紹介します。取り出しの開始位置は、FIND関数やSEARCH関数で検索しておきます。

書式　分類　文字列操作　2010　2013　2016　2019

MID（文字列,開始位置,文字数）
MIDB（文字列,開始位置,バイト数）

引数

[文字列]　文字列や文字列の入ったセルを指定します。文字列を直接引数に指定する場合は、文字列の前後を「"（ダブルクォーテーション）」で囲みます。

[開始位置]　文字を取り出し始める文字位置を数値や数値の入ったセルで指定します。

[文字数]　[文字列] から取り出す文字数を数値や数値のセルで指定します。文字数は全角／半角を問わず、1文字と数えます。なお、[文字数] が [文字列] の文字数より多い場合は、末尾まで取り出します。

[バイト数]　[文字列] から取り出すバイト数を数値や数値のセルで指定します。バイト数は、半角1字が1バイトです。なお、[バイト数] が [文字列] のバイト数より多い場合は、末尾まで取り出します。

利用例 1　MID

市町村名以降の住所を取り出す

住所から都道府県名を除く市町村名以降を取り出し、別のセルに表示します。

=MID(C2,E2+1,100)
❶ ❷ ❸

	C	D	E	F
1	住所 ❶	県の位置	都道府県位置 ❷	市町村番地
2	愛知県名古屋市中区丸の内1-2-34	3	3	名古屋市中区丸の内1-2-34
3	神奈川県横浜市都筑区茬田東町1-23	4	4	横浜市都筑区茬田東町1-23

❶「住所」のセル[C2]を[文字列]に指定します。

❷「都道府県位置」のセル[E2]の次の文字から取り出すので、「E2+1」を[開始位置]に指定します。

❸[文字数]には住所の文字数に十分大きな値を指定します。ここでは、「100」としています。

Memo

文字数には十分長い(大きい)値を入力しておく

住所の長さに十分な数値(例：100)を直接指定し、末尾まで取り出せるようにします。

利用例 2　MID

ローマ字表記の氏名を姓と名に分ける

ローマ字表記の氏名を半角スペースの位置を目印に姓と名にセルを分けます。

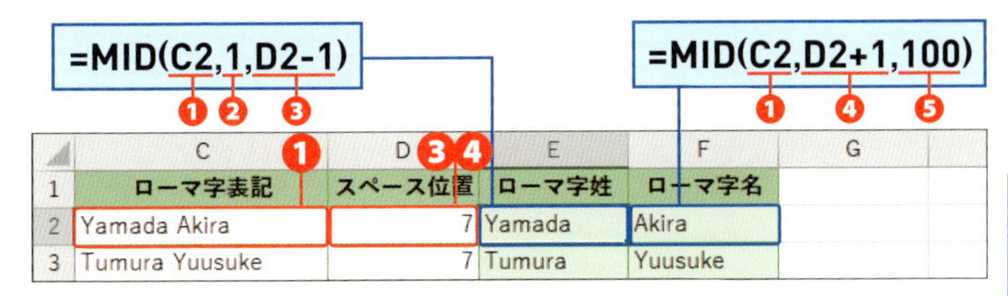

❶「ローマ字表記」のセル[C2]を[文字列]に指定します。

❷「ローマ字姓」は、「ローマ字表記」の先頭から取り出すので、[開始位置]に「1」を指定します。

❸「ローマ字姓」は、半角スペースの文字位置のセル[D2]の前の文字まで取り出すので、「D2-1」を[文字数]に指定します。

❹「ローマ字名」は、半角スペースの文字位置のセル[D2]の次の文字から取り出すので、「D2+1」を[開始位置]に指定します。

❺「ローマ字表記」の文字数に不足のない十分大きな値、ここでは「100」を指定し、末尾まで取り出しています。

Hint

ローマ字姓はLEFT関数でも取り出せる

ローマ字姓は、文字列の先頭から指定した文字数を取り出すLEFT関数も利用できます。LEFT関数の[文字数]には、半角スペースの1文字前まで指定します。

セル[E2] =LEFT(C2,D2-1)

文字を末尾から取り出す

文字列の末尾から、指定した文字数を取り出すにはRIGHT関数やRIGHTB関数を使います。関数名は「右」を表す「RIGHT」ですが、文字を横書きすると、文字の末尾は右側になります。

書式　分類　文字列操作　2010 2013 2016 2019

RIGHT（文字列［,文字数］）
RIGHTB（文字列［,バイト数］）

引数

［文字列］　文字列や文字列の入ったセルを指定します。文字列を直接引数に指定する場合は、文字列の前後を「"（ダブルクォーテーション）」で囲みます。

［文字数］　［文字列］から取り出す文字数を数値や数値のセルで指定します。文字数は全角／半角を問わず、1文字と数えます。省略すると、1文字と見なされます。

［バイト数］　［文字列］から取り出すバイト数を数値や数値のセルで指定します。バイト数は、半角1字が1バイトです。省略すると1バイトと見なされます。

利用例 1　RIGHT

桁数の異なる数字を3桁に揃える

エリアと3桁に揃えた受付Noから出店IDを発行します。

=A4&RIGHT(B4+1000,3)

	A	B	C	D	E	F	G	H
1	フリーマーケット出店ID発行							
2	※出店IDはエリアと受付Noで発行。受付Noは3桁に揃える							
3	エリア	受付No	出店責任者	出店ID				
4	S	5	田中　直樹	S005				
5	A	138	澤村　和己	A138				

❶［文字列］に「受付No」のセル［B4］に「1000」を足した「B4+1000」を指定します。

❷ [文字数] に「3」を指定します。

❸ エリアのセル [A4] と❶❷で揃えた3桁の受付Noを、文字列演算子「&」で連結します。

StepUp

フラッシュフィルで文字列を分割する

フラッシュフィルは、お手本に習い、他のセルに自動でデータ入力できる機能です。下図では、氏名をもとに、姓と名に分割しています。フラッシュフィルを使えば、目印を探したり、文字列を取り出したりする関数は必要ないようにみえます。しかし、フラッシュフィルは、全角／半角の統一など、文字列を揃えた状態で使うのが前提です。また、もとの文字列に変更があっても、更新はされません。

1 セル[A2]をもとに、セル[B2]に「岡」と入力します。

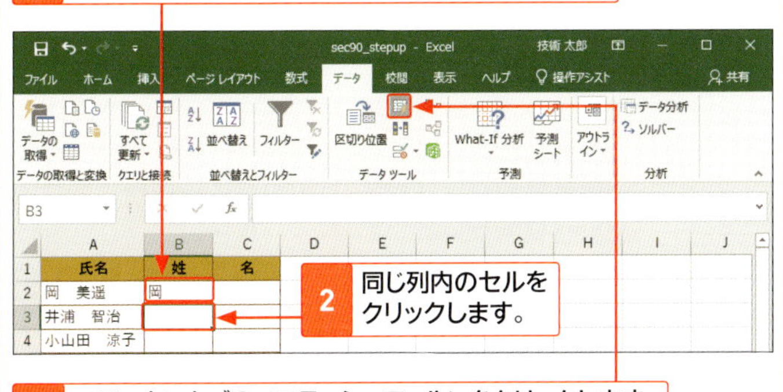

2 同じ列内のセルをクリックします。

3 <データ>タブの<フラッシュフィル>をクリックします。

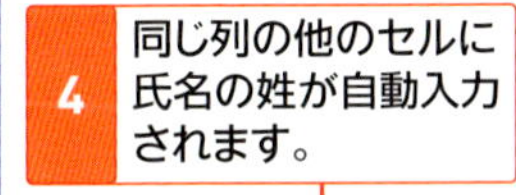

4 同じ列の他のセルに氏名の姓が自動入力されます。

5 セル [A2] の氏名の名をセル [C2] に入力してお手本とし、操作を繰り返すと、

	A	B	C
1	氏名	姓	名
2	岡 美遥	岡	
3	井浦 智治	井浦	
4	小山田 涼子	小山田	
5	川里 康平	川里	
6	峰 遼太郎	峰	

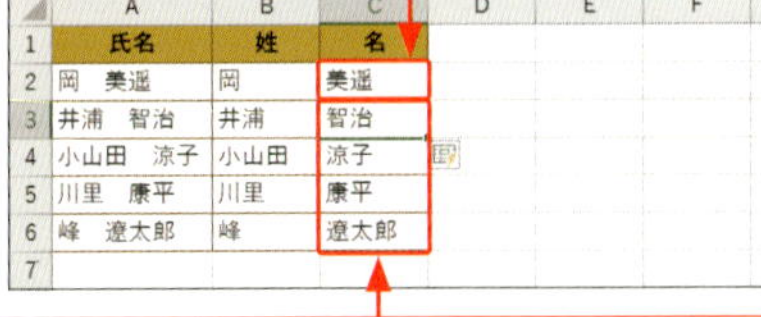

	A	B	C
1	氏名	姓	名
2	岡 美遥	岡	美遥
3	井浦 智治	井浦	智治
4	小山田 涼子	小山田	涼子
5	川里 康平	川里	康平
6	峰 遼太郎	峰	遼太郎

6 同じ列の他のセルに氏名の名が自動入力されます。

上の例では、最初に手本となる姓と名を入力することで、氏名のセルを使うことや、姓と名の間のスペースを区切りにしていることが認識されています。なお、フラッシュフィルは、セルの縦方向にしか自動入力されません。また、複数列をまとめて自動入力することはできません。

強制的に文字を置き換える

商品番号の4桁目に「-(ハイフン)」を入れる、名称の3文字目を別の文字に変えるなど、特定の場所の文字を置き換えるには、REPLACE関数やREPLACEB関数を利用します。

書式　分類　文字列操作　2010　2013　2016　2019

REPLACE(文字列,開始位置,文字数,置換文字列)
REPLACEB(文字列,開始位置,バイト数,置換文字列)

引数

[文字列]　文字列や文字列の入ったセルを指定します。文字列を直接指定する場合は、文字列の前後を「"(ダブルクォーテーション)」で囲みます。

[開始位置]　置換を開始する文字位置を、数値や数値のセルで指定します。

[文字数]　置換する文字数を指定します。「0」を指定すると、指定した文字位置に[置換文字列]の文字を挿入します。

[バイト数]　置換するバイト数を指定します。1バイトは半角1文字です。漢字やひらがなは1文字2バイトで換算します。動作は[文字数]と同様です。

[置換文字列]　置換後の文字列や文字列のセルを指定します。文字列を直接指定する場合は、文字列の前後を「"(ダブルクォーテーション)」で囲みます。何も指定しない場合は、[開始位置]から[文字数]([バイト数])分の文字列を削除します。ただし、この引数の省略はできないので、何も指定しない場合でも[文字数]([バイト数])の後の「,」(カンマ)は必要です。

Keyword

REPLACE/REPLACEB

文字列を、指定の開始位置から指定の文字数分だけ別の文字に置き換えます。REPLACE/REPLACEB関数では、もとの文字列の構成や内容には関係なく、位置と字数を指定して、強制的に文字列を置換します。商品番号や社員番号など、桁が揃っている文字列に対して利用すると効果的です。

利用例 1　REPLACE

5桁目の文字を強制的に置き換える

店舗IDの5桁目を強制的に「J」に置き換えます。

=REPLACE(A2,5,1,"J")

	A	B	C	D	E	F
1	店舗ID	新店舗ID	店舗名	地域	出店形態	
2	HR00O1	HR00J1	小樽	北海道	路面	
3	HS00S2	HS00J2	札幌CS	北海道	ショッピングセンター	
4	HS00K3	HS00J3	釧路CS	北海道	ショッピングセンター	

❶「店舗ID」のセル[A2]を[文字列]に指定します。

❷[開始位置]に「5」、[文字数]に「1」を指定し、5文字目から1文字分を置換するようにします。

❸「"J"」を[置換文字列]に指定し、5桁目を「J」に置換しています。

利用例 2　REPLACE

電話番号に「0」を補う

連絡先の電話番号の先頭に「0」を挿入します。

=REPLACE(B3,1,0,0)

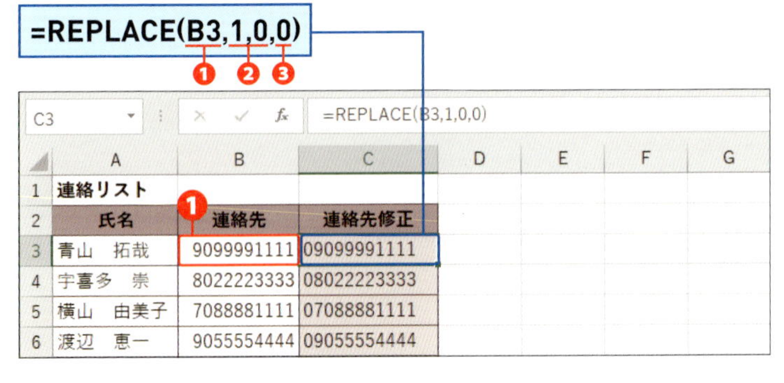

	A	B	C	D	E	F	G
1	連絡リスト						
2	氏名	連絡先	連絡先修正				
3	青山　拓哉	9099991111	09099991111				
4	宇喜多　崇	8022223333	08022223333				
5	横山　由美子	7088881111	07088881111				
6	渡辺　恵一	9055554444	09055554444				

❶「連絡先」の入ったセル[B3]を[文字列]に指定します。

❷[開始位置]に「1」、[文字数]に「0」を指定し、1文字目に文字を挿入します。

❸「0」を[置換文字列]に指定し、先頭に「0」を挿入します。

利用例 3　REPLACE

電話番号に「()」を補う

電話番号の最初の3桁をカッコで囲います。開きカッコを挿入します。

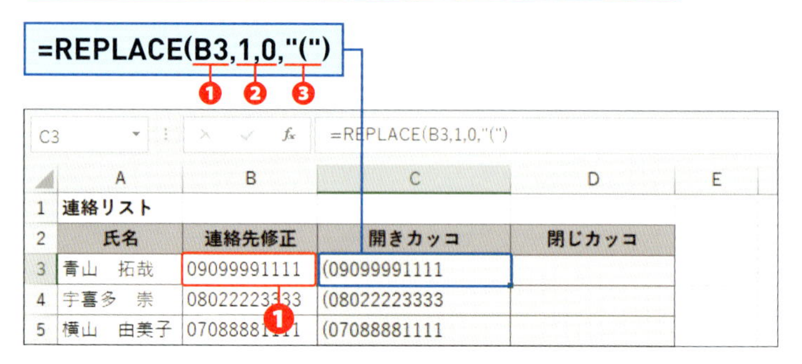

=REPLACE(B3,1,0,"(")

C3　=REPLACE(B3,1,0,"(")

	A	B	C	D	E
1	連絡リスト				
2	氏名	連絡先修正	開きカッコ	閉じカッコ	
3	青山　拓哉	09099991111	(09099991111		
4	宇喜多　崇	08022223333	(08022223333		
5	横山　由美子	07088881111	(07088881111		

❶「連絡先修正」のセル[B3]を[文字列]に指定します。

❷[開始位置]に「1」、[文字数]に「0」を指定し、1文字目に文字を挿入します。

❸開きカッコの前後をダブルクォーテーションで囲み、「"("」を[置換文字列]に指定します。先頭に開きカッコが挿入されます。

閉じカッコを挿入します。

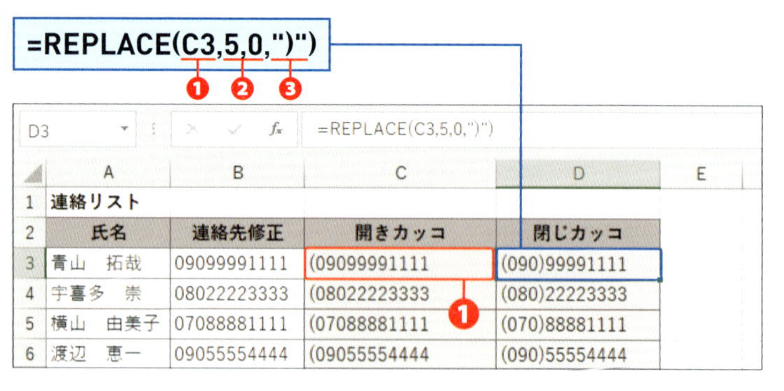

=REPLACE(C3,5,0,")")

D3　=REPLACE(C3,5,0,")")

	A	B	C	D	E
1	連絡リスト				
2	氏名	連絡先修正	開きカッコ	閉じカッコ	
3	青山　拓哉	09099991111	(09099991111	(090)99991111	
4	宇喜多　崇	08022223333	(08022223333	(080)22223333	
5	横山　由美子	07088881111	(07088881111	(070)88881111	
6	渡辺　恵一	09055554444	(09055554444	(090)55554444	

❶開きカッコを挿入したセル[C3]を[文字列]に指定します。

❷閉じカッコは5文字目に挿入するので、[開始位置]に「5」、[文字数]に「0」を指定します。

❸閉じカッコの前後をダブルクォーテーションで囲み、「")"」を[置換文字列]に指定します。5文字目に閉じカッコが挿入されます。

利用例 4　REPLACE

不要な文字を削除する

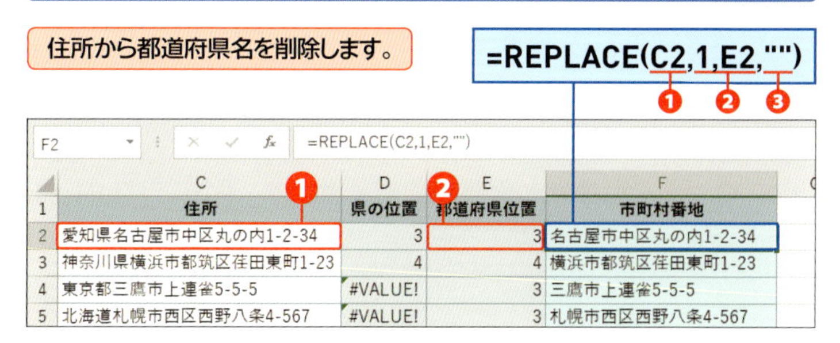

	C	D	E	F
1	住所	県の位置	都道府県位置	市町村番地
2	愛知県名古屋市中区丸の内1-2-34	3	3	名古屋市中区丸の内1-2-34
3	神奈川県横浜市都筑区荏田東町1-23	4	4	横浜市都筑区荏田東町1-23
4	東京都三鷹市上連雀5-5-5	#VALUE!	3	三鷹市上連雀5-5-5
5	北海道札幌市西区西野八条4-567	#VALUE!	3	札幌市西区西野八条4-567

❶「住所」のセル［C2］を［文字列］に指定します。

❷［開始位置］に［1］、［文字数］には「都道府県位置」のセル［E2］を指定し、住所の先頭から都道府県名までを置換対象にします。

❸［置換文字列］に「""」を指定し、❷で指定した置換対象を削除しています。

利用例 5　REPLACE/LENB/IF

7桁でない郵便番号の先頭に0を補う

住所録内で7桁でない郵便番号の先頭に0を補います。

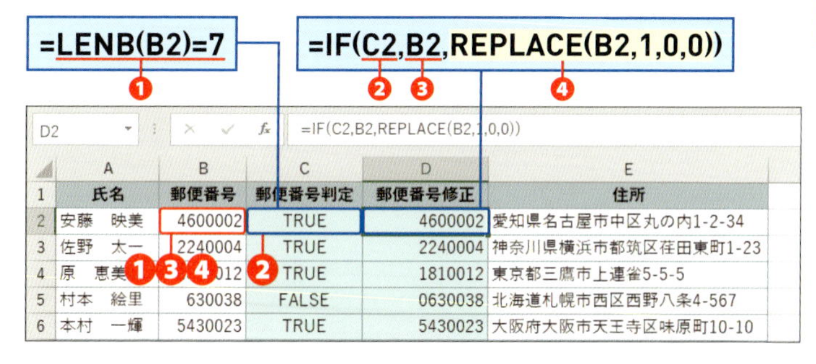

	A	B	C	D	E
1	氏名	郵便番号	郵便番号判定	郵便番号修正	住所
2	安藤　映美	4600002	TRUE	4600002	愛知県名古屋市中区丸の内1-2-34
3	佐野　太一	2240004	TRUE	2240004	神奈川県横浜市都筑区荏田東町1-23
4	原　恵美	[illegible]012	TRUE	1810012	東京都三鷹市上連雀5-5-5
5	村本　絵里	630038	FALSE	0630038	北海道札幌市西区西野八条4-567
6	本村　一輝	5430023	TRUE	5430023	大阪府大阪市天王寺区味原町10-10

❶ LENB関数の［文字列］に郵便番号のセル［B2］を指定し、7文字に等しいかどうか判定しています（類例：Sec.69の利用例2）。

❷ IF関数の［論理式］に❶の判定結果のセル［C2］を指定します

❸ IF関数の［真の場合］に郵便番号のセル［B2］を指定し、郵便番号が7桁の場合は、郵便番号をそのまま表示します。

❹ IF関数の［偽の場合］にREPLACE関数を指定します。REPLACE関数では、郵便番号の先頭に「0」を挿入しています（本節の利用例2）。

検索した文字を置き換える

商品名の先頭に「New」が付いた、社名の「総合」が「トータル」に変更されたなど、名称の一部が変更になる場合は、SUBSTITUTE関数を利用すれば簡単に更新できます。

書式	分類 文字列操作	2010 2013 2016 2019
	SUBSTITUTE (文字列,検索文字列,置換文字列 [,置換対象])	

引数

[文字列] 文字列や文字列の入ったセルを指定します。

[検索文字列] 置換前の文字列や文字列のセルで指定します。

[置換文字列] 置換後の文字列や文字列のセルを指定します。

[置換対象] [検索文字列] に指定した文字列が複数見つかった場合、先頭から何番目の検索文字列を置換するのかを数値やセルで指定します。省略すると、見つかった検索文字列すべてを置換します。

利用例 1 一部のデータを更新する

SUBSTITUTE

出店形態の「その他」を「アンテナショップ」に更新します。

=SUBSTITUTE(D2,"その他","アンテナショップ")

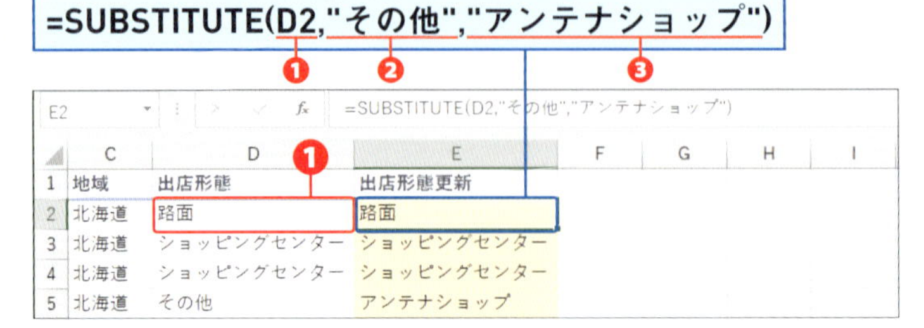

	C	D	E
1	地域	出店形態	出店形態更新
2	北海道	路面	路面
3	北海道	ショッピングセンター	ショッピングセンター
4	北海道	ショッピングセンター	ショッピングセンター
5	北海道	その他	アンテナショップ

❶ 出店形態のセル [D2] を [文字列] に指定します。

❷ 「"その他"」を [検索文字列] に指定します。

❸「"アンテナショップ"」を［置換文字列］に指定します。［置換対象］は省略します。

利用例 2　SUBSTITUTE/JIS

社名の（株）を削除する

社名の前後にある「(株)」を削除します。

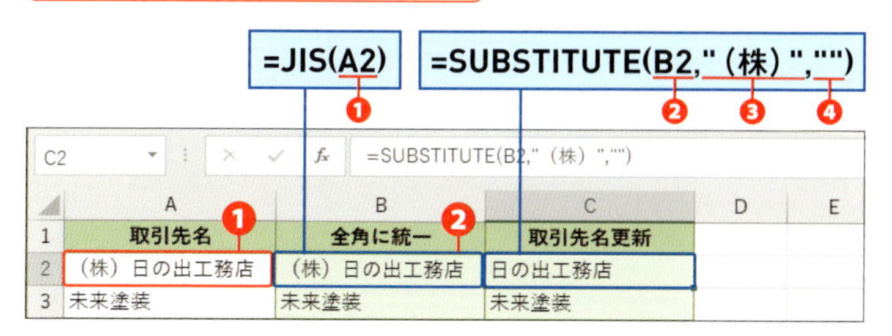

❶「取引先名」のセル［A2］をJIS関数の［文字列］に指定し、全角文字に変換します。

❷ ❶で全角に変換した文字のセル［B2］をSUBSTITUTE関数の［文字列］に指定します。

❸［検索文字列］に「"（株）"」を指定します。

❹［置換文字列］に「""」（長さ0の文字列）を指定し、「（株）」を削除します。

利用例 3　SUBSTITUTE/JIS

全角スペースをすべて削除する

部署名に入力された全角スペースをすべて削除します。

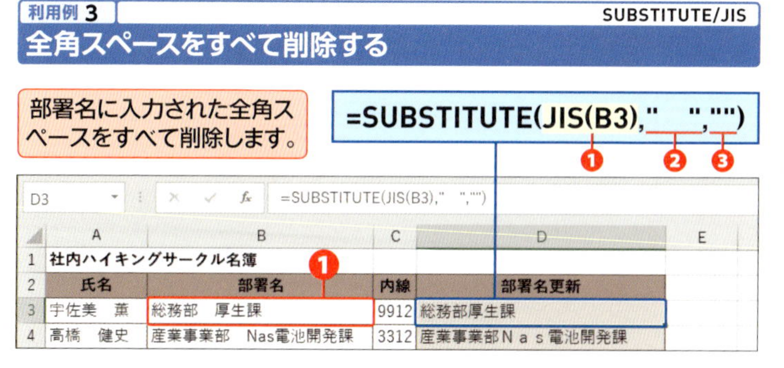

❶「部署名」のセル［B3］をJIS関数の［文字列］に指定し、全角文字に統一します。

❷［検索文字列］に「"　"」（全角スペース）を指定します。

❸［置換文字列］に「""」（長さ0の文字列）を指定します。

StepUp

検索文字列を置換する

＜検索と置換＞ダイアログボックスを使って、指定した文字列を別の文字列に置換することもできます。＜検索と置換＞ダイアログボックスでは、もとデータを直接置換します。いったん別のセルで置換後の文字列を確認したいときは、SUBSUTITUTE関数を使ったほうがよいでしょう。ただし、確認後は、Sec.62を参考に、コピー／値の貼り付けで関数の戻り値を値に変換する操作を忘れないようにします。

下の図は、利用例2と同様に「(株)」を削除しています。＜検索と置換＞ダイアログボックスでは、オプション設定をしない限り、文字の全角／半角を区別しません。したがって、全角カッコの「（株）」も半角カッコの「(株)」も同時に置換されます。

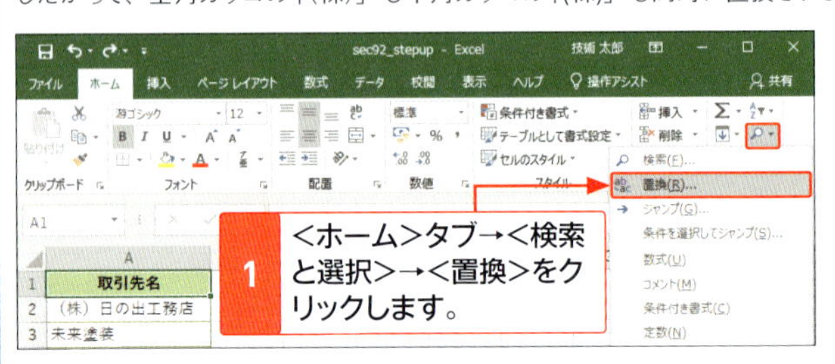

2 ＜検索する文字列＞に「(株)」と入力します。＜置換後の文字列＞には何も入力しません。

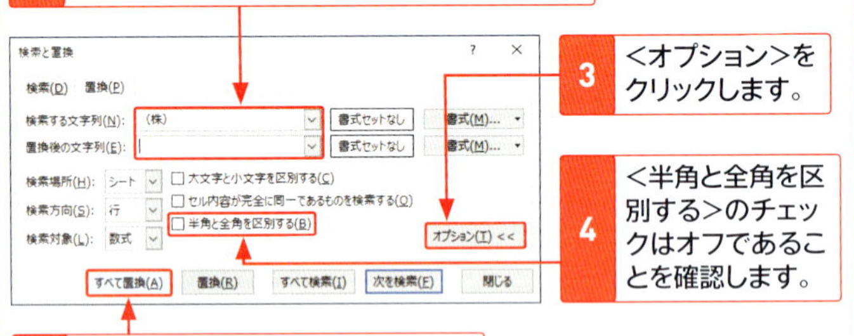

5 ＜すべて置換＞をクリックします。

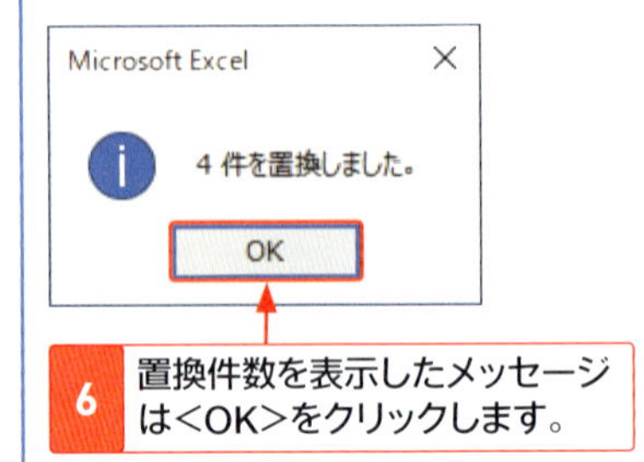

6 置換件数を表示したメッセージは＜OK＞をクリックします。

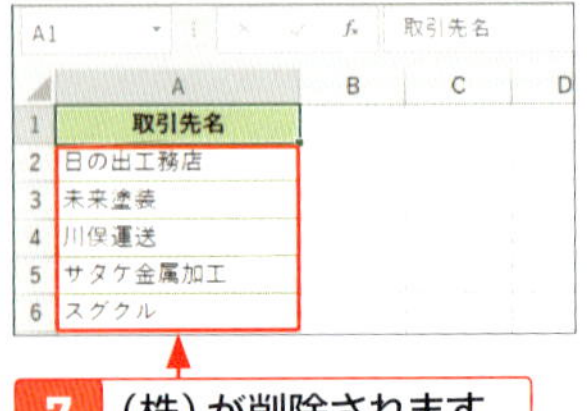

7 (株)が削除されます。

第9章

さまざまな金額を試算する

財務関数の共通事項

今日の100円と1年後の100円は価値が違います。財務関数では、時間経過に伴うお金の価値が考慮されています。ここでは、お金の時間価値や財務関数での共通ルールについて解説します。

書式	分類	財務	2010 2013 2016 2019

■お金の価値

お金の価値は、金銭価値と時間価値の合計です。金銭価値は、額面のことです。100円玉は昔も今も、そして、将来も変化することなく100円の金銭価値があります。
時間価値は、時間の経過に伴って発生した価値で、利息や利子のことを指します。利子（利息）は、「年利率5%」のように利率で提示されます。下の図では、現時点の10万円を年利5%で運用した場合、1年後のお金の価値を示しています。

お金の価値＝金銭価値 ＋ 時間価値
＝金銭価値 ＋ 金銭価値×利率
＝金銭価値×(1 ＋ 利率)

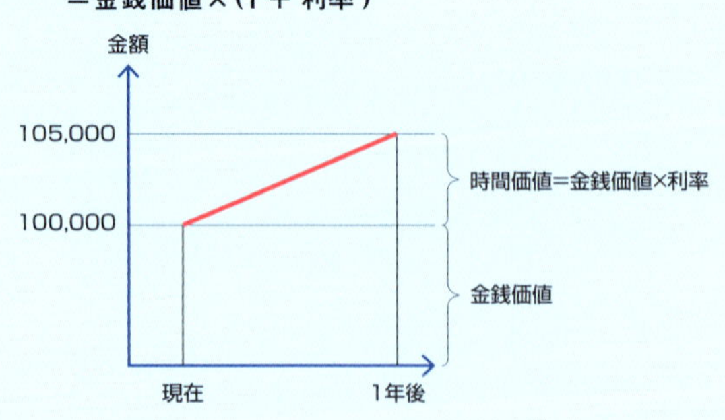

■金額の符号

財務関数では、手元に入る金額の符号をプラス、手元から出る金額の符号をマイナスにします。たとえば、借入金は手元に入るお金なのでプラス、積立金は金融機関に預入し、手元から出るのでマイナスで指定します。

■利率の換算

利率は通常、年利率で提示されますが、「毎月支払う」「毎月積み立てる」「半年に一度払う」という具合に月単位や半年単位でのお金の出し入れがあります。利率は、お金の出し入れがあるタイミングに合わせて換算します。たとえば、月単位の場合は年利を12で割って月利にします。

利用例 1

将来価値を求める

100万円を年利率3%で預入したときの1年後のお金の価値を求めます。

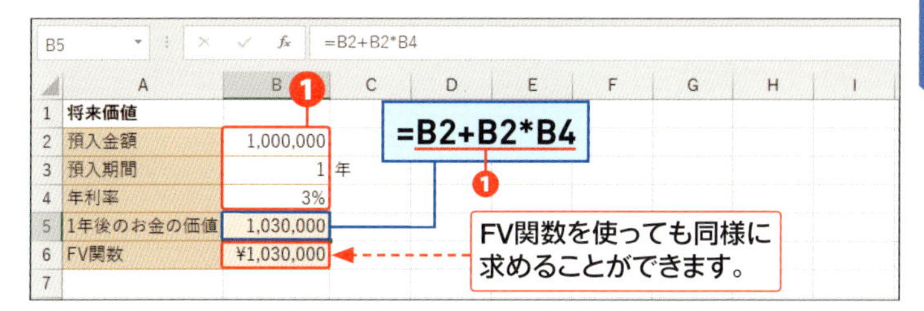

❶ 左ページの「お金の価値」の数式より、100万円と100万円×3%の合計を計算しています。

利用例 2

現在価値を求める

1年後のお金の価値が100万円になる現在の金銭価値を求めます。利率は3%とします。

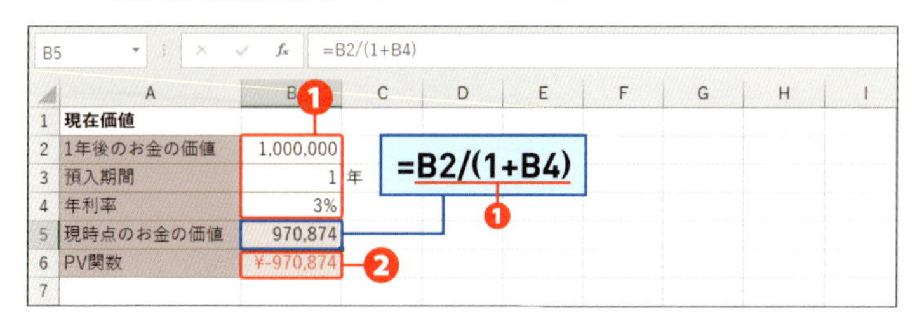

❶ 左ページの「お金の価値」の数式を「金銭価値 ＝ お金の価値／(1＋利率)」に変形し、現在価値を求めています。

❷ PV関数では、預入は手元から出金するお金のため、マイナスで表示されています。

元金を試算する

目標期限までに目標額を貯めたい、毎年決まった年金が受け取れるようにしたい、どちらも始めに頭金の試算が必要です。ここでは、PV関数を使って必要な頭金を試算します。

書式 分類 財務 2010 2013 2016 2019

PV (利率,期間,定期支払額 [,将来価値] [,支払期日])

引数

[利率] 預金金利や返済金利を、数値や数値の入ったセルで指定します。

[期間] 貯蓄期間や返済期間を、数値や数値の入ったセルで指定します。

[定期支払額] 毎回の支払額を、数値や数値の入ったセルで指定します。

[将来価値] [期間] 満了後の状態を、数値や数値の入ったセルで指定します。貯蓄の場合は目標金額を指定し、返済の場合は、完済時点なら「0」または省略、もしくは、借入残高を指定します。

[支払期日] 支払いを行う時期が期末の場合は「0」または省略、期首の場合は「1」を指定します。

利用例 1 PV

目標金額を貯蓄するのに必要な頭金を試算する

毎月3万円積み立てながら2年間で100万円を貯蓄するのに必要な頭金を試算します。

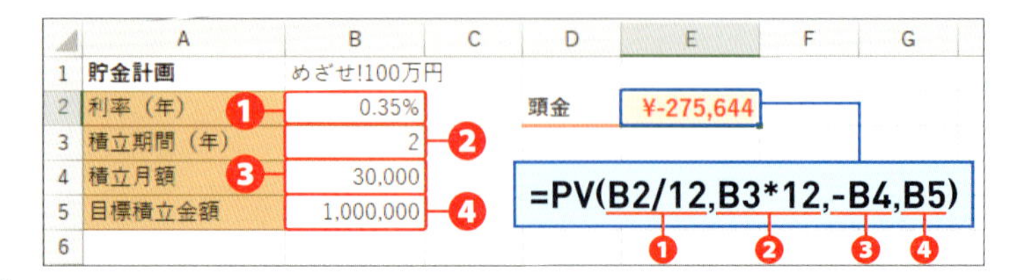

	A	B	C	D	E	F	G
1	貯金計画	めざせ!100万円					
2	利率（年）	0.35%		頭金	¥-275,644		
3	積立期間（年）	2					
4	積立月額	30,000					
5	目標積立金額	1,000,000					
6							

❶「利率(年)」のセル[B2]を12で割って月利に換算し、「B2/12」を[利率]に指定します。

❷「積立期間(年)」のセル[B3]に12を掛けて支払い月数に換算し、「B3*12」を[期間]に指定します。

❸「積立金額」のセル[B4]の符号をマイナスにして「－B4」を[定期支払額]に指定します。

❹「目標積立金額」のセル[B5]を[将来価値]に指定します。

Memo

頭金

利用例1は、金利を考えずに単純計算すると、3万円×12ヶ月×2年=72万円になるので、頭金として28万円あれば100万円に達します。しかし、実際には、金利があるので、頭金は28万円より安くなります。

利用例 2　PV

将来のために必要な元金を求める

将来のために用意すべき元金を求めます。

=PV(B5,B3,-B4,0,0)

E2　=PV(B5,B3,-B4,0,0)

	A	B	C	D	E
1	資金計画				
2	受取希望金額	70万円-10年間		現在価値（用意すべき元金）	6,792,826
3	期間（年）	10		（参考：合計額面金額）	7,000,000
4	取り崩し年額	700,000			
5	年利率	0.55%			
6					

❶「年利率」のセル[B5]を[利率]に指定します。

❷「期間(年)」のセル[B3]を[期間]に指定します。

❸「取り崩し年額」のセル[B4]を、マイナスを付けて[定期支払額]に指定します。

❹[将来価値]と[支払期日]は「0」を指定します。省略も可能です。

Keyword

現在価値

現在価値とは、将来時点のお金の価値を現時点の価値に割り戻したときの金額です。利用例2では、年利率による時間価値込みの将来時点の金額を得るために、現時点でいくら必要なのかという問題です。

借入金残高や満期額を試算する

毎月2万円を預けたら1年後にいくら貯まるか、2000万円借りて毎月10万円返済したら10年後の借入金はいくらかなど、預金や返済の期間終了後の残高を試算するには、FV関数を使います。

書式 分類 財務 2010 2013 2016 2019

FV(利率,期間,定期支払額[,現在価値][,支払期日])

引数

[利率] 預金金利や返済金利を、数値や数値の入ったセルで指定します。

[期間] 貯蓄期間や返済期間を、数値や数値の入ったセルで指定します。

[定期支払額] 毎回の支払額を、数値や数値の入ったセルで指定します。

[現在価値] 現時点の金額を、数値や数値の入ったセルで指定します。預金の場合は積立開始時の頭金、借入の場合は、借入金額を指定します。省略すると「0」とみなされます。

[支払期日] 支払いを行う時期が期末の場合は「0」または省略、期首の場合は「1」を指定します。

■期首払いと期末払い

下の図に支払期日の期首払いと期末払いを示します。契約してすぐに1回目の払い込みをするようなときは、[支払期日]に「1」を指定して、期首払いにします。契約したあと、翌月など、一定期間後から支払い開始になる場合は、[支払期日]に「0」または省略して期末払いにします。

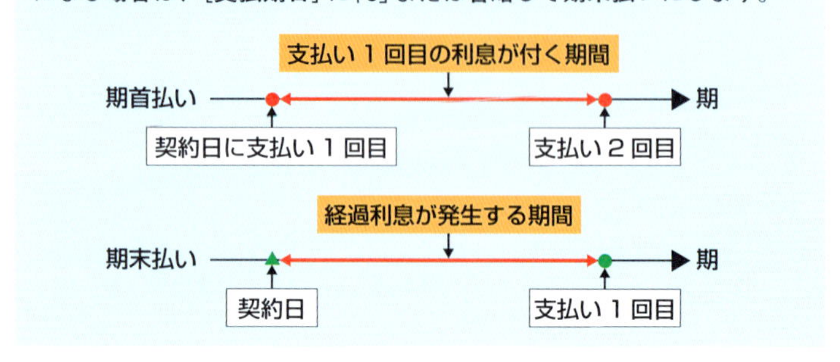

利用例 1　FV

借入金の残高を求める

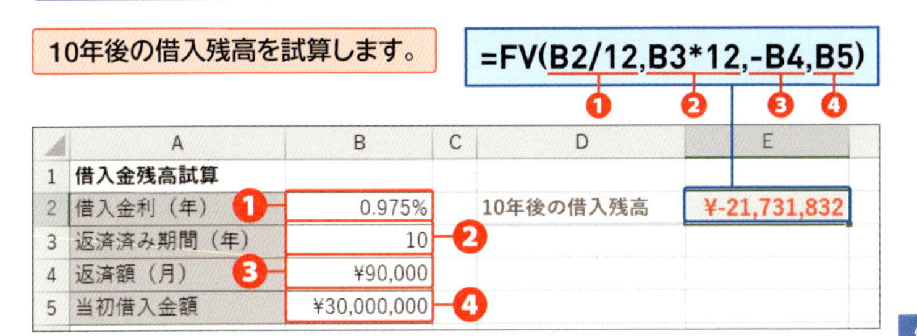

	A	B	C	D	E
1	借入金残高試算				
2	借入金利（年）❶	0.975%		10年後の借入残高	¥-21,731,832
3	返済済み期間（年）	10 ❷			
4	返済額（月）❸	¥90,000			
5	当初借入金額	¥30,000,000 ❹			

❶「借入金利（年）」のセル［B2］を12で割って月利に換算し、「B2/12」を［利率］に指定します。

❷「返済済み期間（年）」のセル［B3］に12を掛けて支払い月数に換算し、「B3*12」を［期間］に指定します。

❸「返済額（月）」のセル［B4］の符号をマイナスにして「－B4」を［定期支払額］に指定します。

❹「当初借入金額」のセル［B5］を［現在価値］に指定します。

利用例 2　FV

定期預金の満期受取額を試算する

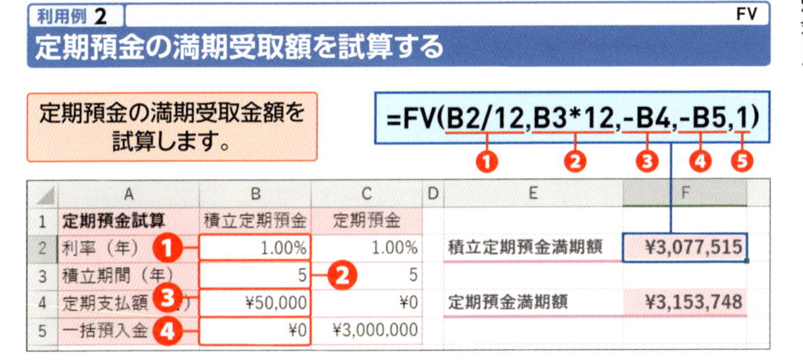

	A	B	C	D	E	F
1	定期預金試算	積立定期預金	定期預金			
2	利率（年）❶	1.00%	1.00%		積立定期預金満期額	¥3,077,515
3	積立期間（年）	5 ❷	5			
4	定期支払額❸（月）	¥50,000	¥0		定期預金満期額	¥3,153,748
5	一括預入金❹	¥0	¥3,000,000			

❶「利率（年）」のセル［B2］を12で割って月利に換算し、「B2/12」を［利率］に指定します。

❷「積立期間（年）」のセル［B3］に12を掛けて支払い月数に換算し、「B3*12」を［期間］に指定します。

❸「定期積立金額（月）」のセル［B4］の符号をマイナスにして「－B4」を［定期支払額］に指定します。

❹「一括預入金」のセル［B5］の符号をマイナスにして［現在価値］に指定します。

❺ 期首に預入するものとし、［支払期日］は「1」を指定します。

定期積立額や定期返済額を試算する

1年後に100万円貯めるには毎月いくら預金すればよいか、借りた2000万円を15年で完済するには毎月いくら返済すればよいかなどは、PMT関数を使って預金や返済の定期支払額を試算します。

書式 分類 財務 2010 2013 2016 2019

PMT（利率,期間,現在価値［,将来価値］［,支払期日］）

引数

［利率］ 預金金利や返済金利を、数値や数値の入ったセルで指定します。

［期間］ 貯蓄期間や返済期間を、数値や数値の入ったセルで指定します。なお、［利率］と［期間］は時間の単位を合わせます。期間が月単位なら、利率も月利で指定します。

［現在価値］ 現時点の金額を、数値や数値の入ったセルで指定します。預金の場合は積立開始時の頭金、借入の場合は、借入金額を指定します。省略すると「0」とみなされます。

［将来価値］ ［期間］満了後の状態を、数値や数値の入ったセルで指定します。預金の場合は目標金額、返済の場合は、完済なら「0」、または、借入残高を指定します。なお、省略すると「0」を指定したことになります。

［支払期日］ 支払いを行う時期が期末の場合は「0」、期首の場合は「1」を指定します。省略すると「0」とみなされます。

利用例 1 PMT

目標金額を貯蓄するのに必要な定期積立金額を試算する

1年で100万円を貯めるのに必要な毎月の積立金額を試算します。

=PMT(B2/12,B3*12,-B4,B5)
❶ ❷ ❸ ❹

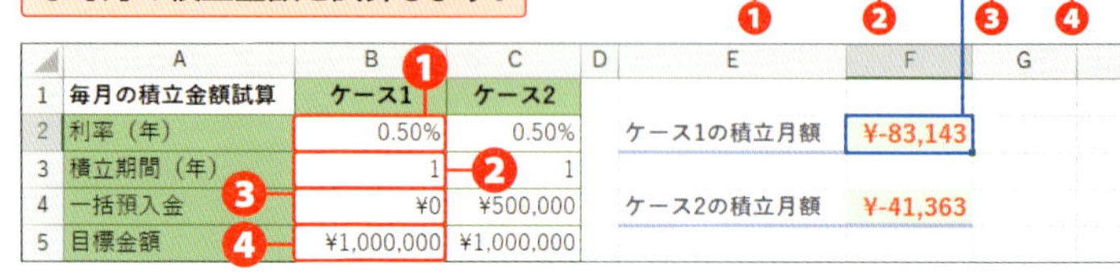

	A	B	C	D	E	F	G
1	毎月の積立金額試算	ケース1	ケース2				
2	利率（年）	0.50%	0.50%		ケース1の積立月額	¥-83,143	
3	積立期間（年）	1	1				
4	一括預入金	¥0	¥500,000		ケース2の積立月額	¥-41,363	
5	目標金額	¥1,000,000	¥1,000,000				

❶「利率（年）」のセル［B2］を12で割って月利に換算し、「B2/12」を［利率］に指定します。

❷「積立期間（年）」のセル［B3］に12を掛けて支払い月数に換算し、「B3*12」を［期間］に指定します。

❸「一括預入金」のセル［B4］の符号をマイナスにして「－B4」を［現在価値］に指定します。

❹「目標金額」のセル［B5］を［将来価値］に指定します。

利用例 2　PMT

ローンの月々の返済額を求める

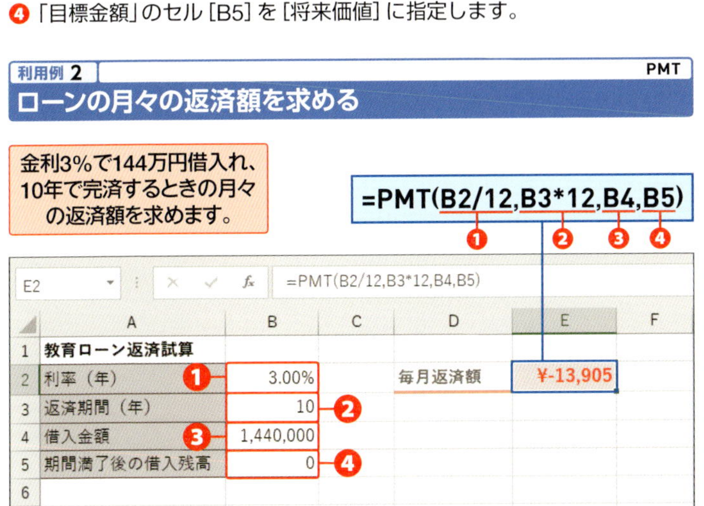

❶「利率（年）」のセル［B2］を12で割って月利に換算し、「B2/12」を［利率］に指定します。

❷「返済期間（年）」のセル［B3］に12を掛けて支払い月数に換算し、「B3*12」を［期間］に指定します。

❸「借入金額」のセル［B4］を［現在価値］に指定します。

❹「期間満了後の借入残高」のセル［B5］を［将来価値］に指定します。

StepUp

ゴールシークを使って試算する

ゴールシークとは、逆算機能のことです。たとえば、以下の図では、毎月9万円の返済で10年後の借入残高が約2170万円と試算されています。ここで、10年後の借入残高を2000万円にしたいとき、毎月返済額をいくらにすればよいのかを逆算するときにゴールシークを利用します。

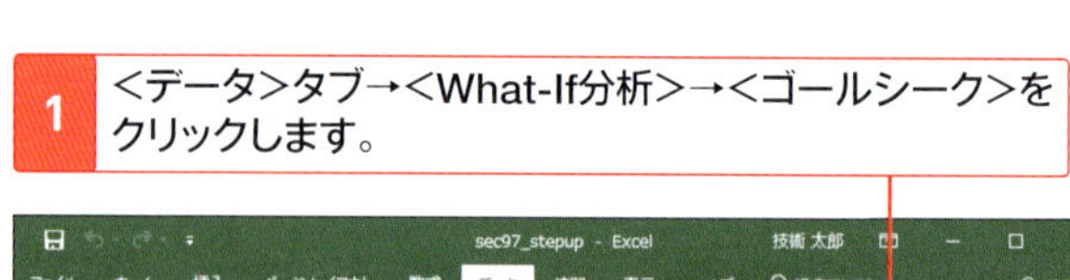

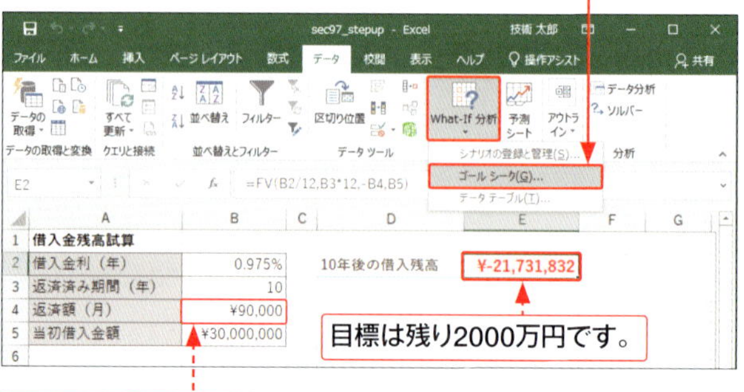

目標を達成するには毎月いくら返済すればいいでしょうか。

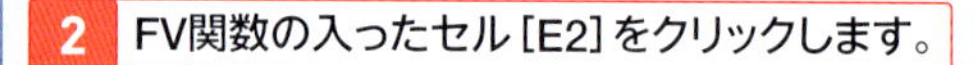

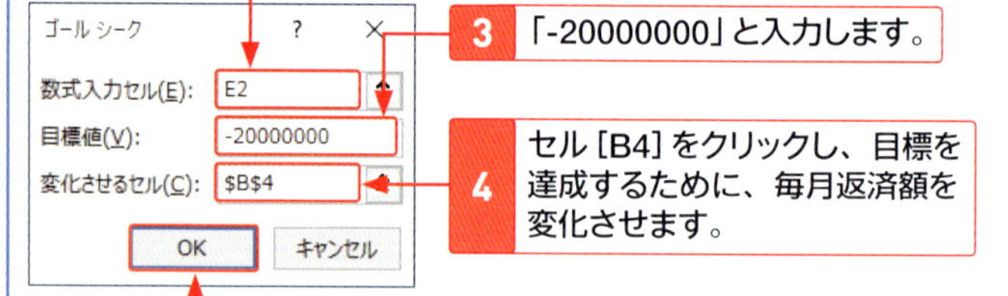

5 <OK>をクリックします。

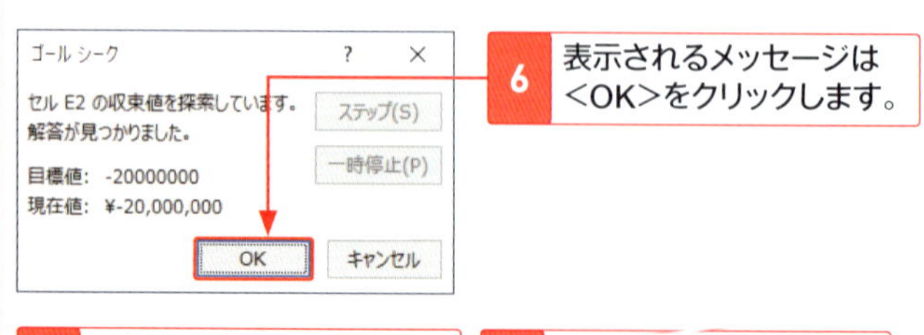

7 目標を達成するための毎月返済額が逆算されます。

8 借入残高が2000万円に収束しています。

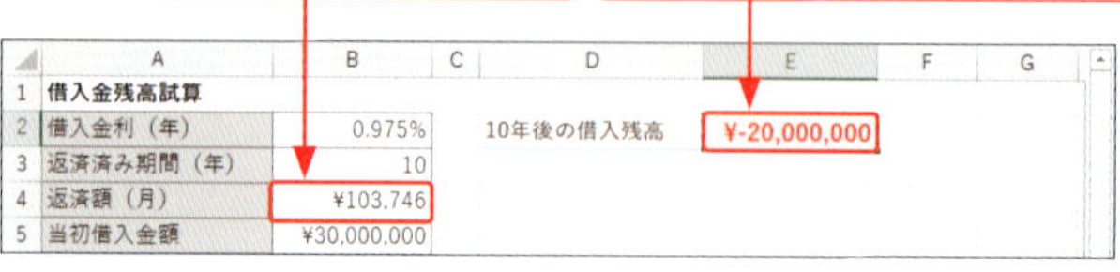

関数別索引

INDEX 索引

キーワード索引

記号

英数字

あ行

か行

INDEX 索引

さ行

た行

な行

は行

ま行

や行

ら行

わ行

■ お問い合わせの例

FAX

1 お名前
技評　太郎

2 返信先の住所またはFAX番号
03-××××-××××

3 書名
今すぐ使えるかんたんmini
Excel関数　基本&便利技
[Excel 2019/2016/2013/2010対応版]

4 本書の該当ページ
33ページ

5 ご使用のOSとソフトウェアのバージョン
Windows 10 Pro
Excel 2019

6 ご質問内容
手順4の画面が
表示されない

お問い合わせについて

本書に関するご質問については、本書に記載されている内容に関するもののみとさせていただきます。本書の内容と関係のないご質問につきましては、一切お答えできませんので、あらかじめご了承ください。また、電話でのご質問は受け付けておりませんので、必ずFAXか書面にて下記までお送りください。
なお、ご質問の際には、必ず以下の項目を明記していただきますようお願いいたします。

1 お名前
2 返信先の住所またはFAX番号
3 書名
(今すぐ使えるかんたんmini
Excel関数　基本&便利技
[Excel 2019/2016/2013/2010対応版])
4 本書の該当ページ
5 ご使用のOSとソフトウェアのバージョン
6 ご質問内容

なお、お送りいただいたご質問には、できる限り迅速にお答えできるよう努力いたしておりますが、場合によってはお答えするまでに時間がかかることがあります。また、回答の期日をご指定なさっても、ご希望にお応えできるとは限りません。あらかじめご了承くださいますよう、お願いいたします。
ご質問の際に記載いただきました個人情報は、回答後速やかに破棄させていただきます。

問い合わせ先

〒162-0846
東京都新宿区市谷左内町21-13
株式会社技術評論社　書籍編集部
「今すぐ使えるかんたんmini
Excel関数　基本&便利技
[Excel 2019/2016/2013/2010対応版]」
質問係

FAX番号　03-3513-6167

URL：https://book.gihyo.jp/116

今(いま)すぐ使(つか)えるかんたんmini(ミニ) Excel(エクセル)関数(かんすう)　基本(きほん)&(アンド)便利技(べんりわざ) [Excel(エクセル) 2019/2016/2013/2010対応版(たいおうばん)]

2019年6月12日　初版　第1刷発行

著者●日花(ひばな) 弘子(ひろこ)
発行者●片岡 巌
発行所●株式会社　技術評論社
東京都新宿区市谷左内町21-13
電話　03-3513-6150　販売促進部
03-3513-6160　書籍編集部
装丁●田邉 恵里香
本文デザイン●リンクアップ
編集／DTP●技術評論社制作業務部
担当●和田 規
製本／印刷●図書印刷株式会社

定価はカバーに表示してあります。

ISBN978-4-297-10535-8 C3055

Printed in Japan